HOW CLASSICAL IDEAS WERE LOST AND FOUND:
A HISTORY IN SEVEN CITIES

THE MAP OF KNOWLEDGE

火种

[英]维奥莱特 · 莫勒 —— 著
郝静萍 —— 译

浙江文艺出版社
Zhejiang Literature & Art Publishing House

果麦文化 出品

1. 拉斐尔的《雅典学院》。柏拉图和亚里士多德位于中心。欧几里得（或阿基米德）在前排右边伏在一套罗盘前；托勒密站在他的旁边，身着长袍，背对着我们。阿威罗伊在左边，穿着绿袍，裹着包头巾，身体前倾。

2. 希腊雅典娜神庙原来的多利安式圆柱建于公元前5世纪，被放入公元7世纪的锡拉库萨大教堂的墙中。

3. 13世纪关于亚里士多德教导学生的绘画，这名学生很可能就是亚历山大大帝。

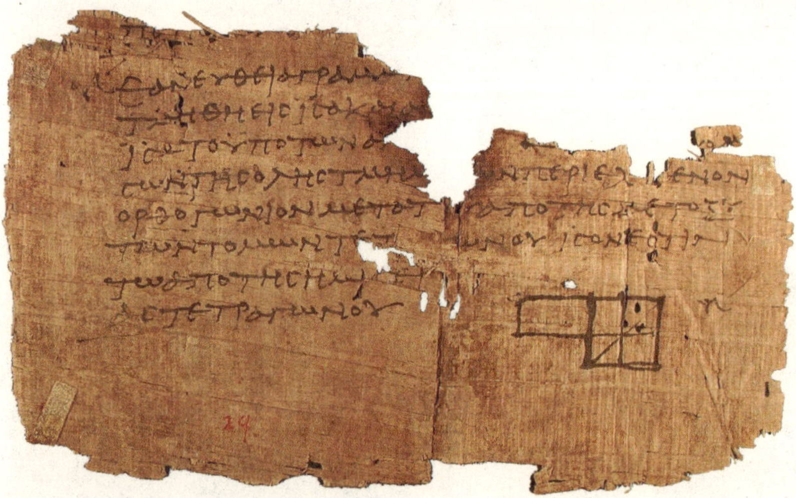

4. 欧几里得《几何原本》现存最古老的碎片，写于公元100年，包括图表，在埃及一个古时遗迹顶端的几十万张莎草纸中被发现。迄今为止，约5000张碎片被拼合在一起并被破译，据估计占所发现的总数的1% ~ 2%。

5. 现存的迪奥斯科里德斯《药物学》最精美的版本中的细致玫瑰描绘图，由拜占庭公主阿尼西娅·朱莉安娜于16世纪初创作。

6.《哈里里故事集》（*Maqamat*）中的另一幅图画，表明医生正在用拔火罐治疗病人，这种古老的做法用热气或冷气在皮肤上造成局部真空。

7. 图为16世纪伊斯坦布尔加拉塔天文台（Galata Observatory）的天文学家，他们使用众多的工具，如地球仪、象限仪、漏沙计时器和星盘。

8. 哈里发马蒙统治期间铸造的阿拔斯金第纳尔。

9. 大清真寺内景，红白条纹的拱门在巨大的水平空间形成了统一而有节奏的图形。

10. 这把精雕细刻的剑曾属于格拉纳达穆罕默德十二世，极好地展现了托莱多的技艺。

11. 建立在宰尔嘎里设计基础上的萨菲亚星盘，能观测整个地球。这个星盘制作于北非，可能是在13世纪造成。

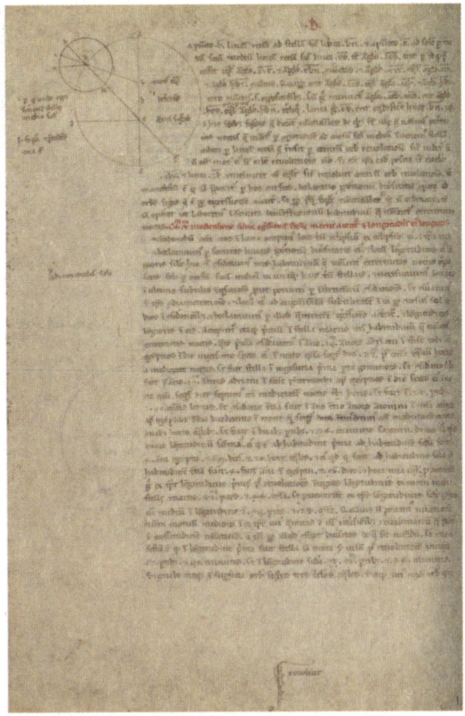

12. 克雷莫纳的杰勒德的《天文学大成》译著的13世纪手抄本，极其精细。

13. 巴勒莫诺曼宫殿的罗杰房间里的一幅辉煌的镶嵌画。

14. 海军元帅圣母教堂的镶嵌画，展现罗杰二世被耶稣基督加冕的场景。

15. 罗杰二世的华丽装饰的朱红丝绸披风，由专业的手艺人在他的宫中作坊为他制成。

16. 伊德里斯的《罗杰之书》里，诸多地图中的西西里岛地图。和大多数阿拉伯地图一样，下方为北，因此意大利南部的“尖端”在左边可以看到。

17. 图为巴斯的阿德拉德教导两名学生的微型画。他身着优雅的猩红袍子，头戴精致的帽子，身后墙上的板上写着印度-阿拉伯数字和图表。

18. 一位基督徒（左）和一位穆斯林（右）正在愉快地下棋，这和许多其他东西一样源自印度北方，逐渐传播到阿拉伯世界，又在中世纪时期传到欧洲。

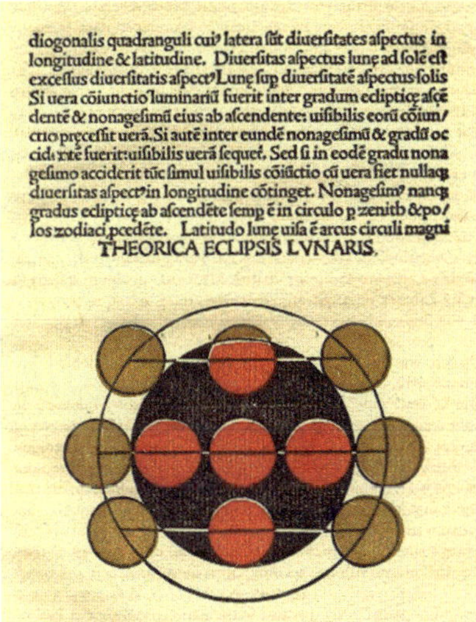
diogonalis quadranguli cui⁹ latera sūt diuersitates aspectus in
longitudine & latitudine. Diuersitas aspectus lunę ad solē est
excessus diuersitatis aspect⁹ Lunę sup diuersitatē aspectus solis
Si uera cōiunctio luminariū fuerit inter gradum eclipticę ascē
dentē & nonagesimū eius ab ascendente: uisibilis eorū cōiun/
ctio pręcessit uerā. Si autē inter eundē nonagesimū & gradū oc
cidētē fuerit: uisibilis uerā sequet. Sed si in eodē gradu nona
gesimo acciderit tūc simul uisibilis cōiūctio cū uera fiet nullaq
diuersitas aspect⁹ in longitudine cōtinget. Nonagesim⁹ nanq
gradus eclipticę ab ascendēte semp ē in circulo p zenith & po/
los zodiaci pcedēte. Latitudo lunę uisa ē arcus circuli magni
THEORICA ECLIPSIS LVNARIS.

19. 月球不同相位的图解，这是埃哈德·拉特多尔特在他的约翰尼斯·德·赛科诺伯斯克（Johannes de Sacrobosco）《论世界之星球》（*De sphaera mundi*）1485年版本中首次使用三色印刷图表。

20. 卢卡·帕西奥利向一个身份不明的年轻人说明欧几里得的理论的肖像画。桌上红色的书被认为是帕西奥利的代表作《数学大全》。

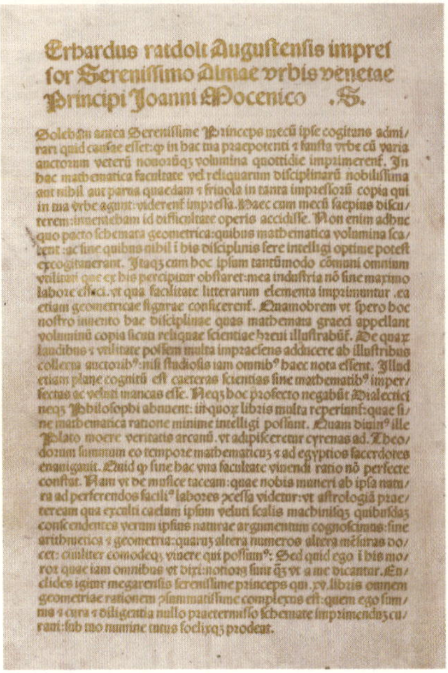
Erhardus ratdolt Augustensis impressor Serenissimo Almae vrbis venetae Principi Joanni Mocenico .S.

Solebam antea Serenissime Princeps mecum ipse cogitans admirari quid causae esset: quod in hac tua praepotenti et faustissima vrbe cum varia auctorum veterum nouorumque volumina quottidie imprimerentur. In hac mathematica facultate vel reliquarum disciplinarum nobilissima aut nihil aut parua quaedam et friuola in tanta impressorum copia qui in tua vrbe agunt: viderentur impressa. Haec cum mecum saepius discuterem: inueniebam id difficultate operis accidisse. Non enim adhuc quo pacto schemata geometrica: quibus mathematica volumina scatent: ac sine quibus nihil in his disciplinis fere intelligi optime potest excogitauerant. Itaque cum hoc ipsum tantummodo communi omnium vtilitati quae ex his percipitur obstaret: mea industria non sine maximo labore effeci. vt qua facilitate litterarum elementa imprimuntur. ea etiam geometricae figurae conficerentur. Quamobrem vt spero hoc nostro inuento hae disciplinae quas mathemata graeci appellant voluminum copia sicuti reliquae scientiae breui illustrabuntur. De quarum laudibus et vtilitate possem multa impraesens adducere ab illustribus collecta auctoribus: nisi studiosis iam omnibus haec nota essent. Illud etiam plane cognitum est caeteras scientias sine mathematibus imperfectas ac veluti mancas esse. Neque hoc profecto negabunt Dialectici neque Philosophi abnuent: in quorum libris multa reperiuntur: quae sine mathematica ratione minime intelligi possunt. Quam diuinus ille Plato more veritatis arcanum. vt adipisceretur cyrenas ad. Theodorum summum eo tempore mathematicum et ad egyptios sacerdotes enauigauit. Quid quod sine hac vna facultate viuendi ratio non perfecte constat. Nam vt de musice taceam: quae nobis muneri ab ipsa natura ad perferendos facilius labores concessa videtur: vt astrologiam praeteream qua excolti caelum ipsum veluti scalis machinisque quibusdam conscendentes verum ipsius naturae argumentum cognoscimus: sine arithmetica et geometria: quarum altera numeros altera mensuras docet: ciuiliter comodeque viuere qui possumus: Sed quid ego in his moror quae iam omnibus et dixi: notiora sunt quam vt a me dicantur. Euclides igitur megarensis serenissime princeps qui. xv. libris omnem geometriae rationem consummatissime complexus est: quem ego summa et cura et diligentia nullo praetermisso schemate imprimendum curaui: sub tuo numine tutus foelixque prodeat.

21. 拉特多尔特版欧几里得《几何原本》的起始页，是一封用金色的墨印刷而成的写给总督的信。

22. 雷吉奥蒙塔努斯所写的《概论》1543年版本中的浑天仪木刻画。

目录 CONTENTS

PREFACE
序言

1509年初，在梵蒂冈（Vatican）腹地，年轻的艺术家拉斐尔·圣齐奥（Raffaello Sanzio，1483—1520年）开始在教皇尤利乌斯二世（Pope Julius II）私人图书馆的墙上描绘壁画。在隔壁的西斯廷教堂（Sistine Chapel），拉斐尔的劲敌米开朗基罗（Michelangelo）躺在数百英尺高的巨大脚手架上，在天花板上画着上帝赋予亚当生命的巨幅肖像。罗马的文艺复兴如火如荼，在教皇尤利乌斯二世的支持下，这一伟大的城市正在重拾古代帝国的辉煌。拉斐尔在签字厅（Stanza della Segnatura）四面墙上的壁画描摹了放置在壁画之下的四种书籍，分别是：神学、哲学、法学和诗歌。关于哲学的壁画，我们现在称之为《雅典学院》*，拉斐尔画了三座向远处延伸的巨大拱门。拱门两旁分别是罗马神密涅瓦（Minerva）和阿波罗（Apollo）的雕像，宽阔的大理石台阶通向几何瓷砖铺就的地板。**这一建筑无疑是罗马式的，醒目、气度不凡而又宏伟壮观。但在画面中精心布局的五十八位人物所代表的文化和思想则显而易见、毫无例外是希腊式的。这是对重新发现古代思想的赞颂，这种“回望”对16世纪罗马的知识氛围至关重要。柏拉图和亚里士多德站在画的正中央，身

* 不是现代意义的学院，而只是有着相似学术兴趣的个人组成的松散的圈子，也指这种延续了几百年的研究传统。

** 布拉曼特（Bramante）可能对拉斐尔提过关于建筑设计的建议，用其向教皇尤利乌斯二世说明他对于新圣彼得教堂的看法。

处直通蓝天的巨大拱门之下，柏拉图的手指向上方，而亚里士多德的手则指向大地，这恰好代表他们的哲学倾向——前者专注于理想和天国，后者意图要理解他周遭的物质世界。意大利人文主义所继承的整个古代哲学通过鲜艳的色彩表现出来。

没有人确切知道壁画中的其他人物都是谁，对于他们的身份，学者们已经争论了几个世纪。大多数人认为，前排右边那位忙着用罗盘证明几何理论的秃顶男人是欧几里得（Euclid）*，旁边那位戴着王冠、手持地球仪的人当然就是托勒密（Ptolemy），当时他在地理学方面的成就远比在天文学方面的成果更为著名**。所有人物都被确认生活在古代世界，至少是在拉斐尔开始创作壁画之前一千年。只有一个人例外。在画的左边，一个戴头巾的人趴在毕达哥拉斯（Pythagoras）肩头，在看他写了什么。此人就是穆斯林哲学家阿威罗伊（Averroes，1126—1198年）。他是唯一被认定能代表从最后的古希腊哲学家到拉斐尔时代之间的一千年的人，也是唯一可以代表阿拉伯生机勃勃、充满活力的学术传统是在这一时期蓬勃发展的人。这些学者的信仰和出身不同，但他们的共同之处是——他们都用阿拉伯语写作，使希腊的科学之火一直熊熊燃烧，并将它与其他传统相结合，通过他们的辛勤工作和聪明才智改造，确保它留传下来，经过几个世纪的传播，直到文艺复兴时期。

我在求学的整个时期都在学习古典学和历史，但从未有人告诉我中世纪阿拉伯世界带来的这种影响，实际上也没有人说过任何其他外来文明对欧洲文化的影响。科学史的叙述似乎在说“先是希腊

* 不过，这一人物也被认为是阿基米德。

** 在文艺复兴时期，学者们误认为天文学家和地理学家克劳狄乌斯·托勒密(Claudius Ptolemy)是托勒密王朝的成员，这一王朝于公元前305年至公元前30年统治埃及。

人，再是罗马人，接着就是文艺复兴”，轻而易举地略过了其中的一千年。我从我的中世纪历史课程中了解到，在这一时期西欧并没有产生多少科学知识。我开始好奇，古代的数学、天文和医学书籍遭遇了什么。它们是如何保存下来的？是谁抄写和翻译了它们？确保它们得以保存的安全避难所在哪里？

二十一岁的时候，我和一位朋友开着她的旧沃尔沃，从英格兰出发，去西西里（Sicily）岛。我们当时在为我们的大三论文研究希腊罗马（Graeco-Roman）神庙。这是一次大冒险。我们在那不勒斯迷了路，又在罗马成了辣妹，警察让我们停车，邀请我们去约会；古城庞培（Pompeii）令我们目瞪口呆；我们还在帕埃斯图姆（Paestum）尝过水牛奶酪乳丸；最后，经过几个星期的公路跋涉和横穿墨西拿海峡（Straits of Messina）的短程渡船旅行，终于到达西西里岛。我们立即感觉到这个岛屿和意大利的其他地方不同：它充满异国风情，错综复杂，而又引人入胜。它的一层层历史包围着我们，前后相继的各个文明留下的标志就像岩壁的岩层一样引人注目。在锡拉库萨大教堂（Syracuse Cathedral），我们看到的建于公元前5世纪的雅典希腊神庙廊柱，在建成之后2500年仍耸立于世。在这座城市被穆斯林控制之后，这个教堂于878年变成清真寺，又在两个世纪以后，在诺曼人（Normans）掌权时重新成为基督教教堂。西西里岛显然是几百年来各路文化的交汇点，各种思想、传统和言论在这里得到了交流和碰撞，世界在此发生转变。我们此行关注的焦点是希腊跟罗马宗教与建筑之间的关系，但拜占庭文化、伊斯兰文化和诺曼文化这些后来的文化所做的贡献同样可圈可点。于是，我开始对在思想史上发挥过类似作用的其他地方产生好奇，想知道那些地方是如何发展起来的。

我读博士时研究的课题是英格兰近代早期的知识，在约翰·迪伊（John Dee）博士（伊丽莎白一世[Elizabeth I]称其为她的哲学家）图书馆浏览资料时，这些问题又浮现出来。迪伊是一个奇特而有魅力的人物，几年来一直陪伴着我。他带领我穿越16世纪晚期的知识世界，这一旅程令人难以忘怀。在他非凡的职业生涯中，他是第一个在英格兰收集真正意义上的全品类藏书，协助规划新世界的发现之旅的人。他还提出大英帝国的概念，改革历法，寻找"贤者之石"，试图召唤天使，并带着他的妻子、仆人、几个孩子和上百本书一起游历整个欧洲。他写作的主题也十分广泛，包括历史、数学、占星学、航海学、炼金术和魔术。他最重要的一个贡献是于1570年协助出版了欧几里得的《几何原本》（*Elements*）的首个英译本。但从欧几里得在亚历山大（Alexandria）城写成这本书到迪伊在伦敦（London）出版这本书的2000年间，这本书的原文在哪里？又是谁在保存它呢？我在研究迪伊1583年制定的图书馆目录时注意到，他收藏的很多书，尤其是关于科学主题的那些书，都是阿拉伯学者所著。这和我在西西里岛的所见相符，让我明白中世纪的伊斯兰世界发生了什么，将我的历史观扩展到传统的西方体系以外。我开始意识到，思想史不受文化、宗教或政治界限的限制。为了充分领会这一点，我们需要一个更加深远的研究方法。

这些想法一直存在于我的脑海中，逐渐形成一个计划，我打算写一本书，追寻古代科学思想在中世纪的旅程。因为这是一个宏大的主题，我决定重点关注一些特定的书籍，标出它们在主要的知识中心所经历的历程。我关注的重点是科学史，更确切地说，是"精确的科学"，明确描述了三个主题：数学、天文学和医学。*其中有

* 在古代和中世纪时期，科学主题属于自然哲学——对物质世界的研究。

三位天才脱颖而出：数学天才欧几里得、天文学天才托勒密和医学天才盖伦（Galen）。欧几里得和托勒密在他们各自的主题中尝试了广泛的研究和写作，分别著有《几何原本》和《天文学大成》（*The Almagest*）。但盖伦的情况更为复杂。他写了几百本书，因此我决定重点关注构成亚历山大城医学课程的内容和解剖学以及药理学的一般领域。这三个非凡之人都定义了他们各自主题的结构和内容。后来的学者在他们创造的框架中研究了几百年。虽然托勒密和盖伦的许多理论后来被反驳和替代，但他们的影响和遗产不容置疑。盖伦关于体液的理论在传统藏医和现代辅助性医疗中仍然存在。托勒密关于恒星的测定得以延续，同样延续的还有他认为“物质世界是可靠的，可以通过数学来理解”[1]的理念。

相比之下，欧几里得的《几何原本》几乎完全经受住了时间的考验。20世纪的课堂仍在使用这本教材，它所包含的几何理论在今天和在公元前4世纪时一样真实而有价值。欧几里得的证明方法也是如此，采用精确的专业术语、假定和证明（图解），至今仍是科学写作的模板。欧几里得、盖伦和托勒密开创的科学实践是建立在观察、试验、精确性、严密理性和清晰表达的基础上，这些是现在被称为“科学方法”的基石。

当我正式深入研究的时候，我为在我面前所展现的精彩故事而惊讶。500年是故事开始的时候，这个时候古代的知识传统正在迈入中世纪，学术进入一个不同的时代。随后的章节中，每一章都集中探讨一个不同的城市。首先让我们回到亚历山大城，看看这些书是在什么时候以及如何写成的。它们从这里经过地中海东部传播到叙利亚（Syria）和君士坦丁堡（Constantinople），并在这些地方一直保存到9世纪。当时穆斯林帝国的首都、全新之城巴格达（Baghdad）

的学者开始对这些书感兴趣，要将它们翻译为阿拉伯语，运用其中所包含的思想作为他们自己探索科学的基础。巴格达是古代以来第一个真正的知识中心，并逐渐激发阿拉伯世界的城市建立图书馆、资助科学研究。其中最重要的城市是西班牙（Spain）南部的科尔多瓦（Córdoba），当时正处于倭马亚王朝（Umayyad dynasty）的统治之下。在倭马亚王朝的保护下，欧几里得、托勒密和盖伦的著作得以被研究，在这座城市受到数代学者的质疑和改进。它们从科尔多瓦传入西班牙的其他城市。当基督徒重新征服了伊比利亚半岛，托莱多（Toledo）成为重要的翻译中心，它们由此进入了拉丁语的基督教世界。

这是书籍传播的主要路径，但在中世纪的其他地方，古希腊、阿拉伯和西方文化也曾发生碰撞。意大利南部的萨勒诺（Salerno）是来自北非的医学书籍（用阿拉伯语写成，但源自盖伦）被翻译成拉丁语的地方，萨勒诺因此成为了几个世纪以来欧洲医学研究的中心，在医学知识的传播中起到了至关重要的作用。接下来，在巴勒莫（Palermo），托勒密和欧几里得取代盖伦成为关注焦点，学者们将《几何原本》和《天文学大成》从希腊语直接翻译为拉丁语，绕过阿拉伯译本，以期达到更为准确的效果。这三种不同的思想汇聚在威尼斯，这些手稿于15世纪后半叶陆续抵达，为第一次印刷做好准备。

当然，我也可以将其他城市包括进来，但坚持关注那些让重要著作被研究和翻译的城市，看起来是最好的方法，可以避免在宏大的叙述中迷失方向，也由此引发了什么是知识中心的一些有趣问题。君士坦丁堡是古代书籍的主要保存地，但没有独创性或严格地研究过知识。这里也没有任何翻译或传播活动。因此，它只起到辅助性作用，成为学者和哈里发寻找欧几里得、托勒密和盖伦书籍的地方。这个城市可能在权力和地位方面超过亚历山大城，但在科学知识方面处于弱势——它是知识保存的中心，而非创新的中心。阿拉伯文化和基督教欧洲在托莱多、萨勒诺和巴勒莫有着最近距离的接触，十字军东征期间在叙利亚也有一定程度的交流。但我没有非常详细地讨论这一点，因为没有证据表明《几何原本》《天文学大成》和盖伦的主要著作是在那里被翻译的。

虽然这一故事的内在叙述很容易理解，但在杂乱的手稿中理出思路却并不容易。因为每种书籍都有不同的版本，厘清它们之间的关系并找出一条通畅之路经常充满挑战。在引入印刷机之前，每本书都用手抄写，所以每本书都不相同，都有自己的独特性和错误之处。对复杂文本传统的研究在历史上自成一个学科，我在这方面没有什么经验。为了忠于叙述，我必须精心选择，简化这些重要书籍的丰富的手稿史。

对我来说，思想史一直是我们过去最有吸引力的领域。发现人们如何处理星球和宇宙的根本性问题，以及他们如何将理论传给后代，扩展知识的边界，同样扣人心弦。这种历史大多被放在学术图书馆书架上的那些深奥的书所掩盖，但情况不应该是这样。通过对人物和故事的广泛阅读和创作，而不是只专注于学术书籍中的科学内容和历史细节，就有可能让思想史重现生机。例如，任何人如果没有天文学的详细知识，就不能理解托勒密的宇宙模型，领会其重要性和发展历程是既有意义又有趣的一件事。这样会把我们带入穿越中世纪的全面之旅，放大某些地方的某些时刻，精确地发现科学思想是如何以及为何传播和改造的。通过这种方式，传统西方历史叙述的边界得以扩展，是伊斯兰世界和中世纪基督教学者的深刻贡献，填补了从“罗马人”到“文艺复兴”之间一千年的空白。这使人有可能将其他文化理论包括进来，逐渐融入数学、天文学和医学思想的准则。像阿拉伯数字和位值制记数法这样的思想来自印度，通过穆斯林帝国的传播，如今在全世界使用。

当你回望过去，从更广泛的角度看待历史，你会关注不同文化之间相互联系的复杂网络，从而更广泛、细致也更生动地看待我们的知识遗产。

THE GREAT VANISHING

大消亡

希腊学者被赶出希腊世界，却促进了阿拉伯科学的发展。后来，阿拉伯著作被翻译成拉丁文、希伯来语（Hebrew）和我们本国的语言（英语）。希腊科学的宝藏，至少是大部分宝藏，通过这条漫长而迂回的路来到我们身边。我们不仅应该感谢那些发明者，也应该感谢所有让这些古代珍宝最终来到我们身边的人，是他们的勇气和顽强，帮助我们成为现在的样子。

乔治·萨顿《古代科学和现代文明》

（George Sarton, *Ancient Science and Modern Civilization*）

到公元500年，基督教会已经吸引到那个时代的大部分有才之士，他们通过传教、组织、教义或单纯的思考活动为其服务。

爱德华·格兰特《中世纪自然科学》

（Edward Grant, *Physical Science in the Middle Ages*）

如果你能俯瞰公元500年的地中海世界，你会看到什么呢？执掌罗马政权的东哥特（Ostrogothic）国王正在尽其所能，让自己看起来像个皇帝；在博斯普鲁斯海岸（Bosphorus），君士坦丁堡的皇帝在重建罗马帝国的辉煌；而在遥远的南方，文明的摇篮，波斯（Persian）沙罕沙（Shahanshah）正在战事不止的北方边疆谋划下一步举措。这是一个变化的世界，这是一个混乱的世界，这是一个城市不断收缩的世界，图书馆被一个接一个付之一炬，一切看来都变幻莫测。

这样的状况是不利于保存书籍和追求知识的。两者都需要政局稳定、个人兴趣和资金源源不断的支持才能做到，而公元500年却缺少这些条件。即使如此，少量知识仍得以延续，许多书籍保存完好。我们从远祖那里继承了巨大的财富，但也有遗憾，在通向21世纪的漫长旅途中，大部分古代文化已经遗失了。其中只有一小部分得以幸存：埃斯库罗斯（Aeschylus）所著的80多部戏剧中仅有7部尚存，索福克勒斯（Sophocles）所著的120个剧本仅存7部在世，欧里庇得斯（Euripides）创作的92部作品保留至今的只有18部。许多其他作家的作品消失殆尽，只在别人的著作中隐约提到。5世纪晚期，一个名叫斯托拜乌（Stobaeus）的人编纂了一部巨大选集，摘录了1430首诗歌和散文。其中只有315首作品仍流传于世，剩下的已经全部失传。科学的遭遇要好一点儿，但也有一些重要的著作掉入时代的裂缝中，比如，盖伦的《论证明》（*On Demonstration*）、泰奥弗拉斯托斯（Theophrastus）的《论矿藏》（*On Mines*）和阿里斯塔克斯（Aristarchus）关于日心论的论文（该论文如果现在仍存在的话，可能会显著改变天文学的发展轨迹）。他们现存的著作包括欧几里得的《几何原本》、托勒密的《天文学大成》和盖伦的文集，都是几千年学术研究的成果。这些书所包含的理念经过数代抄写者和翻译者的头脑过滤，又在中世纪晚期和文艺复兴时期受到阿拉伯世界杰出学者的改编和拓展，逐渐地改写了历史。

有时候人们会为复原书籍做出努力，早在古代，人们就意识到知识可能面临消失的危险。据苏埃托尼乌斯（Suetonius）所言，罗马帝国皇帝图密善（Domitian, 51—96年）“费尽周折耗费巨资保存失火图书馆中的书籍，到处寻找遗失的卷册，并派抄书吏到亚历山大城去抄写和校订”[1]。在埃及的垃圾堆中发现的莎草纸小碎片和在赫库兰尼姆（Herculaneum）的帕比里庄园（Villa of the Papyri）里发现的纸卷，是现在仅存的实际创作于古代世界（在大约公元500年之前）的书稿。*其他就是在某种程度上于世纪之交创作的稿件。在古代，书籍生产是一个兴隆的行业，专业化的市场和店铺遍布地中海地区，那么为什么保存至今的纸质书籍仍然这样少呢？在4世纪之前，书籍不是我们今天看到的样子，而是写在莎草纸上的纸卷。莎草纸用生长在尼罗河三角洲（Nile Delta）的芦苇制成，通常有三米长，为了阅读，你必须用特制的木棍从一头揭开，再逐渐向上卷到另一端。这种频繁的卷动和展开让莎草纸变得脆弱而容易折断，因此手稿需要经常被抄写到新的纸卷上。我们会看到，当更为耐用的抄本（用羊皮纸和木材制成的）开始盛行时，世界就发生了改变，不再有那

* 在维苏威火山于公元 79 年爆发以后，这些纸卷受到火山灰的保护。

么多人生产和销售书籍，甚至也不再有那么多人阅读书籍。到公元500年，罗马帝国在西欧解体，基本只剩下东部地区。古代非基督教世界的灿烂文化在新权力——基督教会的阴影中消失。之后一千年，宗教主导了西方的书籍和知识世界，而科学将在中东找到新的家园。

罗马帝国的西半部摆脱帝国的控制，落入北欧一些部落手中，5世纪随之充满了动荡不安。罗马的伊比利亚半岛（Roman Hispania）现在由西哥特人（Visigoths）统治，半岛的北部居住着阿兰人（Alan）和苏维比人（Suebi）。汪达尔人（Vandal）占领了非洲北部地区，意大利乃至罗马本土刚刚（以十足的帝国荣耀）举行了东哥特国王狄奥多里克（Theodoric）的加冕礼。同时，法兰克人（Frank）正在建立国家，这就是我们今天所称的法国。在海峡对岸，盎格鲁-撒克逊（Anglo-Saxon）的军队正深入英国境内。罗马的权力失去了凝聚力，西欧社会开始走向封闭，人们回归农村，过上更为质朴的农村生活，城市的规模也随之缩小。帝国的运输和通信体系崩溃，商人们不能再安全运输货物，贸易因此锐减。

帝国仅存的东半部尚在维持，但疆域也大大减小。皇帝阿纳斯塔修斯（Anastasius, 431—518年）绰号为“双瞳孔”，因为他的眼珠一只是黑色的，而另一只是蓝色的。他住在首都君士坦丁堡，统治着包括小亚细亚（Asia Minor）、希腊、巴尔干（Balkan）和中东地区在内的领土。公元500年，东西分裂相对来说刚刚发生，社会和文化分裂此时还未根深蒂固，却在后来的几个世纪成为特征性标志。君士坦丁堡的帝国政府仍寄希望于收回前西罗马帝国的至少部分疆域，尤其是罗马和其周边地区。皇帝查士丁尼一世（Justinian I）统治期间（527—565年），这一愿望更为强烈。查士丁尼一世力量强大而又精力充沛，娶了比他小二十一岁又做过皮肉生意的情妇西奥多拉，令拜占庭（Byzantine）精英大为愤慨。

查士丁尼的统治为期长久又大事频仍。他下令检修罗马法的整个体系，启动重建首都的宏大项目，其中包括对圣索菲亚大教堂（Hagia Sophia）的重建。据说两名僧侣在僧袍下偷带蚕卵和蚕的幼体回国之后，查士丁尼开始鼓励丝绸生产。而在杰出的将领贝利萨留的帮助下，查士丁尼从汪达尔人手中成功赢回北非的部分地区，在伊比利亚半岛建立了据点。最重要的是，他们重新征服了西西里岛和意大利大部分地区。这些胜利却如昙花一现。东哥特人没有轻易放弃他们对意大利的企图。查士丁尼正卷入西部边疆漫长而痛苦的战争中，而此时波斯人又从南边发动进攻，突厥人和斯拉夫人的部落也在巴尔干北部边境发动攻击。在他去世后的几十年中，他所获得的土地再次失守，东西方的分裂（在希腊和意大利之间的南北断层线）开始加剧。

人们的日常生活极为艰辛，除了农民和奴隶以外，大约5%的富人甚至也是如此。疾病和死亡笼罩着每个家庭，饥饿和灾难从未远离。再加上成群的野蛮人入侵，踏平你的庄稼，杀死你的家人，生活的图景变得极为黯淡。但一束微光在黑暗中闪烁，这是混乱中的微弱希望——宗教。罗马帝国于380年正式接受基督教，到公元500年，基督教以不同的形式传遍欧洲、中东和北非，代替了“异教”名下的多种教派、诸神和信仰。异教信仰种类繁多，人们信奉很多本地神，这些神常常与自然世界紧密相连，信仰它们是为了影响自然，以确保得到充分的食物供应，实现社会的健康和幸福。基督教坚持一位真正的上帝，这就形成了严峻的选择——什么都会有或者什么都没有，结果导致大部分旧有的异教信仰遭到终结。随着教会日益获得权力和受到欢迎，教会领导者越来越决意消灭竞争性的信仰体系，使整个世界基督化。到公元500年，教会几乎快要实现这一使命。

引人注意的是，在伊斯兰教到达之前的一个世纪，东方的基督徒远远多于西方的基督徒。在叙利亚、波斯（Persia）和亚美尼亚（Armenia），遍地都是修道院和教堂。人们固守着对救赎的应许。他们认为，你在尘世间受苦越多，来世就会过得越好。这一思想是对5世纪和6世纪令人绝望的日常生活现实的一种有力保护。这一说法对基督教战胜异教也极为重要。异教在传统上支持对幸福的追求，将痛苦当成不幸予以指责。在早期的修道院中，痛苦战胜快乐有着最为极端的表现。许多修道院在这一时期建立，到600年的时候，仅在高卢（Gaul）和意大利就有300座。在这些通常与世隔绝的团体中，正如历史学家斯蒂芬·格林布拉特（Stephen Greenblatt）所言，人们普遍相信“救赎只能来自谦卑”[2]。在修道院居住的人被要求自我鞭挞、自我牺牲，过着严格的禁欲生活。但这些修道院也是可怕的世界中的和平与安全之地，并逐渐成为能够接触到教育或图书馆的唯一处所。基督教和异教之间的战争持久而激烈，伤亡众多。教会的力量占据上风，想方设法要毁灭或同化古代社会本质为异教的哲学、科学和文学，学术研究最终处于基督教和异教两者之间的无人地带。529年发生的两个重要事件使两种力量对比进一步偏向基督教。查士丁尼大帝关闭了雅典学院这一新柏拉图主义哲学和异教反抗的中心。哲学家们带着书籍和学说逃到波斯，打破了“黄金链”，这一起源于柏拉图和亚里士多德的雅典探寻知识的传统。与此同时，在伊奥尼亚海（Ionian Sea）对岸意大利南部卡西诺山（Montecassino）的岩石山顶上，一位名叫本尼迪克特（Benedict）的虔诚而年轻的基督徒建立起一座修道院，实行新的宗教秩序，这种秩序后来传播到了全世界。随后几个世纪，卡西诺山因为它的图书馆和缮写室而著名，成为知识和教育的重要避难所。在柏拉图学院（Plato's Academy）最后一次关门的时候，圣本尼迪克特拆毁了延续几个世纪的阿波罗神庙，建立了修道院取而代之。这一象征意义再清楚不过，一个新的时代在战栗中形成。

诚然，基督教在对人们灵魂的战争中显然已经取胜，但经典的学术研究仍保持着对人们头脑的控制。从思想的卓越和论证的复杂，到语言的美感和语法的巧妙，学术研究的一切方面都具有优势。而早期的基督教著作的拙劣众所周知，这件事让教会人士极为尴尬。正如6世纪的一位作者所言："我们既需要基督徒，又需要异教的教育，前者使我们的灵魂受益，后者让我们学会语言的魅力。"[3] 但认识到古典教育的价值是一回事，保护提供这种教育的学校免于遭受世界变化的动荡就完全是另一回事。5世纪的时候，东哥特人入侵意大利，一些学校幸免于难，查士丁尼热衷于在罗马重建高等教育来强化他对这座城市的征服。学者卡西奥多罗斯（Cassiodorus，约485—约585年）梦想在那里建立一所神学大学，但这些计划无果而终。伦巴第人（Lombard）于568年入侵，为意大利的传统教育敲响了丧钟。这种教育只有少部分富裕家庭的男童才能获得。少数负担得起的特权阶层在家中教育他们的子女，但修道院日益垄断教学，他们的教学重点必然是基督教文献和教义。

书籍生产也大致如此，在4世纪和5世纪期间，地中海地区（the Mediterranean）的书籍生产量明显减少。在罗马这样的大城市，一些商业书籍的生产仍在持续，但规模较以往大幅缩减。大部分书籍通过朋友或学者关系网找到并由个人自行抄写。到500年的时候，世俗书籍的生产实际上已转入地下。相比之下，随着圣徒传（讲述圣徒的生平故事）这样的全新宗教文献体裁的出现，修道院缮写室的书籍产量显著增加。卡西奥多罗斯未能在罗马建立他的大学，就转而在位于意大利南部海岸的斯奎拉切（Squillace）的家族地产中建立起维瓦留姆（Vivarium）修道院，这是受到了叙利亚尼西比斯（Nisbis）学院的鼓舞，他在君士坦丁堡居住时听说过这所学院，可能还参观过它。卡西奥多罗斯是一位虔诚的基督徒，也是古典课程的热情信奉者。古典课程分为三学科（修辞、逻辑和语法），后又分为四大科（算术、几何、天文学和音乐）。他在维瓦留姆的图书馆放入了这些科目的作品手稿，并通过制定抄写标准和改进抄写方法发展了缮写室中的手稿生产。卡西奥多罗斯是他所处的时代中少有的著名学者之一，对意大利古典文化的保存发挥了重要作用。他从罗马图书馆冒烟的废墟中挽救了书籍，保存了它们并实现再生产，确保后人能够看到这些书籍，它们继续构成了中世纪教育体系的框架。他在君士坦丁堡生活了二十年，也是弥合东西方日益扩大的裂痕、将拜占庭的希腊文化和语言以希腊手稿的形式带回意大利的最后一批学者中的一位。这些手稿现被保存在维瓦留姆图书馆的一个特殊的柜子里。

523年，卡西奥多罗斯被任命为意大利东哥特国王狄奥多里克的首席顾问，接替当时意大利唯一一位学者亚尼修·玛理乌斯·塞维利诺·波爱修斯（Ancinius Manlius Severinus Boethius，480—524年）。波爱修斯在普及古代学术研究方面比卡西奥多罗斯走得更远。对卡西奥多罗斯来说，古代学术研究始终是基督教的侍女，其研究的最终目的是为了更接近上帝。从另一方面来说，波爱修斯相信世俗学识本身的价值，他曾经雄心勃勃地开展一个项目，翻译古典课程学习中必需的所有希腊著作。他的努力因受到监禁和后来涉嫌图谋反对国王狄奥多里克被处决而中断。如果他的所有翻译作品被保存和流传下来，古代科学的传播可能会大不相同。照现在的样子，我们对于他实际翻译的书只有些模糊的线索，其中包括《几何原本》的一部分和托勒密的一些著作（但没有《天文学大成》）。波爱修斯在不同地方提到了（至少部分）《几何原本》的拉丁语翻译，维罗纳盖皮托雷瑞图书馆（Biblioteca Capitolare in Verona）尚存的5世纪重写本中可辨认的片段提到了从第一册到第四册的材料，但没有图解和证明，因此可能用途有限。这本书的抄写本几乎没有几本。到9世纪的时候，只有少量尚存。我们对欧几里得的伟大著作的这一版本所知甚少，但它至少让学者意识到，在数学方面存在深刻得多的知识来源。

拉斐尔在《雅典学院》中所描绘的人物都手持书或在阅读书，而实际上手抄本或书籍在5世纪之前并未开始使用，它们由羊皮纸——经过处理的动物皮制成，而不是由芦苇做的莎草纸。造纸厂直到14世纪才出现在西欧，虽然在此前几个世纪的伊斯兰世界中普遍存在。*在手稿需要被复制到新纸卷上之前，莎草纸最多只能延续两百年。羊皮纸延续时间更长，但只有保存在适当的条件下才会如此，需要远离潮湿、啮齿动物、蠕虫、飞蛾、火和其他许多潜在的不利因素。手抄本起初只是一种基督教现象，在4世纪到8世纪之间逐渐变得流行。如果我们单一地假想一番传播过程，托勒密在2世纪的亚历山大城撰写《天文学大成》时有可能是在莎草纸上完成的。这一纸卷可能至少被重新抄写过两次，才会保存到6世纪，在那个时候有

* 纸在14世纪前被输入欧洲，通常来自大马士革，因此被称为“大马士革纸”。这种纸很昂贵，但随着纸张生产在欧洲的发展，价格下降，它逐渐取代了羊皮纸。

可能被抄写到羊皮纸上，装订成书。这也需要不断重新抄写，以确保保存下来（假设也躲过了通常的害虫、损害和灾难），到1500年的时候学者才可以接触到。因此，《天文学大成》从150年到1500年可能至少被重新抄写过五次。问题是，是由谁抄写的，人们又是如何发现它的?

每本书的命运取决于它身处的图书馆或私人住宅的墙外发生的事情。在古代晚期的动荡年代，政治、社会和宗教生活的布局正在以深刻的方式发生变化和重组。学术研究的世界逐渐从公共世俗领域转向寂静的修道院。在生活的其他领域也可以看到这种转移：随着教会进入以填补罗马帝国的公共事务留下的空白，城市的地形开始发生变化。国家的权力解体，转移到私人和宗教领导者手中。巨大的教堂在古代集会的公共场所崛起，神庙被毁坏或改建，城市的公共空间被基督化，主教成为关注焦点。和学校一样，公共图书馆在这一过程中也受到损坏。没有人出钱保养它们，它们遭到废弃而衰败。对数学和天文学等学科感兴趣的人们，都不得不私下学习，脆弱的学者关系网进一步缩小。

由于对医学的持续而迫切的需求，医学的故事略有不同。医学知识总是有用而又有重要的意义，因此对医学书籍的需求一直存在。在古代晚期的大多数图书馆里都可以找到此类书籍。医学始终是一项多层次的事业，最基础的护理由人们在自己家中完成，下一级则由当地的治疗者或智者担当，这些人对当地的植物和草药疗法具有一定的知识。不过，这种知识是口头上的，它的实践者大多不识字。受过教育的医生极为少见，他们彼此相隔较远，所接受的培训差别很大，主要服务于富有的城市客户。宗教在古代医学中也发挥了重要作用，士麦那（Smyrna）、科林斯（Corinth）、科斯（Cos）和帕加马（Pergamon）的医学教学中心设有治疗圣地，吸引了不少祈求者，就像今天的天主教圣地一样。在其中工作的医生本可以运用他们收藏的书籍治疗病人和培训学生，但作为异教信仰的中心，这些地方的许多书籍在基督教占上风的时候被毁。

在安纳托利亚（Anatolia）的帕加马，供奉希腊医药神阿斯克勒庇俄斯（Asclepius）的圣地吸引了数千祈求者，成为著名的医学学习中心。盖伦在这里出生并受到教育，然后去了亚历山大城，又去了罗马。根据历史学家普鲁塔克所言，这座城市里还有一座重要的图书馆，收藏了20万本书。该图书馆由阿塔罗斯王朝（Attalus dynasty）建于公元前3世纪，罗马地理学家斯特拉波（Strabo，前64—24年）在讨论亚里士多德的著作时提到它："但是当他们（亚里士多德的继承人）听说这座城市所臣服的阿塔罗斯国王们为了建立位于帕加马的图书馆如何热切地寻找书籍时，他们把书藏在地下的壕沟里。"[4]不出所料的是，这些书并没有因为被埋在壕沟里而受益，它们在壕沟里"因为潮湿和飞蛾而遭到损坏"，如果它们被放到帕加马图书馆的书架上，结局会好很多，这所图书馆的墙为了空气流通和防止潮湿，做了特别的设计。

作为知识中心的帕加马最重要的对手是以弗所（Ephesus）。到2世纪末，以弗所开始在竞争中领先，成为"亚洲第一"。[5]在3世纪，地震和哥特人的袭击加速了帕加马的衰落。基督教来到这座城市，意味着许多教堂的建立。但是，帕加马人只享受了一段时期的稳定，在接下来的一个世纪里，对异教徒的迫害加剧（这座城市仍然保留着若干异教），瘟疫又使余下的人大批死亡，人口随之缩减。与此同时，以弗所进入了全盛时期。作为罗马帝国亚洲行省的首都，它是一座繁荣的港口城市，以阿尔忒弥斯神庙（Temple of Artemis）

而闻名，这是古代世界的奇迹之一。一条大理石柱廊大道引领游客从港口穿越城市，经过出售阿尔忒弥斯纪念品的店铺，来到可容纳24000人的华丽的圆形剧场。在公元117年，那里修建了一座宏大的图书馆，以纪念罗马参议员塞尔苏斯——他被埋葬在图书馆之下的陵墓里。这一引人注目的建筑收藏了12000册书，使其成为世界第三大藏书之所，仅次于亚历山大城和帕加马。可惜图书馆内部在哥特人于268年进攻这座城市时被毁，恢弘的外表一直矗立多年，直到10世纪的一场地震最终将它震垮。

以弗所也是基督教早期的一个中心，圣保罗于1世纪中期在那里生活，而圣约翰在那里度过了最后的岁月，写下了他的《福音书》。随着新宗教的扎根，旧有的异教圣所不可避免地遭到破坏。

被毁城市以弗所的塞尔苏斯图书馆的外观。图书馆建于2世纪，是一位罗马参议员的陵寝，保存了12000册书。这些书储藏在壁龛的壁橱里，有特别设计的双层墙，以控制湿度和温度

阿尔忒弥斯神庙首先遭到破坏，后被遗弃，它的雕像被深埋地下，这样住在那里的恶魔就不会威胁到上面的基督徒市民。该城的其他神庙被拆毁或改建为教堂。无疑很多书在此期间被毁掉了。随着河口逐渐充满淤泥，一个新的冲积平原形成，海岸线得以改变。以弗所的贸易和对外交流被切断（如今它处于内陆数英里的地方），到13世纪的时候，它几乎被遗弃。

那么，以弗所和帕加马的图书馆里的所有书籍怎么样了呢？一个传说称，罗马将军马克·安东尼将它们从帕加马的图书馆取出，交给他的情人克莉奥帕特拉（Cleopatra），放在亚历山大城的图书馆里。当地的学者是否尽力挽救过其中一些书籍？它们是被带到安全的地方经过精心的抄写和保存，在一代又一代的家庭中传承下来，还是掩藏在古代神庙的废墟中？其中的一些肯定被隐藏在废墟之下，因为正如我们发现的那样，安纳托利亚是阿拔斯王朝（Abbasid）在9世纪寻找古希腊书籍的主要焦点。10世纪，阿拉伯的一个消息称距离君士坦丁堡约三天路程的一座古代神庙“自从拜占庭人成为基督徒起就被锁上了”。阿拉伯人说服拜占庭官员打开大门，“看到这座建筑由大理石和巨大的彩色石头建成”，里面“有大量古代书籍”。[6]

那么，我们先需要回到过去，回到欧几里得、托勒密和盖伦最开始坐下来写书的时候，看看第一本书是如何产生和传播的。盖伦主要在罗马和帕加马生活和工作，但托勒密和欧几里得都在亚历山大城这一古代世界的知识中心写出了他们的杰作，这里的图书馆鼓舞了后世图书馆的发展。

ALEXANDRIA

亚历山大城

这座城市的地理优势众多。首先，这个地方受到两个海域的冲刷，北部是艾吉普申海（Aegyptian Sea），南部是马利亚湖（Lake Mareia），也称为马留提斯湖（Mareotis）……整个城市街道纵横，适合骑马和驾驶马车，其中两条街道非常宽阔，宽度超过101英尺。这两条街道相交成直角，将彼此截为两段。这座城市的公共区域非常美丽，还包括皇家宫殿，占整个城市的1/4，甚至1/3。因为每位国王都喜爱华丽的建筑，他们习惯为公共遗址增加一些装饰，除了已有的建筑，还会自费投资建立自己的住宅，引用一位诗人的话来说，就是“建筑之上还有建筑”。不过，所有的建筑都彼此相连，并和港口连在一起。博物馆也是皇家宫殿的一部分……

斯特拉波《地理学》

（Strabo, *Geography*）

当法勒鲁姆（Phalerum）的德米特里（Demetrius）管理国王的图书馆时，拥有丰富的资源，以尽可能收藏世界上所有的书，执行国王的意图，购买并抄写书籍。

阿里斯特亚斯（Aristeas）致斐洛克拉底（Philocrates）的信

亚历山大城的大图书馆由希腊国王托勒密一世建于公元前300年，是学术追求的终极标志。正是这里激发了收藏每一种书籍的复本来包含一个领域的知识的想法。从那时起，图书收藏者和图书管理员一直怀有这种“全部收入囊中的梦想”，这也成为现代版本图书馆的核心，现代版本图书馆有权获得在本国出版的每一本书。*像所有成功的藏书家一样，埃及的国王和图书管理员坚持不懈并不择手段地追求这一梦想——通过偷窃、借用和乞求等任何方式增加其馆藏。他们命令搜查所有经过亚历山大城的船只，在船上发现的任何书卷都要被没收。这些书籍接着被加上“来自船上”的标签，放在图书馆的书架上。当雅典人将宝贵的书卷借给他们抄写之后，埃及人拒绝归还，而是选择保留原本，归还抄本，宁可失去已经支付的巨款保证金。这种侵略性的获取政策取得了成效，二十年间，该图书馆包括了上千本从烹饪到犹太神学的各个主题的书籍。这一收藏就规模和主题来说，是地球上任何地方都无法与之相比的。但托勒密王朝的国王们不仅收藏书籍，还收集思想。他们建筑神殿，颂扬缪斯女神（Muses）——九位激发艺术和科学灵感的希腊女神，并在此建立起学者团体。这被称为博物馆（Mouseion），与图书馆紧密相连，地中海世界的学者被邀请来此工作。随着时间的推移，塞拉匹

* 也被称为“法定存储”。英国的版本图书馆包括：大英图书馆、博德利图书馆、剑桥大学图书馆、苏格兰国家图书馆和威尔士国家图书馆。

斯（Serapis [the Serapeum]）神庙建立了一个子图书馆，用来存放不断增加的藏书。

亚历山大图书馆的理念来自于哪里，这一问题长期以来一直困惑着无数历史学家。亚里士多德是已知的私人收藏图书的第一人，自斯特拉波之后的作者认为他启发他的学生亚历山大大帝在其征服和兴建的许多城市中建立图书馆。综合性收藏这一理念大概也来自亚里士多德。他的知识兴趣范围同样广泛，他的另一名学生法勒鲁姆的德米特里是设计和建立亚历山大图书馆的关键人物。亚历山大大帝在公元前331年征服埃及，建立了这座城市。据传，他亲自选择了城址，这里位于尼罗河三角洲马留提斯湖和大海之间，位置便利，拥有完善的运输路线和地中海海岸的两大天然港口。亚历山大去世的时候，埃及是这个庞大的希腊帝国最富庶的地方，被他最信任的一位将军托勒密一世所继承。帝国的其余部分被其他两位将军分割，这三个地区一起被称为希腊化王国。托勒密一世宣布自己为国王，建立托勒密王朝，该王朝统治埃及275年，随着“埃及艳后”克莉奥帕特拉女王的戏剧性自杀才结束。这个王朝长久的统治当然不是纯靠天赐。托勒密一世是马其顿的新贵，他在政治、社会、军事和文化发展方面的大规模计划确立了他作为希腊统治者的无可争议的地位。托勒密一世和他的儿子托勒密二世一直关注着与亚历山大的其他继承人的竞争，这种较量有时候是在战场中，但大多数时候是在图书馆和博物馆的书桌和书架上。

这个美丽的城市在和谐的布局中发展，形成了新的文化认同，吸收了古埃及和希腊化世界的文化传统。起初，托勒密的国王们（他们当然是马其顿人）非常需要希腊（尤其是雅典）正统性的光环，

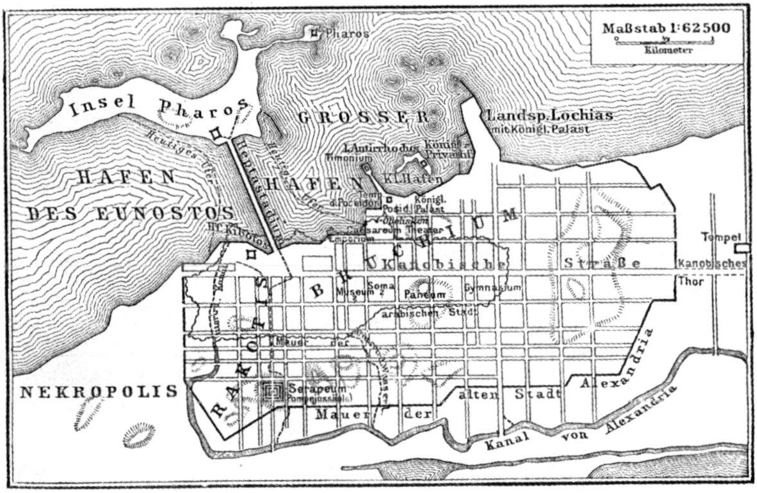

Plan des alten Alexandria.

19世纪古代亚历山大城的德语地图，展示了法罗斯岛（Pharos Island）、港口、皇室地区（图书馆和博物馆坐落的地方）、犹太人地区和这座城市的棋盘式街道体系。地图底部是马留提斯湖，位于地图左方的上面是塞拉匹斯神庙

并强调他们和亚历山大大帝的联系*，与此同时，这还事关征服本土埃及人及其文化。博物馆显然体现了这一点，它就像图书馆一样，也受到亚里士多德和他在雅典的吕克昂（Lyceum）学园的启发。博物馆和图书馆都位于缪斯神殿内，两者都是公共场所。托勒密家族慷慨资助他们的博物馆，付给学者丰厚的薪资，免征他们的税，并在这一宫殿式建筑的特殊区域为他们提供食宿。大约在基督诞生的时候，罗马地理学家斯特拉波来到亚历山大城参观，他这样描述该博物馆："它有一条带顶棚的走道、一个有座位（半圆形室外座椅）的大厅和一座大房子，在房子里有一个公共餐厅，供同住在这所博

* 亚历山大在巴比伦去世时，托勒密一世取得了他的尸体，将其带回埃及，巩固了他作为亚历山大的主要继承人的地位。

物馆的学者进餐。”这些学者“财产共有，由一位祭司负责博物馆事务，这位祭司之前由国王任免，但现在由恺撒管理”[1]。有了这种支持，这么多知识分子以这座城市为家也就不足为奇了。如果你是一位学者，就没有比这更好的地方可以待了。

正是因为托勒密的国王们，亚历山大城成为古代世界最重要的学识中心，从雅典那里夺取了希腊文化统治的王冠，为国家支持学术研究提供了新的愿景，在整个地中海地区获得赞誉和效仿。学者们“在缪斯神殿的鸽子笼中不停地争论”[2]，图书馆的书架上放满了书卷，这座城市也在发展。随着埃及人、犹太人、希腊人和后来的罗马人等不同国家的人们在这里定居、工作、生活和死去，他们沿着宽阔而笔直的街道建造了浴池、妓院、房屋、店铺和神殿。亚历山大城很快成为世界上最大的城市之一和“无与伦比的世界贸易中心”[3]，出口大量的谷物、莎草纸和亚麻，这些物品产于肥沃的尼罗河平原，经过河流运到这座城市，再销往整个希腊化世界。作为来自非洲、阿拉伯和东方的商人在地中海地区的守门人，亚历山大人扣下了大量利润丰厚的黄金、大象、香料和香水，这些物品从南方和东方经过马留提斯湖运入。宏伟的法罗斯灯塔高120米，是古代世界的七大奇迹中的又一个，耸立于海港之上，光芒隔海可见，象征着亚历山大城的光辉。

亚历山大城位于一个庞大的城市网络的中心，这些城市包括雅典、帕加马、罗得、安提阿、以弗所以及后来的罗马和君士坦丁堡。书籍和学者在繁荣的思想市场中自由流通。来自整个希腊化世界的年轻人在他们的家乡接受教育，然后去外面寻找更好的老师、更大的图书馆和更高深的知识。他们在学校和当地的公共图书馆可以获得初等教育的书籍，当时这种书籍的数目惊人。大多数城镇都有藏书，但只有城市的大型图书馆才有科学书籍，在这里能够读到的大部分书籍都是专业学者的私人藏书。整个地中海地区有数百部诗歌、演讲和戏剧等文学书籍被抄写、销售和阅读；与此不同的是，科学只占古代著作很小的一部分，只有少数受过教育的精英对此感兴趣。在整个古代时期，已知的数学家只有144位。虽然大型图书馆中也有历史书籍，但这是为数不多的私人藏书，被小心地放在封闭的门后，对科学的传播至关重要。数学、医学和天文学学者自己不拥有几本书，就不能开展研究，也不能教导聚集在他们周围的学生。因为这些藏书是私人的，很少有历史证据表明它们的存在，但我们可以有把握地假定，它们是学者从在学校学习时起就开始在其职业生涯中积累起来的。学者会从他们的老师或同事那里借用书籍并抄写，或自己抄写，或让他们的奴隶或学生代其抄写。

合作至关重要，学者必须联合起来分享他们的资源，他们在大城市里往往会这样做，那里已经具备学习的传统和图书馆，单枪匹马很难在科学上取得进展。这就是像亚历山大城这样的地方在科学史上发挥了不可缺少的作用的原因。任何对研究学术感兴趣的人都会知道，如果他们要取得进步、掌握书籍并有机会与其他学者合作，他们必须前往这样的中心。他们的老师会向他们指明雅典或亚历山大城的方向，老师年轻时可能就在这些地方学习过。在难以获取知识和思想的时代，志趣相投的人们组成的关系网至关重要，虽然都是小规模的。古代世界杰出的科学家阿基米德生活在西西里岛的锡拉库萨，这里是学术研究相对闭塞的地方。当合作者科农（Conon）去世时，阿基米德急切地想找到“精通几何”的人代替他。他还在论著《论螺线》（*Spiral Lines*）的引言中抱怨：“虽然很多年过去了……我还没有发现任何人能讨论这些问题中的任何一个。”[4]这些悲哀的呼声表明，在这个层次上研究科学的人很少。这些人必须共同合作，分享他们的经验和资源，尤其是书籍。

亚历山大城在一千多年里都是知识世界的首都。因此，本书要追寻的三个人都生活在那里并在那里做过研究，这绝不是巧合。在这座城市建立的最初几十年，托勒密一世积极寻找学者来帮他把城市改造成可以与安提阿、雅典和罗得相匹敌的知识殿堂。尽管很少有证据证明，但欧几里得似乎是这些学者中的一位，他从公元前300年从雅典来到这里，那之前的几十年柏拉图正忙着在学院教授数学和哲学，宣称“不懂几何者不得入内”。欧几里得当然可能会带着他的书籍来到亚历山大城，那些书籍可能被抄写，添加到图书馆中。欧几里得在他的新家安顿下来，在这里得到托勒密一世的支持，和志同道合的学者共事，可能就在图书馆工作。关于他的性格的零散信息将他描述为一位小心谨慎、努力工作的人，“对所有能够以任何方式推进数学发展的人都很好……虽然是一位地地道道的学者，却从不自我夸耀”[5]。这一信息的真实性有待商榷。 不必提他的其他工作，让他流芳百世的《几何原本》的大量工作和整理事务就证明了这种观点。总之，欧几里得是一位好学而认真的人。他待在亚历山大城，热爱数学，围绕他而形成的数学学派延续了几个世纪。他离开雅典，向南穿越大海，使数学研究摆脱哲学的影子，成为独立的学科。

欧几里得不是古代最杰出的创造型数学家，这种荣誉一般被授予阿基米德，但他确实写出了有史以来最伟大的数学教科书。在《几何原本》一书中，他给予世界关于数学普遍原理的精辟解释，并用有序而清晰的方式表现出来。这本书在2300年以后仍被用为教科书*。据一位学者所言："除了《圣经》以外，它对人类的思想产生的影响超过其他任何著作。"[6]《几何原本》是对公元前3世纪早期已有的数学知识的系统性考察，因此欧几里得处于数学史的关键时期，当时延续了至少2000年的旧时代结束，新的时代刚刚开始，我们继承了这一时代。《几何原本》开创了数学的新时代，规范了这一学科的基本思想并将其境界提升，使其从只解决特定的局部性问题到形成一系列可以得到普遍适用和普遍证明的原理，它本身可以得到应用，并有很大的趣味性。

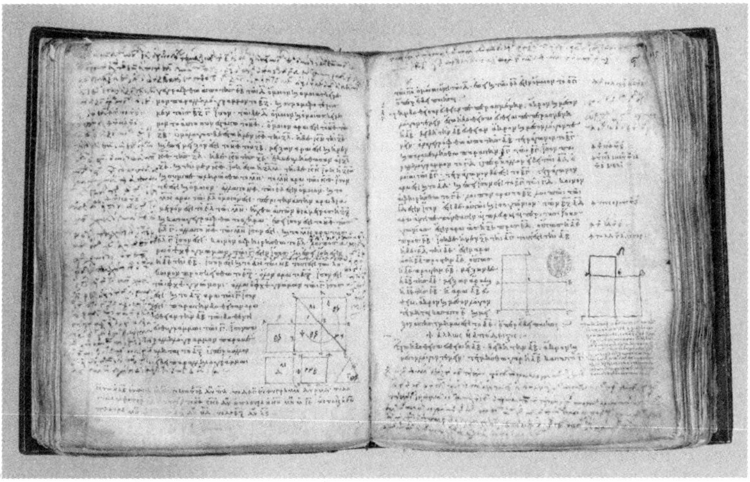

欧几里得《几何原本》手稿，于888年在君士坦丁堡被写于羊皮纸上，后被帕特雷的阿雷萨斯购得，在页边和正文下方可以看到他的注释。这被认为是《几何原本》的最古老的完整手抄本，也是希腊古典作者最古老的书籍

* 英国在20世纪60年代之前一直将《几何原本》用作学校的教科书。

为了实现这一目标，欧几里得查阅了大量的数学书籍，不仅是他自己拥有的那些书籍，也得到了其他人在亚历山大城的已有藏书中的书籍的补充。鉴于他所涉及的材料的数量之大，他可能得到了一群学者的帮助，这些人在他的指导下工作。他有条不紊地评估他所得到的信息，从绝对的基础知识开始，首先是定义基本原则，比如，“点是没有任何部分的东西”，“直线是没有宽度的长度”。[7]然后他有逻辑地展现每个主题，一次一个地展开，将一切组织起来以产生意义，让每个部分从上一个部分自然导入。

《几何原本》分为13卷。第1卷侧重于毕达哥拉斯定理；第2卷介绍几何代数学；第3卷和第4卷讲述圆；第5卷研究比例，这一卷最受人推崇；第6卷适用于几何图形；第7卷、第8卷和第9卷关注数字；第10卷关注平方根；第11卷到第13卷解释了实体几何形状。欧几里得不是力图使数学知识系统化的第一人，但他的版本非常出色，比以往的任何书籍都更清晰，很快成为数学的标准教科书。这样的缺点是，抄书员和学者不再抄写它所依据的更古老的著作。《几何原本》使它们黯然失色，并彻底取代了它们，以致在此之前的数学论著只有一部被保存下来。欧几里得通过创造从事数学研究的通用标准和方法改革了他的学科，引入了证明方法，可能是从亚里士多德那里获得了这一想法，如今它不仅被用于数学，而且也被用于此后的所有精密科学。他通过被称为公理（axiom，来自希腊语，意思是“我们认为理所当然的事情”）的一系列定义解释理论，采用受到限制和严格定义的术语，以便每个人都能理解他的意思，然后运用字母标注的图解和几何证明来证明。这一科学惯例2000多年来都没有改变过。

我们不知道和欧几里得同时代的人对《几何原本》的反响如

何，也不知道早期抄写了多少本，但我们可以猜想至少有一本是为亚历山大城图书馆抄写的，在这里其他学者可以查阅它并且再抄写一遍。我们也可以有把握地猜想，人们将抄写本送到雅典、安提阿和罗得等其他知识中心，以增加它们在数学方面的藏书。这本开创性的书早期记载零零散散，在欧几里得去世后的最初几个世纪，有效信息不多。公元前2世纪，在象岛（Elephantine Island，现在是阿斯旺[Aswan]的一部分）发现了包括第13卷书的图形和运算的陶片，因此，在埃及的偏远地区，有人在研究欧几里得的理念，不仅是《几何原本》最初部分的基础几何学，而且是最后、最复杂的一卷，这是整个项目的高潮部分。中欧俄克喜林库斯（Oxyrhynchus）附近的古代遗迹中也出现了欧几里得图解的莎草纸碎片，还有其他手稿和文件的数千碎片，由于沙漠中的干燥气候而得以保存。俄克喜林库斯的碎片写于75年到125年，是欧几里得的图解最早、最完整的抄本。这些发现说明，在欧几里得去世后，《几何原本》肯定被阅读和使用过，并因此被重新抄写和保存，但很难从如此稀少的证据中推测其普及程度。

公元前1世纪，居住在罗得的天文学家杰米纽斯（Geminus）提供了确切的证据，证明那里至少有一本欧几里得的抄写本，他生动地评注了《几何原本》的阐释传统。随着科学的不同分支的发展，学者们对之前时代的人的著作有越来越多的讨论，他们撰写详细的评注，解释和澄清原文，通常写在边栏上，但有时也单独成书。评注成为科学著作最常见的一种形式，作为古代晚期的“主要文化媒介”[8]在世代之间的思想传承中发挥了重要作用。从公元前300年到公元600年，有六位数学家对《几何原本》撰写了主要评注，虽然有兴趣的人寥寥，但他们都坚持了很久。在早期的希腊化时期，数学研究的特点是独创性和发现性，相比之下，这些著作表明欧几里得之后数学的系统性，这个时代注重吸收和整理，而不是创新。

在所有的评注中，最有影响力的评注作者是亚历山大城的塞翁（Theon of Alexandria，335—405年），他也是一位著名的数学家，是伟大的哲学家和天文学家希帕蒂娅（Hypatia）的父亲。*塞翁读到《几何原本》的时候，它已创作了600年，需要来一番必要的更新。他编辑和澄清了欧几里得的著作，补充了新的证明，调整了语言，甚至取消了看起来没有意义的部分。他的重新编辑非常成功，被多次抄写，传播到整个地中海地区。它成为标准版本和整个中世纪时期及以后的其他版本的文献的唯一主要来源，直到1808年一件令人震惊的事发生。一位名叫弗朗索瓦·佩拉尔（François Peyrard）的法国学者当时正在整理拿破仑从梵蒂冈图书馆（Vatican Library）“获得”并带回法国的一堆书。其中有一本《几何原本》的手稿与塞翁的版本极为不同。学者们很快意识到，这个版本的抄本没有包括塞翁的编辑和补充，更加古老，因此也更原始，更接近欧几里得的原本。佩拉尔发现的手稿大约于公元850年的时候在君士坦丁堡被抄写，所以它几乎隐藏了一千年，几个世纪以来没有学者予以关注，表明是我们与欧几里得本人相联系的新线索，这一线索令人激动。80年以后，丹麦语言文字学家J. L. 海伯格（J. L.Heiberg）运用这一手稿以及其他版本、片段和参考文献制作了这本书的全新定稿本。海伯格的版本仍是欧几里得《几何原本》的现代标准版本的基础。

欧几里得大约于公元前265年去世，在此后几个世纪里，亚历山

* 希帕蒂娅的故事是整个古代最悲惨、最吸引人的故事之一，使她成为这一时期最著名的女性科学家。她是亚历山大城知识世界的领导人物，受到她的父亲塞翁的教育，并与他一起工作，却成为基督徒对抗异教文化的焦点，被一群狂热的暴徒谋杀。

大城的知识生活继续繁荣发展，尤其是在科学、文学和医学方面。现在托勒密王朝的统治稳固，希腊精英开始对古埃及文化的财富产生兴趣。他们接受了当地的一些习俗（包括兄弟姐妹结婚的诡异传统），将埃及著作在图书馆里翻译成希腊文，并融合了知识传统。还有一个开创性的希伯来语翻译计划，是特别选择的一群犹太长老将摩西五经从希伯来语翻译为首个希腊语版本（被称为《七十士译本》）。

任何收藏图书的人都知道，你不需要在书架上放置很多书才有必要整理。亚历山大城早期的图书管理员很快意识到，他们需要记录藏书，并需要根据某种顺序放置，以便读者可以很容易找到特定的标题。昔兰尼的卡利马科斯（Callimachus of Cyrene），一位卓有成就的诗人，在公元前3世纪中期和该图书馆有联系，他列了一个详细的书卷目录，被称为《皮纳克斯》（*Pinakes*, 即《各科著名学者及其著作目录》）。最初的120卷书籍现在只有部分尚存，这些书籍分为以下类别：修辞、法律、史诗、悲剧、喜剧、抒情诗、历史、医学、数学、自然科学和杂记。这是将知识整理为一个普遍性计划的第一次尝试，可以说，它是思想史上的一个转折点。《各科著名学者及其著作目录》还提供了每位作者的简要书目，并列出了它们的书名，不仅建立起一种标准，而且创造了对所列举的材料的作者和著作本身描述的惯例。这种元文本传统在希腊文学的神圣舞台得到了最充分的体现，数百位学者研究、编辑和争论荷马、欧里庇得斯和索福克勒斯等人的戏剧和诗歌，使他们的著作在整个希腊语世界被抄写和销售。这些抄本中很多成为我们今天的版本的基础。

托勒密王朝的国王们亲自参与了这一求知之旅。王朝最初的四位国王对不同学术追求的兴趣也不同，其中一位是诗人，还有一位着迷于动物学。包括克利奥帕特拉（她本人是语言学家）的所有托勒密的君主都参与博物馆里举行的活动和辩论，知识分子的参与是他们统治的一个显著特征。然而，在公元前1世纪，一个新的世界强国正在崛起，不久之后军队就过来征服了这座引人注目的城市。到公元前80年，亚历山大城正式为罗马所统治，但它的知识生活被允许继续，不受阻碍。不幸的是，在公元前48年，尤利乌斯·恺撒（Julius Caesar）向这座城市发起了进攻，他的军队烧毁了位于港口的一个巨大的书卷仓库，让该图书馆遭受了第一次重大损失。这无疑是无心之举，毕竟恺撒以对书籍的热爱而著称，他曾负责将公共图书馆引入意大利（和罗马文化的其他许多东西一样，这是一个借鉴希腊的想法）。尽管失去了书籍，又被罗马人占领，埃及不得不向其新主人提供粮食，但这座城市仍是希腊知识的主要中心。

公元1世纪末，一位名叫克罗狄斯·托勒密（Claudius Ptolemy）的年轻人是生活在这座大都市的数千人之一。他的希腊罗马名字和埃及姓氏（之后的许多学者认为，他和托勒密王朝没有关系）的组合表明这两种文化在亚历山大城是如何交织在一起的。令人沮丧的是，克罗狄斯·托勒密留给我们的关于他的生活信息很少，他可能在亚历山大城受到教育，经常在博物馆研究，以积累建立自己的工作的知识体系。我们确实了解到的是，他被天文学所吸引，夜晚凝视星辰，一生致力于捕捉和理解星辰的运动，他认为，这样做可以让他离神更近。

托勒密一定是一位求知欲非常强的人，为他所生活的这个世界而着迷。他的著作很多，涵盖了一系列令人眼花缭乱的学科：天文学、数学、地理学和占星学，还有音乐理论和光学——对光和视觉的研究。在他去世后的许多世纪里，他最为人称道的著作就是《地理学》（*Geographia*），这是描述和绘制已知世界的基本尝试。今天，他最著名的著作是《数学汇编》（*Mathematical Syntaxis*），是对天空和天体的描述，后来被称为《至大论》（*The Greatest Compilation*）（阿拉伯语翻译为*Al-Majisti*，由此被译为拉丁文*The Almagest*［《天文学大成》］）。《托勒密星表史》（*The History of Ptolemy's Star Catalogue*）的作者格尔德·格拉斯霍夫（Gerd Grasshoff）这样解释它的非凡影响："托勒密的《天文学大成》和欧几里得的《几何原本》共享荣耀，成为使用时间最长的科学书籍。从它在2世纪时被构思开始到文艺复兴晚期，这一著作将天文学确定为一门科学。"[9]

托勒密与欧几里得一样，也在亚历山大城图书馆工作过，可能也与其他学者一起共事过，整理了源于巴比伦、埃及和希腊等传统的所有天文学著作。他先评估和验证理论并观测结果，然后清晰合理地陈述信息，再补充他个人的原创性贡献。正如他在《天文学大成》的序言中所解释的那样：

> 我们应该记录下来迄今为止我们认为已经发现的一切，我们应该尽量简洁地这样做，以便在这个领域取得进展的那些人可以更好地理解。为了完整地处理，我们应该以恰当的顺序陈述一切对天体理论有用的信息，但为了更简洁，我们应该只详细叙述古人已充分建立的理论。不过，我们的前人根本没有涉及或没有使之发挥其应发挥的作用的那些主题，我们应该尽所能地详细讨论。[10]

托勒密的宇宙研究方法是数学方法，取代了亚里士多德对天体的物理描述，假定星体被安置在旋转的天体上。在这一理论中，托勒密受到《几何原本》及其在数学发展中的关键作用的指引，不仅仿照欧几里得的伟大著作的文体，而且明确声称，他希望读者掌握扎实的几何理论。他的行星运动模型的产生采用了欧几里得的几何学，并运用同样体系的基本原理和图表解释。而且，和《几何原本》一样，托勒密引领读者巡游夜空的著作也分为13卷。第1卷和第2卷从必需的数学知识开始；接下来的3卷侧重太阳和月亮；第6卷全部讲述日食和月食；第7卷和第8卷记载星辰；最后5卷讲述行星，代表了托勒密对天文学最重要的原创性贡献，根据他从更早的希腊天文学家喜帕恰斯*（Hipparchus）那里获得的数据和他自己观测的数据描述了行星如何运行的复杂的数学模型。托勒密的天体模型以地球为中心，将地球置于中心位置，正如我们将看到的那样，它作为主导性思想意识将一直持续到1543年，直到哥白尼（Copernicus）引入宇宙日心说的观念，将太阳作为宇宙中心。

欧几里得和托勒密之间有很多相似之处，因此很容易忘记他们相隔了4个世纪。当托勒密在亚历山大城的街道漫步时，这座城市已经完全不同。但欧几里得在世时开始的学习传统仍在延续，这对任何具有学术兴趣的人来说仍是一个令人激动的地方。亚历山大城的图书馆吸引了整个地中海地区的学生和学者，他们带着自己的著作和书籍来到这里，反过来又增加了它的藏书。那时和现在一样，因为合作和交流思想，知识得以传播，学术研究于是蓬勃发展。托勒密之所以能够写成《天文学大成》，是因为亚历山大城向他提供了撰写这部杰作所必需的条件，这种条件当时在其他任何地方都

* 关于喜帕恰斯生平的可靠信息很少，但他可能在公元前190年至公元前120年活跃于罗得，他在那里进行了一系列观测，托勒密在建立天文学模型时使用了他的数据。尽管喜帕恰斯的几部著作的题目为我们所知，但现在只有一部尚存。

不具备。

托勒密著作的基础是更早的天文学家对天体的观测，尤其是古代巴比伦的信息来源和喜帕恰斯观测到的数据，但他自己也在127年3月26日到141年2月2日这一期间记录了观测。在天文学历史的这个时候，这种观测就是凝视夜空，记录星辰和行星的位置。托勒密使用不同的工具测量，其中包括尺子、浑天仪和星盘，但它们显然不够精确。星盘出现在公元前2世纪，这是一种复杂的仪器，带有圆形的黄铜板，天体的复杂投影被刻在它们上面，可以用来测量角度并有助于预测星体的运行。从古至今，天文学家所面临的最大的挑战之一就是设计有效的仪器，这对于他们获得精确的数据以作为科学观测的基础至关重要。

当托勒密在亚历山大城正忙着使天文学理论系统化，另一个年轻人来到这座城市寻求另一种知识——医学知识。与欧几里得和托勒密的模糊形象不同，克劳迪亚斯·盖伦讷斯（Claudius Galenus）因为历史上的很多著作而为我们熟知，其中很多是他自己所著。他被人称为盖伦，是古代最高产的著作者之一，他为自己做了大量宣传（一再声称他“使医学致臻完善”[11]）。他的医学天赋将他从帕加马的家带到罗马皇帝的床榻前。我们能够想象，他乘船来到亚历山大城的时候，是一位聪明而精力充沛的年轻人，充满了年轻人的骄傲，决心在世界上留下自己的印记。盖伦于公元129年出生在帕加马是足够幸运的。此时，这座城市正处于空前的成功中：它得到了罗马帝国的保护和青睐，农业、矿藏和贸易的巨额收入流入城市的金库中，也进入帕加马市民的口袋里。盖伦的父亲是一位富有而重要的建筑师，在经历令人印象深刻的重建和复兴计划的城市中，这是一个绝佳的职业选择。一大群专业技术人员和泥瓦匠在那里生活和

高大的宙斯神坛（带有原来的雕带镶板），这是古时帕加马最非凡的公共建筑之一，盖伦在帕加马长大

工作，在他们从岩石和大理石中开凿新的神殿、报告厅和剧院时，街道上会响起榔头的声音。这座城市本来已经是古代世界最壮观的城市之一，拥有供奉宙斯的巨大祭坛、切入山腰的令人头晕目眩的圆形剧场和仿照雅典卫城的卫城*，而这些新的建筑更为其增色。

在灰眼睛智慧女神雅典娜塑像的注视下，盖伦在帕加马的体育馆和图书馆的活跃氛围中接受了出色的教育。他本来应该追随他父亲的脚步，但在他十七岁的时候，发生了一些事情，改变了他的人生道路。盖伦的父亲做了一个梦，在梦里医药神阿斯克勒庇俄斯告诉他，他的儿子应该成为医生。从那时起，盖伦就开始专注于研究医学。这也是他与医药神密不可分的开始。医药神通过梦境向他提供

* 这座城市的许多废墟，包括宙斯的祭坛，现在都保存在柏林的帕加马博物馆。

建议，他的余生都在遵循这些建议。给盖伦培训的老师在阿斯克勒庇俄斯神庙工作，这里既是医院，又是疗养地，也是圣殿，是古代世界最重要的治疗中心之一。人们从四面八方来到这里治疗，他们为了安抚或感谢众神而献上小祭品，这更表明了人类面对疾病的绝望。盖伦的父亲去世时，他年方二十，此后不久就去了士麦那的医学院，后来又到了科林斯。最后从那里去了亚历山大城——当时的医学中心和唯一能够研究人体骨骼的地方，这正是雄心勃勃的年轻医生的重要目的地。

盖伦没有称赞过亚历山大城，尽管他抱怨从食物到天气和埃及人本身的所有事情，但他在这座城市待了足足五年，学到了关于解剖学和手术的很多知识。他还近距离研究过药理学。埃及有生产药物的悠久传统，他得以掌握精确的药方。盖伦写了很多关于当地植物和食物的文章，他还描述了去这座城市的港口和水手们谈论从更远的地方获取药品的事情。这种积极而实用的医学方法是他整个职业生涯的一个特征。

盖伦十几岁时就开始写作，有惊人的作品产量。盖伦全集总共有大约300万字，正如一位历史学家所言："长得令人疲惫。"[12] 令人惊讶的是，这大约构成了古希腊尚存文献的一半，却只是他所写的一千万文字的一小部分。与欧几里得和托勒密一样，他从医学界前辈那里继承了检查和评估理论的能力，并能够以条理分明而易懂的形式展示，这点尤为重要。[13]但与欧几里得和托勒密不同的是，盖伦没有为了便利（尤其是为了我们的目的）写成一部巨著。他对医学学科的不朽贡献分布于不同主题的数百本单独成册的书籍中。其中大约五分之一是对古代医学巨人希波克拉底（Hippocrates，前460—前370年）的评注，这些成为盖伦著作的基础。希波克拉底的四体液

雅典阿斯克勒庇俄斯神庙发现的解剖祭品，被刻成代表身体不同部分的形状。这些祭品是献给阿斯克勒庇俄斯神的，以期他能治愈病人的某种疾病

学说、基本性质（土、气、火和水）、季节和年龄是盖伦自己的知识体系的灵感来源。体液病理学认为人的身体包括四种体液——黑胆汁、黄胆汁、黏液和血液。这些体液失衡就会导致疾病，这是19世纪盛行的医学学说。盖伦自己也有重要的发现。他是第一个证明动脉输送血液的人，改变了人们对于循环系统的了解。他解释了不同种类神经之间的区别，并采用了开创性的手术技术。不过，最让他着迷的是解剖学，虽然他不能解剖人的尸体（这种做法从公元前150年起在罗马帝国一直是非法的），但他经常在反应热烈的观众面前解剖猪和猴子，并将从中获得的知识迁移到解剖学知识中。由此得出的理论直到1543年安德雷亚斯·维萨里（Andreas Vesalius）发表了他在解剖学方面的革命性著作才受到挑战。

盖伦在二十八岁的时候回到他的家乡帕加马，成为那里的角斗学校的医生。到此时，他已经学习了十年医学——“这是有史以来最长的医学教育”[14]——赋予他对于这一学科的独到总结。角斗士是当时的精英运动员，在治疗他们的伤口时，盖伦深入了解了神经和肌肉的运作方式，积累了实际经验，这让他在以后的职业生涯中受益匪浅。他还开发了缝合深层组织肌肉的新方法，并创造了治疗受伤的创新性疗法。

公元161年，他移居罗马，在那里他很快赢得了声誉，被称为有才能的治疗师。他继续写书，修改了以前的著作，并开始公开演讲，从事解剖学示范。盖伦作为罗马精英中受尊敬的一员，他拥有财富，富有教养并具有良好的社会关系，但他仍是局外人，是罗马世界的希腊人。他总是用他自己的语言写作*，有时轻视帝国社会，

* 这并非不常见。罗马世界实行双语制，大多数精英讲希腊语和拉丁语。

尤其是轻视它对科学研究的态度，他抱怨称：

> 这些拥有财富和权力的人讲究实利主义……他们崇尚快乐胜于崇尚美德，认为拥有更为精细的知识可以传授给他人的那些人不重要……但他们只对符合他们的实际需要的有学识的人表示尊重。他们看不到每项研究的特殊之美，也不能忍受知识分子。对于几何和算术，他们只在计算花费和修缮住宅的时候才会需要；对于天文学和占卜，则只会在预测他们将继承谁的金钱的时候才会用到。[15]

对罗马知识分子生活的这种谴责意味的评价在一定程度上解释了为什么科学思想在古代晚期及以后对西欧的影响如此之小。希腊科学著作很少被翻译成拉丁文，几乎总是作为百科全书的一部分被删节和精简。盖伦的一些作品被翻译成拉丁文（毕竟他的确在罗马度过了很长一段时间）。罗马帝国在5世纪分裂后，希腊语逐渐消失，但这些作品仍在使用。在东方，随着修道院成为知识和书籍生产的主要中心，盖伦的哲学著作让基督徒反感，变得默默无闻。然而，他的医学著作具有很大的实用性，经常被抄写和分享。这一点我们在下一章可以看到，它们最初由基督徒团体保存在叙利亚和波斯，在9世纪的时候被阿拉伯学者发现。

盖伦如饥似渴的求知欲望不仅限于医学。他早期在帕加马的教育经历培养了他对哲学的热情，他最伟大的一个成就就是将亚里士多德的思想和医学思想相结合。他在各种著作中发展了这一主题，主要体现在《论理想的医生》（*That the Best Physician is also a Philosopher*）和他的解剖学巨著《论身体各部分的功能》（*On the Function of the*

Parts)，两者都很好地将哲学和医学结合起来。盖伦也对语言学和词典学感到着迷，对一个收藏了自己翻译和编辑的庞大手稿库的人来说，这是必要的。

盖伦的著作因为数量太多，反而不利于传播。由于它们太多了，以至于无法保存。他意识到这一点，于是创作更多的著作，详细说明他的哪些论著是最重要的以及应该如何阅读它们。亚历山大城的医学院将他的二十四部著作整理为"盖伦教学大纲"，后来被称为"十六本书"，这个名称让人不解。学生们必须按一定顺序阅读它们，阅读之后就得到了简明而全面的医学教育。盖伦教学大纲大获成功，它传播到叙利亚和意大利，从10世纪开始，构成整个穆斯林世界的医学研究基础。根据研究盖伦和古代医学的杰出专家维维安·努顿（Vivian Nutton）所言，"其重要性评价再高也不过分"[16]。它定义了几个世纪以来的医学研究，要求医生们理解科学背后的原理，同时帮助实现这一学科的专业化，实行严格的标准。

没有人比盖伦本人对他的名声更加直言不讳，他声称整个帝国的病人都在请求他看病，甚至同时向二十位抄书员口述他的论著。这种工业规模的书籍生产，使他著作的地理分布相当广泛。大约210年他在罗马去世，去世后，他的论著在遥远的摩洛哥仍被抄写，他在古代晚期的百科全书中占据支配性地位。就像《几何原本》和《天文学大成》一样，盖伦全集的规模迫使学者不得不采取方法处理和精简信息。生产手稿耗费时间和金钱，因此这些著作的新的完整抄写本很少见。科学思想通过百科全书、评注、词典和概述等间接文献得以精简和传播，这不是著作者想要的方式，但至少基本思想因此保存和传承下来。

5世纪末的时候，知识地图发生显著改变。古代的知识中心大多衰落，学校被关闭，图书馆遭到掠夺和焚毁，慢慢悄无声息地衰败。亚历山大城仍是贸易和思想的中心，但图书馆成为其前身的幽灵。415年，一群基督教狂热分子谋杀了哲学家和数学家希帕蒂娅。他们相信她是女巫，用牡蛎壳活活将她打死。他们接着将注意力转向壮丽的塞拉匹斯神庙和它的藏书，“拆开神庙的石头，推翻巨大的大理石廊柱，使墙自己塌陷”[17]。这是基督徒在亚历山大城取得的巨大胜利。塞拉匹斯神庙曾是异教徒的知识和权力中心，它的摧毁象征着“基督教对古老文化及其庇护所的全面战争，也意味着反对图书馆的战争”。[18]

两个世纪以后的641年，随着阿拉伯人到来，形势再度变化。那时候，图书馆里剩余的藏书已经不多，其收藏的主要是基督教主题的著作，穆斯林征服者对此不感兴趣。据传说，哈里发命令将除了亚里士多德的著作以外的所有书卷送到公共浴室，用来生炉子加热洗澡水，居然花了六个月时间才把它们全都烧掉。这是个好故事，但真相既没有这么戏剧化，也不那么有趣。图书馆的命运注定要逐渐衰败，莎草纸粉碎成灰，墨迹消失。如果没有人想要制作新的抄本，损失就不可避免。大图书馆已经消失，但它的不朽声誉将成为知识的力量和失败的悲剧的永恒象征。

到公元500年，亚历山大城逐渐衰落，其规模和政治重要性被东罗马帝国首都君士坦丁堡所赶超。6世纪的皇帝们更专注于用巨大的建筑装饰他们的首都，而没有关注建于4世纪中期的帝国图书馆。这一时期的帝国统治者没有一个人对科学知识感兴趣，像我们后来见到的哈里发那般，或像早期的托勒密国王们那样。在君士坦丁堡一定有小型的私人藏书，两个世纪以后在帝国藏书中一定会有欧几里得、托勒密和盖伦的抄写本。但在500年的时候，古代科学的三大组成部分的命运充满不确定性。《天文学大成》和《几何原本》只有几本抄写本尚存，从盖伦的原作巨著中选择的著作分散在埃及、叙利亚、安纳托利亚和希腊。有些著作在古代神庙的废墟中无人问津被人遗忘，有些藏在被忽视的图书馆的旧箱子里。其他著作可以在某些修道院被发现，或放置在私人藏书的架子上，受到少数学者的保护，他们设法留住天文学、数学和医学的熊熊火焰，直到下一个科学进步的伟大时期在阿拔斯王朝的巴格达到来。

BAGHDAD

巴格达

巴格达，伊斯兰的中心，幸福之城。城市里充满雄辩的才能、优雅和礼貌。风很温和，科学则富有洞察力。这座城市可以发现所有最好的东西，一切都是美丽的。它所产生的一切都值得思考，所有的优雅都受到它的吸引。所有的心都归属于它，所有的战争都针对它，所有人都举起手来保卫它。它太有名了，无须赘言，比我们可能描绘的更为荣耀，确实赞不胜赞。

穆卡达西《地域知识》

（Muqaddasi，*The Best Divisions in the Knowledge of the Regions*）

时值公元917年春季。

拜占庭女皇佐伊（Zoë）从首都君士坦丁堡派出的一群使节来到巴格达。他们来此是为了协商和平条约的条款——拜占庭帝国和穆斯林帝国的共同边界从东到西穿越安纳托利亚半岛，他们已经为此边界作战了几个世纪。使节们被安置在这座城市众多宫殿中的其中一个，他们在这里花了两个月时间等待主人，为接待他们做足准备。穆克塔迪尔一世（al-Muqtadir，895—932年），巴格达的穆斯林统治者和阿拔斯王朝的第18位哈里发，命令重修整个宫殿建筑群，以向他们致意。他们重新布置家具，挂上数百幅窗帘，在整个帝国铺设美丽的织毯，擦亮马鞍，并修建花园。

接待日终于到来……

使节们进入的第一座宫殿是骑兵可汗殿（Khan al-Khayl [Khan of the Cavalry]），壮丽的大理石廊柱立在两侧。“院子右边是五百匹马，配备金银马鞍，但没有鞍褥；左边是五百匹马，配备织锦鞍褥和长长的眼罩。每匹马都交给一位身穿漂亮制服的马夫照看”。从这里向前，是一座动物园，“野生动物成群……它们靠近人们，嗅着他们的味道，找他们手里的东西吃”。下一个院子里是“四头装饰着图案织锦和布的大象。每头大象上载着八名来自（印度）信德的人和掷火者”。哈提卜·巴格达迪（al-Khatib al-Baghdadi，1002—1071年）在他的巴格达游记中记下了这样的描述，“这一景象让使节充满了敬畏”，这当然是这样做的目的所在。[1]

哈提卜继续用令人屏息的细节描述一个院子，里面有一百头狮子，饲养员给它们戴上口罩，看管着它们，还有几个带池塘和溪流的花园，溪流中排列着被抛光的铅，像银一样闪着白光，四只有着锦缎座位的金色小船漂浮在上面。周围的花园到处都是充满异国情调的树木，其中包括四百棵棕榈树，树干包裹着镀金铜。一定是雇用了数百位工匠来制造这些奇迹，显示出阿拉伯金属制造的全部荣耀和拜占庭的艺术。接着是最令人惊叹的景象："树屋，即一棵树矗立在清澈的巨大圆形池塘的中心，树上有18根树枝，每根树枝包含许多嫩枝，上面栖息着许多种类的金色和银色的小鸟。树枝大多由白银制成，虽然有些是黄金制成，在特定的时间摇动，使不同颜色的树叶发出沙沙声，就像风使树叶沙沙作响一样，每种鸟都会鸣叫和唱歌。"这个真正充满奇迹的景象，结合了令人难以置信的工匠技艺和灵巧的机械学，充分展现了巴格达文化的成就。

下一个宫殿就不那么微妙了。墙上挂着数千套盔甲，具有金色的胸甲、皮革护盾、装饰性箭筒和弓；它的走廊里站满了来自不同种族的无数奴隶，他们被仔细挑选出来，以显示穆斯林的绝对统治。使节们在闷热的七月走过了不少于23个宫殿，精疲力竭，其间只是偶尔喝口果汁和冰水解暑，最后被带到哈里发穆克塔迪尔一世面前。他们发现他坐在乌木宝座的金布垫子上，旁边是他的五个儿子。

这次穿越伊斯兰权力走廊的行程旨在向拜占庭的使节表明，阿拔斯王朝的哈里发仍是不可忽视的力量，即使已经失去了从前的大片领土——在其鼎盛时期，这个伊斯兰帝国的领土从非洲的大西洋海岸延伸到喜马拉雅山脉（Himalayas）。它仍然能够从印度召来狮子、大象和喷火者，还是能撑得起重大场面。它的首都巴格达仍是学术研究的重要中心。

但它正在衰落。仅仅一个世纪以前，巴格达还处于它的黄金时代的巅峰，它的美丽精致以及学术研究和奇迹在世界的任何地方都无与伦比。在阿拔斯王朝统治的第一个世纪，哈里发作为真主的发言人，是格外为人推崇而强势的统治者。在早期，有三位哈里发产生了特别的影响：曼苏尔（al-Mansur，714—775年），王朝的第二位统治者，他建立了巴格达，激励和资助学术研究；他的孙子哈伦·拉希德（Harun al-Rashid，763—809年）现在以《一千零一夜》（*The Thousand and One Nights*）中对他的冒险经历的记述（虽然有趣但多数为虚构）而闻名，他是一位令人害怕的武士，也是一位全球领导者，但也是学术研究的热情支持者；最后是哈伦的儿子，哈里发马蒙（al-Ma'mun，786—833年），在他的支持下，巴格达吸引了当时一批最伟大的思想家，他通过运用财富、启迪、好奇心和雄心，推动人类知识向前发展。

如果拜占庭的使节们走出精致的宫廷，他们会发现自己身处一个充满生命力的城市，包括阿拉伯人、波斯人、突厥人、贝都因人、非洲人、希腊人、犹太人、印度人和斯拉夫人在内的大约50万人相互竞争，谋生存求发展。他们在世界上最大的熔炉中一起吃饭、睡觉、祈祷和工作。许多人作为奴隶被带到这座城市——贩卖人口在贸易中的利润甚至超过丝绸。*那些自愿来此的人通常是为了追求梦想：商人们企图获得财富，歌手希望获得名声，学者渴求有所发现。种族、语言和信仰的独特融合对这座城市的学术研究产生了重要影响——书籍得到翻译，使得知识可以向其他文化开放，而学者

---

* 正如彼得·弗兰科潘（Peter Frankopan）在他的著作《丝绸之路》（*The Silk Roads*）中所论述的那样，这一时期对奴隶的需求巨大，很多人被俘获、运输和出售为奴隶。

能够将自己的思想和传统潜移默化地融入别人的工作中。文化交流在巴格达自由地展开，各种知识因此激增，不仅在我们的故事主要关注的科学中如此，在神学、政治学、哲学、法学、历史学和文学方面也不例外，尤其是在诗歌领域。因为哈里发和他们的朝臣尊崇诗歌，诗歌作为构成阿拉伯文学特征的动态口述传统的一部分被经常传唱。表演和演奏诗歌的奴隶女孩和歌手因此获得了巨大的名声、爱慕和财富。

阿拔斯王朝的哈里发都愿意为真主献身，并忠诚履行“信仰的统帅”的职责。与此同时，他们相信他们的王朝注定成为绝对统治，而且要统治几个世纪。很难理解穆斯林世界和基督教世界的中世纪男女怎么会那么相信命中注定。在一个充满无尽的危险和混乱的世界，感受你所做的任何事情都是神的计划的一部分，这很重要。就像农民种植庄稼或商人航海远行一样，哈里发统治一个帝国也是如此。有各种方法可以发现你所崇拜的神是否赞成你的计划，但夜空的力量最为强大。从文明开始以来，人类就为星辰着迷，中世纪巴格达的人民也不例外。在漫长而闷热的夜晚，他们躺在房屋的平屋顶上，凝视着满天意义重大的星辰闪烁苍穹。正如哈里发马蒙自己所言：

> 失眠的我看着天空转动
> 天体的移动推动它转动
> 那些星星表明未来的祸福
> 虽然我无从知晓其中的奥秘
> 如果我能飞到这群星闪耀的穹顶
> 与天空一起向西移动
> 我会在经过天空的时候了解到

天下一切事物的命运[2]

在恐怖而充满未知数的世界，星星提供了未来的地图，既可以窥得天空的神秘世界，也可以发现地球的秘密。今天，我们将天文学和占星学区分开来，天文学是关于恒星和行星的研究，而占星学是关于它们对人类事物影响的解释。在中世纪的巴格达，这两个学科还没有被这样区分。人们相信占星学能够预测天气、自然灾难和瘟疫，也能（通过星象）预测个人的健康、命运和个性特点。他们用它来决定生活的各个方面。占星学是连接人类世界和神性、已知和未知的桥梁。

当我们回望几个世纪之前的中世纪早期的巴格达，很难清楚地了解那里确切发生了什么故事，幸好当代巴格达历史学家的丰富著作可以帮上一点忙，尤其是伟大的波斯历史学家塔巴里（al-Tabari）的《历代民族和帝王史》（*History of the Prophets and Kings*），通篇以单调的细节记载了哈里发的事迹。它包含了详尽的38卷，成为从这一时期到915年的最为客观的消息来源，这还不是最有趣的读物，更有趣的要属伊本·纳迪姆（Ibn al-Nadim）所著的《百科全书目录》（*The Fihrist*）："这是一本关于阿拉伯和其他外来所有民族的书籍的目录，以阿拉伯人的语言存在，也包括各种科学的手稿，并记录了创作手稿的人。"[3]这本书写于10世纪末，是关于当时阿拉伯世界各种知识、著作者和学者的主要信息来源。伊本·纳迪姆是一位书商的儿子，从小在书籍和学者的熏陶中长大。在《百科全书目录》中，他描绘了黄金时代学术研究的生动景象。这部非凡著作是他花费一生时间交谈和研究城市的知识环境的产物。

当学者们在巴格达的书店里热切地阅读这本书时，包括希腊、埃及、印度和波斯的几乎所有古代知识的全集都被关注，很多被翻译成阿拉伯语，并加以批判性的编辑。当那些欧洲人以萝卜为生并试图抵挡维京人（Viking）时*，巴格达的科学家已经测出地球的周长，改变了星辰的研究，制定了严格的翻译标准和科学实践方法，制作了世界地图，推进了现代数字体系的基础，定义了代数，建立医学新学科，并确定了若干疾病的症状。在如此令人惊讶的短暂时间里，阿拔斯王朝及其臣民已经重新绘制了知识地图，使巴格达成为科学研究的重要中心，掩映在发现和启蒙的黄金时代的光辉中。

仅仅两个世纪之前，巴格达还是一个小小的波斯村庄，围绕着底格里斯河（River Tigris）沿岸的基督教修道院。**巴格达以其地理位置闻名，位于底格里斯河和幼发拉底河（Euphrates）接壤的地方，是美索不达米亚（Mesopotamia）这片古老沃土的中心。当代的作者将其描述为“中心”或“宇宙的十字路口”。大约五千年的时间里，人们在这里定居，种植庄稼和挖掘灌溉渠道。农业蓬勃发展，食物充足。这片土地一年种植三种作物，人们把它当作伊甸园所在地。物产的丰沛创造了巨大的财富，河流之间郁郁葱葱的绿色盆地中兴建起一系列帝国，其中包括巴比伦人（Babylonian）、苏美尔人（Sumerian）、亚述人（Assyrian）、阿契美尼德王朝（Achaemenid）、亚历山大大帝统治下的马其顿人（Macedonian）和塞琉古王朝（Seleucid dynasty）的帝国。公元前150年，它成为帕提亚帝国（Parthian Empire）的一部分，直到公元224年萨珊人（Sassanian）的

---

* 当然，在这一时期，查理曼大帝的宫廷和某些修道院也有文化和抄写活动，但没有什么重要的科学研究。

** 聂斯脱里派基督徒因为教义上的分歧与东正教产生分裂，为躲避拜占庭帝国的迫害，于5世纪和6世纪移居波斯和叙利亚。他们在这一地区到处建立修道院和教堂，其中许多建筑从7世纪开始处于阿拉伯人的统治之下。从1世纪末开始，基督徒在这一地区广泛分布。

波斯王朝到来。他们在该地区的统治一直持续到7世纪中叶。

几个世纪以来，阿拉伯的贝都因部落偶尔会袭击已定居的美索不达米亚人，他们放弃了艰苦的游牧生活，想寻求更好的生活方式。但7世纪中叶发生了一件改变历史进程的事。在麦加（Mecca）城高处的一个洞穴中，大天使加百列（Archangel Gabriel）向一位名叫穆罕默德（Muhammad）的年方四十的商人显形，给他传授启示，后来被写成《古兰经》(Qur'an)。于是伊斯兰教诞生了。在接下来的几十年里，穆罕默德的追随者迅速增加。他首先在麦地那（Medina）传播伊斯兰教教义，后来在麦加和阿拉伯半岛的其他地方传播，将不同部落召集到一面旗帜下，并教给他们人生的统一信条。穆罕默德在632年去世，但他的追随者受这个新信仰趋使，骑着骏马，迅速进入埃及、叙利亚和波斯。这个时机恰到好处。曾经强大的萨珊帝国正在崩溃的边缘，几十年来因与它的邻国拜占庭交战而不断被削弱。* 在很多情况下，穆斯林需要做的事情只是来到城门前，这杀气腾腾的阵势，市民很快便投降，甘愿缴纳巨额的赎金。埃及很快陷落，在几十年里，穆斯林扩张到整个中东和其他地区，他们击败萨珊人，并从拜占庭那里夺取了大片土地。他们占领这些地区获得的金库收入是惊人的，这些财富加速了他们糜烂的奢侈生活，穆斯林精英在这一点上是出了名的。到8世纪早期，他们占领的地区的面积比鼎盛期的罗马帝国还要大，达到大约500万平方英里。而且，一千年来，由亚历山大大帝最先统一的土地首次重新归一位统治者所有。

这具有重大的文化意义。亚历山大作为马其顿（Macedon）的国王、希腊化联盟的霸主、波斯的沙阿、埃及的法老和亚洲之

---

* 此时，（波斯）萨珊帝国跨越伊朗、伊拉克、叙利亚和高加索，向北延伸至中亚的广阔干草原，向东延伸至与中国的山脉交界。

王，最重要的是，作为亚里士多德的学生，在他的帝国中传播希腊的语言、哲学、宗教和传统，将希腊文化的前哨建立在远至和中国交界的地方。他带着特有的谦虚，只将这些城市中的二十座以他的名字命名，创造了一个亚历山大城网络，这些地方在他去世后几个世纪还留存活跃的希腊文化。这一“文化传播的大范围运动”进展虽然很慢，但存在时间极长，持续了大约一千年。[4]亚历山大去世大约一千年后，他的许多城市——包括梅尔夫（Merv）、阿勒颇（Aleppo）、亚历山大城、巴克特里亚（Bactria）和巴勒贝克（Baalbek）——都在知识领域熠熠生辉。而且，因为它们现在全都处于阿拔斯王朝的哈里发统治的地区，给予了巴格达的黄金时代思想以及学者和书籍的滋养。

在穆斯林征服之后的几十年里，数千阿拉伯人向北迁移，定居在伊拉克（Iraq）、伊朗（Iran）和辽阔的呼罗珊（Khurasan）省。这里土地肥沃，经济繁荣，是丝绸之路上的璀璨之城，比如巴尔赫（Balkh）、梅尔夫、内沙布尔（Nishapur）和撒马尔罕（Samarkand）。然而，就像之前的亚历山大一样，新穆斯林帝国的统治者很快发现，不可能通过武力实行统治——他们的人数太少，在他们所征服的广大领土上，他们的人口分布范围太广，密度太小。他们容忍了非穆斯林臣民的存在，依据伊斯兰法律对他们征税。他们鼓励持续性发展，以便当地人口留下来耕作。他们还采用了现有的政府管理制度，任用和仿效萨珊精英中的许多成员并与他们交往。

因为萨珊文化是世界上最复杂和令人印象最深刻的文化之一，而阿拉伯文化相对年轻而原始，这样做大有裨益。就在几代人之前，穆罕默德的人民还是贝都因人，在阿拉伯的沙漠中过着游牧生活。现在，他们的财富已经超出了预想，因此他们的生活方式也应与之相适应。萨珊人吃的是精致的食物，住的是豪华的房屋，周围都是杰出的学者、音乐家和诗人。阿拉伯人为此着迷。他们努力吸收了萨珊波斯所能奉上的一切辉煌，与自己的宫廷传统相融合，创造了世界上最为奢华和非凡的文化之一。由于阿拔斯家族富有远见的哈里发们，巴格达成为这种融合的终极体现。

在750年之前，倭马亚王朝统治着穆斯林帝国，但穆罕默德一去世就开始逐步分裂伊斯兰——这就是此后使中东陷入分裂的逊尼派和什叶派之间的分裂。当先知的后裔为谁最有权力而争吵时，阿拔斯家族（他们的血脉可以追溯到穆罕默德的叔叔阿拔斯）静悄悄地煽动这种争论。747年，他们的领导者自称萨法赫（Saffah），意思是“使人流血的人”，在梅尔夫城发动了革命。夺取政权之后，他继续残忍地追捕和消灭倭马亚家族的每个成员。这种疯狂的屠杀即使从今天来看也是恶毒的，他们甚至挖出尸体焚烧坟墓。但拉赫曼（一位年轻的倭马亚王子）幸免于难，逃到西班牙，在那里建立分庭抗礼的王朝。他的后代在科尔多瓦继续建立起生机勃勃的知识中心，我们在下一章会细讲。萨法赫的统治是暴力的，也是短暂的。当他在754年因为患天花去世时，哈里发之位传给了他的弟弟阿布·加法尔·阿卜杜勒·伊本·穆罕默德·曼苏尔（Abu Ja'far Abdullah ibn Muhammad al-Mansur，约713—775年）。

幸运的是，曼苏尔和他的哥哥非常不同。他身材高大，胡子稀疏，目光敏锐，在他的统治下，权力得到巩固，局势得以稳定。他最大的成就就是建立了一个新的首都，他称之为和平之城，也就是本章的主角巴格达。曼苏尔重新集中帝国权力，远离倭马亚王朝在大马士革的根据地，有意加强与萨珊精英的联系，将他的新城市建立在古波斯遗产的荣耀中。从官方和个人的立场看，曼苏尔最亲近的朋友是来自呼罗珊的波斯人哈立德·伊本·巴尔马克（Khalid ibn Barmak），他的家族为阿拔斯革命提供了至关重要的支持。巴尔马克家族充满异国情调，富有教养，他们来自帝国遥远北方的巴尔赫，在那里研究亚里士多德并学习用希腊语阅读。他们比任何波斯家庭都更加注重精致和卓越的精神，这使他们的阿拉伯领主惊异不已。巴尔马克帮助曼苏尔找到他的新首都地点。他们一起向南旅行，选择了位于之前的萨珊首都泰西封（Ctesiphon）以北三十公里的小村庄巴格达。

正如曼苏尔向他的将军们所解释的那样：“这儿有底格里斯河，

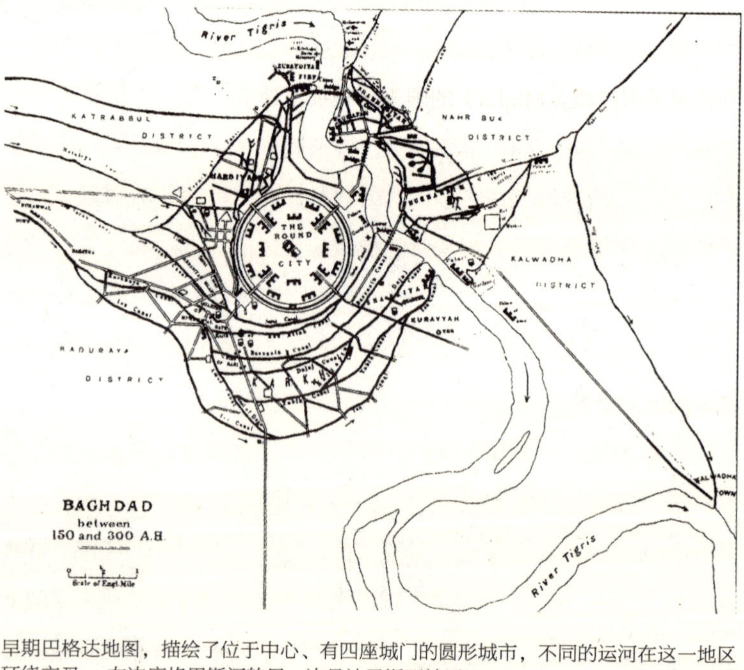

早期巴格达地图，描绘了位于中心、有四座城门的圆形城市，不同的运河在这一地区环绕交叉。 左边底格里斯河的另一边是沙马斯亚地区（Shammasiya District），马蒙在这里建造了他的天文台

我们和中国之间没有间隔，从海上运输的东西都可以通过河流运到我们这里，贾兹拉（Jazira）、亚美尼亚和周围地区的供给也能运到这里来。还有幼发拉底河，有了这条河，叙利亚、拉卡（Raqqa）和周围地区的一切也都可以运过来。”[5] 巴格达的地理位置非常理想，在西北方向可以通过萨拉特运河（al-Sarat canal）和纳尔伊萨运河（Nahr'Isa canal）直接与主要贸易通路相连接，沿幼发拉底河到达叙利亚和其他地区；在东北方向可以沿底格里斯河经过摩苏尔（Mosul）；在正南方向可以到达波斯湾，进入印度、中国和远东地区。巴格达也处于庞大的陆路网络的中心。来自东方的旅行者和商队可以沿着丝绸之路经过伊朗的山脉，到达北非、阿拉伯、叙利亚、地中海海岸和欧洲。

当曼苏尔和巴尔马克发现当地的基督教传统已经预言：有一天一位名叫米卡拉斯（Miqlas）的国王会在那里建立一座伟大的城市，星星恰巧也连成了一线。曼苏尔记起他童年时的一个绰号就是米卡拉斯。他高兴地喊道：“老天作证，我就是那个人！”[6]波斯犹太学者马沙拉（Mash'allah）、一个名叫法扎里（Fazari）的阿拉伯人和一个名叫诺伯赫特（Nawbakht）的波斯拜火教教徒成为曼苏尔宫廷占星家团队的重要人物，他们的种族和信仰的多彩组合预示着后来巴格达学术研究的多元文化的特征。他们绘制图解，见证了开始建设这个新城最吉祥的时刻：762年7月30日下午两点，曼苏尔亲自铺下了第一块石头。

曼苏尔向全国发出谕令，号召数千名工人、勘测员、工程师、建筑师、铁匠、木匠、建筑工和奴隶运用技能将他的愿景变成现实。他用煤渣在地上描绘出他的非凡设计，创造了一个独特的圆形城市。他统筹管理工程建设的每个细节，仔细计算花费。为此工人们胆战心惊，如果他们没有为每一个硬币记账，就会被投入监狱。劳动者每天的报酬是两到三粒银子。管理者每天的报酬是1/24迪拉姆(dirham)。每块砖头都要称重，每分钱都要统计，他建立的可能是世界上最大的城市，但他不会浪费一点泥土。塔巴里告诉我们，多年以后，他们发现每一块砖头，都确切地刻着重量。窑烧泥砖的两面巨大的同心圆形墙构成了这座城市周长四英里的外围，一条护城河环绕着。里面的第三面墙构成了政府办公室和房屋。四个巨大的双穹顶大门通向帝国的各个角落——东北至呼罗珊和雷伊（Rayy），西北至叙利亚，西南至麦加，东南至巴士拉（Basra）和海湾地区（the Gulf）。在炎热的夏日下午，哈里发本人喜欢坐在东北大门上层的房间，享受微风并凝视遥远的呼罗珊省——那里的人民帮助他的王朝取得政权。

曼苏尔不是个乱花钱的人，这和他的许多后裔形成鲜明对比。“若得到某样东西必须通过交易，他不会避免最奢侈的慷慨行为。但他会拒绝最小的恩惠，如果施恩会带来损失的话。”[7]因为他的节俭，在他去世时，国库里有1400万第纳尔（dinar）和6亿迪拉姆。一个金第纳尔大约相当于20个银迪拉姆，塔巴里认为，一只羊花费大约一个迪拉姆。因此曼苏尔获得了“便士之父”的绰号。他具有阿拔斯家族的闯劲、远见和热情，但不会挥霍和享乐。他的后代哈伦·拉希德和马蒙也因为这两点而闻名。他虔诚、节俭、滴酒不沾，不喜欢音乐并痛恨派对，他会为其后代的奢侈逸乐的生活方式感到震惊，无论是《一千零一夜》中的夸张故事还是关于哈里发穆塔瓦基勒与4000名嫔妃同床的说法（虽然根据推测，不是同时）。相反，在他的朋友巴尔马克的指导下，曼苏尔支持学术研究。766年，他在圆形城市的金门宫殿旁边建立了伟大的曼苏尔清真寺，那里很

Appendix E

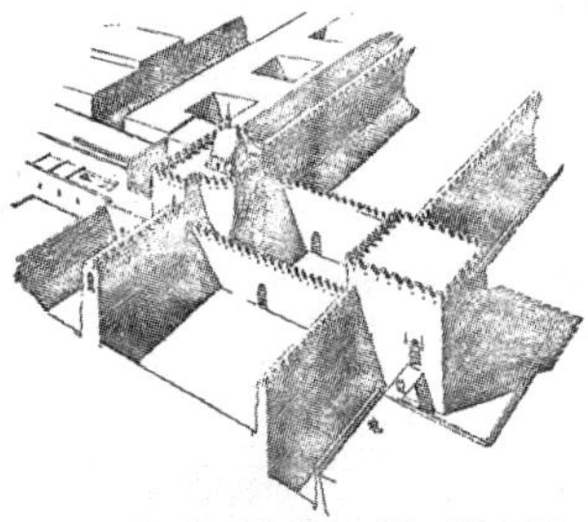

Figure 5. The Gates Reconstructed (Herzfeld, p. 127).

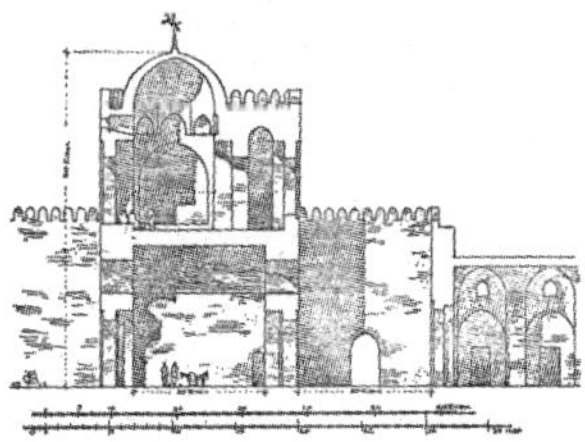

Figure 6. Inner Gate Reconstructed (Herzfeld, p. 126).

巴格达城门的现代重建，图中显示的是双墙结构和两层塔楼

快像磁石般吸引了大批学者。

和现在一样，清真寺和他们的学校是礼拜中心，同时也在教育和学术研究方面成为领头羊，是当地社区学习、分享和讨论思想的场所。他们会在里面储藏图书，图书馆由此发展起来。穆斯林对学习和教育的热爱直接来源于先知本人的教导："在真主的眼中，没有什么事是比一个人学到科学并将其教给人们更加伟大的。"[8] 在最初几个世纪里，科学与信仰和谐发展，对宗教真理的追求不仅促进了在广泛的哲学层面的理性探询，而且要求回应具体的实际的需求，包括确定麦加的确切方向，以便可以正确放置祈祷时用的跪垫，或知道每天祷告的时间。宗教教义还没有开始构筑和强化保守主义的壁

垒，它们将在后来的几个世纪里扼杀科学的发展。在当时看来，穆斯林对《古兰经》的崇敬延伸到了所有的书籍，它们是“内心生活的无穷无尽的源泉”[9]。

在8世纪晚期，一种新的产品被带到巴格达，它将永远改变图书的世界，那就是纸。751年，阿拉伯人在辽阔的中亚草原深处，即如今的吉尔吉斯斯坦（Kyrgyzstan），于怛逻斯战役（Battle of Talas）中战胜中国人。被带回撒马尔罕的两名战俘传授了如何用大麻和其他纤维植物造纸的秘诀。阿拉伯世界的第一个造纸厂建立于撒马尔罕，这一理念逐渐沿丝绸之路传播开来，793年传到巴格达。

在纸张运到巴格达的同时，墨水和胶水的生产也取得了巨大的进步，书籍的装订技术亦是如此。这些发展使书籍变得更加美观和耐用。随着越来越多的人被雇用来适应日益增长的贸易需求，书法、装饰和袖珍画也发展得如火如荼。其中最重要的是纸商，他们经营书店。9世纪末，学者雅库比（al-Ya'qubi）仅在巴格达瓦达（Waddah）郊区就统计出超过一百位纸商。他们在那里有自己的露天市场。许多人雇用抄书员来抄写他们销售的书籍。这些书籍被展示在隔板桌上，供人们浏览。许多纸商本身就是学者，很多知识分子会在书店聚会，成为非正式的学院和科学辩论的温床。有些人加入了寻找手稿的行列，到很远的地方旅行，挖掘之前文明的宝藏。纸商还能帮助学者实现以写作谋生的可能，而且，他们通过发展书籍贸易，将知识从巴格达传播到穆斯林的影响范围（Dar al-Islam）。没有他们，阿拉伯语世界的文学作品不可能如此高产，到11世纪末有超过5000名穆斯林作者在写作。

巴格达在建成四十年后，成为繁华的大都市。人们从穆斯林的影响范围和其他地区来到这里，被这个城市允诺的宽容与和平所吸

Appendix E

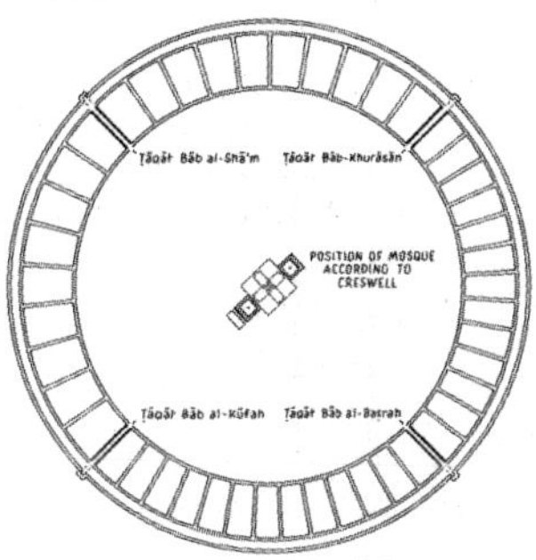

Figure 1. The Round City. (After Herzfeld and Creswell)

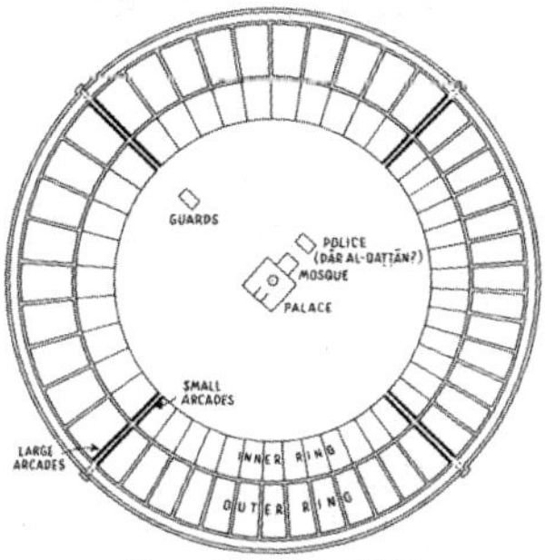

Figure 2. The Round City.

圆形城市的详细地图，图为大清真寺和双层防御墙

引。城市迅速发展，人口激增，产生了一系列的问题，比如保持足够的卫生、食物供应和税收。帝国需要基础设施，包括道路、桥梁、灌溉系统和运河，这些都依赖于技术和设计的进步。即使最基础的工程项目也需要数学计算，还需要医学知识辅助治疗疾病来挽救生命。占星术是日常生活中不可或缺的部分，尤其是在医学中，它被用于诊断。天文学是占星术和各种类型的地理勘察、航海及地图绘制（具有明显的军事意义）的基础。没有数学这一关于测量、计算和精确性的语言，就不可能实现这些追求。学术研究和实用知

识交织在一起，为文化生产和科学进步的引擎提供了动力。

随着阿拉伯语在8世纪从无组织的口述正式成为官方的书面语言，波斯语或巴列维语（Pahlavi，中世纪波斯语的书面形式）的大型翻译项目开始施行。第一波被翻译为阿拉伯语的著作很多都是关于政府管理和税收的实用性论著。但不久之后，人们开始关注波斯占星学和天文学的大量经典。星星在萨珊波斯的国教拜火教中发挥了巨大的作用。几个世纪以来，学者就这一主题建立了复杂的研究体系，包含了印度、希腊和埃及思想，以及可以追溯到公元前1800年的巴比伦文明的思想。

在巴格达和整个阿拉伯世界，书籍进出口相对比较容易，因为得到了在整个帝国内运行的政府邮政服务的协助，通过骆驼、骡子、马和鸽子交替传递信息。巴格达总办事处的墙上挂着巨大的地图，供旅行者和朝圣者计划他们的旅程之用。一个由旅馆、旅客招待所和路边的储水箱构成的系统为朝圣者、商人、商贩、士兵、信使、传道者和其他旅行者提供服务。在漫漫长夜，人们会聚集到旅馆的篝火旁吃饭、喝酒和休息，但最重要的是聊天和八卦，这里很快成为活跃的信息中心、当时的报纸和人际交流的场所。旅行者组团加入跨越帝国运送货物的长长的骆驼商队，这是应对穿越阿拉伯、北非和伊朗的沙漠的危险最安全的方式。他们之中就有学者，做好准备旅行数百英里，冒着遭遇沙尘暴、疾病、洪水、强盗和野生动物的危险寻找图书，因为他们担心这些思想会永远消失。他们向东穿越波斯，向北进入拜占庭帝国的阿纳托利亚，那里希腊语仍然是主要语言。在这些地方，古老城市中的古代神庙和修道院里摆满了图书。

8世纪70年代和80年代，曼苏尔和巴尔马克为科学在巴格达的繁荣创造了完美的条件。哈立德博学的儿子叶海亚（Yahya）被任命为哈伦·拉希德（曼苏尔的孙子）的导师。当时在东部，两个家族的命运因为爱与相互尊敬而联系在一起。哈伦在786年成为哈里发之际，他召来敬爱的导师，告诉他："我亲爱的亚父，是您让我登上了宝座，这靠的是您的帮助和天堂的赐福——是的，靠的是您的巧妙的影响和明智的建议！现在我要赋予您绝对的权力。"[10] 叶海亚命人首次翻译《几何原本》，很快整个巴格达的精英都开始以他为榜样，效仿他的开明之举，注入资金复兴古代经典。书籍生产量剧增，书中内容被宣读给满屋子的抄书员，以便可以同时得到更多抄写本。在一代人的时间里，如果没有放满书籍的图书馆并雇用学者和抄书员，这个宫殿就算再华丽，也是不完整的。

哈伦·拉希德是一个非常矛盾的人，他注重享乐，精力充沛，凶暴、虔诚、慷慨、残忍而又聪明。他的宫廷生活是出了名的奢侈。他的妻子祖巴耶达赫（Zubaydah）花起钱来更是如同今天的亿万富翁。她用金银餐具进餐，开创了用红宝石装饰鞋子的风尚。她的服饰更为华丽，上面装饰着如此多的珠宝，以至当她站起来时，需要两边各一位仆人扶着她。两人过着今朝有酒今朝醉的生活。哈伦的风流和发动战争一样颇具盛名，但他的学习欲望同样引人注目。他一掌权，就运用哈里发的庞大权力去寻找古代书籍。和他的祖先一样，他每年会派出三支入侵部队进攻拜占庭帝国的南部边陲。[*]在这些小规模冲突的混乱中，士兵们争相掠夺他们能够找到的任何东西，书籍被列为最有价值的战利品之一。[**]

---

* 这一边界随着军事力量的变化而不断移动，但自东向西穿越如今的土耳其的中心。更广阔的地区被称为小亚细亚或安纳托利亚，或阿拉伯地区（Rum in Arabic）。

** 希腊医学手稿是在安卡拉（今天土耳其的首都）和阿莫里乌姆（位于安纳托利亚中西部的一座古代希腊城市，从未从战争中恢复过来，很快被遗弃）的战役中赢得的部分珍宝。

在巴格达，哈伦创建了智慧宫（Bayt al-Hikmah），用来存放这些书和安置研究这些书的学者。我们对它的样子、它是如何运作的以及它在哪里很好奇，却不得而知，只能以类似地方的描述为依据，并结合一点推测和想象。*不过，我们确实知道它包含一所图书馆，这是一间或多间房子，用来放置收藏或生产的许多书籍，必定还有抄书员们抄写手稿和学者们翻译的地方。大概有相当多的行政人员被雇用，《百科全书目录》提到了一些图书管理员和负责人的名字，并列出了在那里工作的许多学者，但协助他们的许多信差、取书和运书的人以及清洁工等人，我们只能假设存在。同一时期的其他知识中心通常会有提供食宿的地方，因此会有用餐和社交的房间，一般来说会配地毯和矮桌。他们经常将书储存在箱子里而不是书架上，并有可以翻阅图书的书桌，免费提供纸和芦秆笔。现在我们已经不可能知道智慧宫是位于巨大的宫殿建筑群之内还是单独存在的，不过，在9世纪末，哈伦的后代哈里发穆台阿迪德（Caliph al-Mutadid）开始建设新的宫殿，有供学者住宿和作为书房之用的配楼。看来他计划将马蒙的图书馆搬到那里。这个配楼是对智慧宫的模仿吗？还是更为靠近宫殿中心的已经改进的设计？学者们的居所可能很不稳定，他们在智慧宫工作到深夜，有时候干脆就在那里过夜——如果他们要参与大项目的话，在其他时候，则会回到妻子和家人的身边，他们的家在城市的其他地方。

在巴格达郊外的卡尔卡尔村（Karkar），一个叫穆纳吉姆（Munajjim）的人在他的城堡中建有图书馆，他的图书馆的运作方式可能和智慧宫类似。许多不同国家的学者在穆纳吉姆的图书馆中做

* 没有证据显示“智慧宫”的实际地址，这使得一些现代学者表示，它只是作为一个标志存在于几个地方，而不是在一个地方。

研究，他以待客之道接待他们，他们反过来提升了他作为开明而博学的知识赞助人的声誉。整个帝国都呈现这种态势：精英非常重视对学术研究的赞助，他们照顾学者，供应他们所需要的一切，包括写作材料、食宿、金钱、书籍和激励，使学者们的才能得以尽情发挥。智慧宫一定也提供了这些要素，还有强大的合作和竞争力量，学者们一起分享他们的思想和研究成果，彼此又相互竞争，将知识的边界不断向外推动。

巴格达有几座公共图书馆，其中有许多附属于清真寺和伊斯兰教育机构（madrasa）*，它们是伊斯兰崇尚书籍的关键推动力，并因为慷慨的遗赠而蓬勃发展。**它们还使大众更容易接触公共研究。因为即使在引入纸张之后，书籍仍然很昂贵，像《历代民族和帝王史》这样的多卷本巨著会花掉一百第纳尔。但对阿拉伯精英来说，这种花费不算什么。巴格达遍布私人图书馆，成为学者和赞助人的热门聚会场所和非官方学术辩论中心。图书馆成为最高的地位象征。

在哈伦的影响下，巴格达的学术研究蓬勃发展，但也酿成了大祸，第一场风暴于803年发生。因为不明原因，哈伦突然对巴尔马克家族发难，将他之前的导师、现已年迈的叶海亚投入监狱，并残忍地杀害了他的儿子贾法尔（Jafar）。这个在刀刃上跳舞、曾得到皇家高度认可的强大波斯家族就此没落，此后再未崛起。接下来，哈伦处理了他的继任问题，将他和一个女奴隶的儿子阿布·阿卜杜拉·马蒙（Abd Allah al-Ma'mun）指定为排在他的合法长子阿明（al-Amin）之后的哈里发继承人。阿明的母亲是爱慕虚荣的祖巴耶达赫。在809年去世的前几年，哈伦尽力确保他的王位顺利传给阿明，

---

* madrasa是经常附属于（现在仍是如此）清真寺的教育机构。

** 蒙古人于1258年入侵时，巴格达还有36座公共图书馆。

但命运没有眷顾他。引导了阿拉伯有史以来最伟大的知识进步的马蒙不是一个能够屈居人后的人。他追随他的叔祖父萨法赫（他建立了这一王朝）浸满鲜血的脚步，在他母亲的出生地、北方辽阔的呼罗珊省的省会梅尔夫建立了权力基地，与他的兄长陷入血腥的内战，最终发展为对巴格达14个月的围攻。阿明根本没有机会，因为马蒙才华横溢，富有魅力，不可阻挡。

马蒙于813年加冕为哈里发，但在梅尔夫一直待到819年才千里跋涉返回巴格达。虽然他是一位强大的领导者，这座城市却还未从内战中完全恢复过来，为不断爆发的暴力冲突和派系斗争而困扰。马蒙像他的父亲一样过着不可思议的、华丽奢侈的生活。他的宫殿布置了最美丽的物件，他的朝臣受到最好的宴会招待。他们倚在丝绸垫子上，吃着无花果、开心果、葡萄、石榴和滴着蜜汁、藏红花夹心的果仁千层酥，有舞女为他们演唱小夜曲，八面玲珑的太监在旁服务。如果没有宴会和狂欢，朝臣便不停地参加马球比赛、击剑、狩猎和赛马活动。

与这种狂热的享乐主义并存的，是紧张的学术活动。巴尔马克家族让马蒙对世界产生了好奇，对希腊的知识充满了崇敬，据传亚里士多德曾在梦中来探访他。*他有着对知识孜孜不倦的好奇心。在希腊作战的时候，他对象形文字的翻译产生了兴趣，委托当地的一位智者把它们抄写下来，想弄明白它们的含义。在所有的阿拔斯王朝的统治者中，马蒙对科学的个人兴趣最浓厚。他回到巴格达后不久，就重建了他父亲的智慧宫，使其成为阿拉伯的知识中心，这预示着国家支持科学进步的新开端。马蒙开始大规模收集图书，他向

---

* 贾法尔·伊本·巴尔马克是他的导师。哈伦让人谋杀他的一个原因可能是要打破马蒙和这个强大的波斯家族之间的联系，减少他的权力，让他接受他哥哥继任哈里发。

拜占庭皇帝写信，请求获得拜占庭国家储存和珍藏的一些古老的科学（手稿），然后派"一群人（包括）智慧宫的负责人萨尔曼"出使君士坦丁堡去收集这些书。[11] 到9世纪中叶，智慧宫图书馆已成为世界上最大的图书储藏地。

知识从四面八方以各种语言流入巴格达。中东的基督教会已经建立，其教徒数量因为叙利亚基督徒急剧增加，最终因为教义上的分歧与主要的东正教教会分裂，建立了自己的聂斯脱里派教会。在5世纪遭到拜占庭当局的迫害，许多人逃到波斯帝国，在安提阿、埃德萨（Edessa）和后来的"白玫瑰、葡萄酒和蝎子之城"尼西比斯建立基督教知识中心。在这些城市中，他们用古代叙利亚语——一种亚拉姆语方言和中东基督徒的书面语——教授和研究希腊神学、哲学、医学和天文学。像阿拔斯宫廷的首席占星家埃德萨的西奥菲勒斯（Theophilus of Edessa）这样的人随身将亚里士多德和其他希腊哲学家的著作带到巴格达。聂斯脱里派基督徒与古希腊学术研究有着密切的联系，他们的专业知识和早期将希腊书籍从古代叙利亚语翻译为阿拉伯语的活动成为巴格达科学研究的基础。叙利亚学者塞维鲁斯·塞博赫特（Severus Sebokht，575—667年）研究了《天文学大成》，并写下一篇天文学论文。在这篇论文中，他向想要深入研究这一学科的人推荐了托勒密的著作。

随着人们将手稿从古代叙利亚语和巴列维语翻译成阿拉伯语，巴格达的学者们对古代知识的丰富程度有所了解，因此也意识到还有更多未接触的内容。曼苏尔亲自写信给拜占庭皇帝，请求对方提供科学书籍。许多古希腊的手稿被藏在君士坦丁堡加固的城墙之后，这已不是什么秘密。这座城市从未受到攻击，因此它的古代纪念碑和图书馆保存完好。拜占庭皇帝立即做出回应，送来一箱科学书籍，其中包括欧几里得的《几何原本》。在接下来的几十年里，学者们将其翻译为阿拉伯语，开创了数学研究的丰富性。该书的原本没有保存下来，但现有一个类似的版本，是大约一百年后在君士坦丁堡发现的，现存于博德利图书馆（Bodleian Library）。它的第一个主人，恺撒利亚主教帕特雷的阿雷萨斯（Arethas of Patrae, Bishop of Caesarea）试图学习欧几里得的定理，并在旁边对它的细致的希腊语文字和用来解释数学假想的清晰图解做了标注。曼苏尔的抄写本是我们知道的第一个巴格达的抄写本。如果说之前还有古代叙利亚语的《几何原本》，那它肯定没有保存下来，而且曼苏尔似乎没有立即将他的抄写本翻译，第一个阿拉伯语版本产生于哈伦·拉希德统治时期。

数学思想也从东方传到巴格达。771年，一位旅行者带着印度数学家婆罗摩笈多（Brahmagupta，598—668年）的数学著作《婆罗摩笈多修正体系》（*Brāhmasphuṭasiddhānta*）来到巴格达。与欧几里得不同的是，婆罗摩笈多没有用证明清楚地阐述他的数学假说，而是用诗歌将其隐晦地表达（这是印度数学的传统），形式富有美感，但极难理解。曼苏尔将翻译《婆罗摩笈多修正体系》的艰巨任务交给他的宫廷占星家法扎里。这本书将位值记数法的概念引入巴格达。我们今天还在使用这种方法记录数字，在个位、十位、百位和其他数位用1到9记数。这种制度创造了无限的可能性，它最终被采纳，让在旧的罗马制度下不可能实现的计算成为可能，改变了整个数学学科。位值记数法在叙利亚已为人所知，受到塞维鲁斯·塞博赫特的推崇，他在662年写下关于印度数学家的九大标志的著作。

《婆罗摩笈多修正体系》另一个开创性的成就，是婆罗摩笈多列出了零这一虚无的神秘符号的规则，认为它是“正数与负数之间的支点”，“揭开了宇宙的奥秘”。[12] 这一数学的基本思想逐渐在不同的地方有不同的表现形式。讽刺的是，我们知道的第一个零的书面标志刻于公元前3000年在从巴格达到苏美尔的路上发现的一块蜡片。在这种情况下，零被用作一个简单的符号（两个对角线楔形）和补位数字，用来表示一系列数字之间的间隔。

这一思想逐渐传播开来。零作为补位数字成为记账的常用工具，被写在树皮做成的收据上，或是放入商人的褡裢中，甚至被带到丝绸之路的市场间和波斯湾的港口里。在印度，它逐渐从一个表示缺少某种东西的有用的会计符号变成表示无的普遍概念，其本身成为一个数字。零本身的概念最初来自印度语“sunya”，意思是“虚无”，这是佛教哲学的基本概念。在印度，耆那教的追随者对巨大数字和无限想法的着迷将数学推进到哲学领域，在哲学中没有日常必需的限制，数学变得抽象。*数字不再只表示这么多的骆驼或杏子或白银，而是自身成为实体。

印度数学家是在努力解决抽象数字的量级不能想象的问题，古希腊人则热爱几何学，通过测量长度和绘制图解而不是计数来解决数学问题。他们很少使用零，事实上也很少使用算术这一商人的常用工具。但穆斯林帝国以商业为基础，穆罕默德本人就曾是商人，因此巴格达的学者并非都有这种偏见。9世纪最伟大的学者之一穆罕默德·伊本·穆萨·花拉子密（Muhammad ibn Musa al-Khwarizmi，拉丁著作者简称为埃尔格瑞斯莫斯[Algorithmus]），也是一位波斯天才，在

---

* 耆那教是印度一种古老的宗教，围绕和平、禁欲和诚实等几个关键教义。信奉者发誓不会偷窃或拥有财产，他们相信轮回，并相信任何活着的植物和动物都具有灵魂，但不相信任何神。无限的概念是耆那教宇宙论的核心，它使用巨大的数字来预测未来的行星和恒星运行。今天在印度生活的耆那教徒至少有420万。

《代数学》（*Kitab al-Jebr*）中他发展了算法的概念*，这部著作写于820年，第一次使代数成为一个独立学科。这本书旨在帮助人们解决日常问题，比如，计算缴税和划分土地用以灌溉。它通过把数学带到更高的抽象层次和发展适用于许多不同问题的一般规则来实现这一点，使其对大部分人群都有用。花拉子密还干了些别的事情，第一次列出了不同类型的二次方程，并提供了求解方法。和在巴格达写成的许多其他科学书籍一样，它被多次抄写，并被带到整个伊斯兰帝国。

我们对花拉子密的生平几乎一无所知，只知道他名字的意思是来自花剌子模（Khwarezm）。这是远在咸海（Aral Sea）干旱海岸的一个国家。在某个时期，他的同乡从出产最美味的开心果和石榴的内沙布尔出发，沿着古代的丝绸之路向西长途跋涉，穿越扎格罗斯山，来到巴格达郊外的青翠果园和菜园。在这里，他和他的朋友，“阿拉伯的哲学家”肯迪（al-Kindi，801—873年）**一起生活和工作。他们两人都写过关于印度—阿拉伯十进制的著作，赞颂过它的极简和无限可能性，但他们没能让人们放弃旧的计数方式，这种范式的巨变总需要时间。在接下来的几个世纪里，围绕数字六十（因此我们的时钟上有60分钟）的巴比伦的六十进位制和希腊与罗马数字一起成为常规。

《婆罗摩笈多修正体系》可能经过现在伊朗的城市琼迪沙普

---

* 算法是确定特定结果的一系列运算，用于计算、数据处理和自动推理。算法在计算机运行、数学和现代生活的无数其他领域发挥了基础性作用。

** 我们可以根据《百科全书目录》中单独提到肯迪的26页了解他的成就的规模，其中描述他“在他的时代因为对古代科学的整体了解而与众不同……他的著作涉及各种科学，比如逻辑学、哲学、几何学、计算、算术、音乐、天文学和其他学科”。但显然没有人是完美的，伊本·纳迪姆最后用负面的评论为这一令人印象深刻的名单作结：“他很吝啬。”参见Baynard Dodge (ed.), *The Fibrist of al-Nadim: A Tenth- Century Survey of Muslim Culture* (New York: Columbia University Press, 1970), p.615.

尔（Jundishapur）传到巴格达。这座城市几个世纪以来一直是医学研究的中心，学者们在这里会晤，将希腊和埃及的思想与远东（Far East）的传统相结合。在3世纪，波斯的学者国王沙普尔一世（Shapur I）带着他的罗马新妻子来到琼迪沙普尔定居，随行的还有她的两位希腊医生。他们教授盖伦和希波克拉底的理论，这让巴格达成为拥有医院、学院和图书馆的医学研究和实践中心。529年以后，希腊哲学家为躲避拜占庭帝国的迫害，从雅典逃到这里，聂斯脱里派基督徒也来巴格达建立社区，他们在移居东方的时候也带来了古希腊手稿。6世纪时，萨珊国王派遣他的一位医生到印度和中国邀请学者来琼迪沙普尔交流和探讨医学思想。这些思想与犹太、波斯、希腊和叙利亚的传统思想相结合。医学思想的不同流派的融合是由曼苏尔带到巴格达的。他身患严重的胃病，从琼迪沙普尔召来了名字优雅的聂斯脱里派医生巴勒提舒（Bakhtishu，波斯语的意思是“被耶稣拯救”）。巴勒提舒治愈了哈里发的胃病，留在巴格达，成为了皇室医生的世家。他将琼迪沙普尔的医学理论的全部财富带到这座城市，使巴格达成为医学发展的继承者。他后来成为这座城市的知识和翻译活动的重要赞助人。

巴勒提舒的孙子于805年被任命为宫廷医生，他在这一职位上断断续续地服务了三十年，侍奉了不同的哈里发，其中包括马蒙。巴勒提舒家族将古典希腊知识带到了巴格达。在马蒙统治期间，这一过程达到了巅峰，使阿拉伯科学超越古代知识成为传统。马蒙个人的好奇心和远见是这一过程的重要推动力之一。正是在马蒙的鼓励下，花拉子密撰写了关于代数的论文。马蒙遵循穆尔太齐赖派（Mu'tazili）神学，采取各种政策使自己成为“真主的哈里发”，并确保拥有完全的宗教和政治权力。他建立了宗教裁判所来仲裁和实行

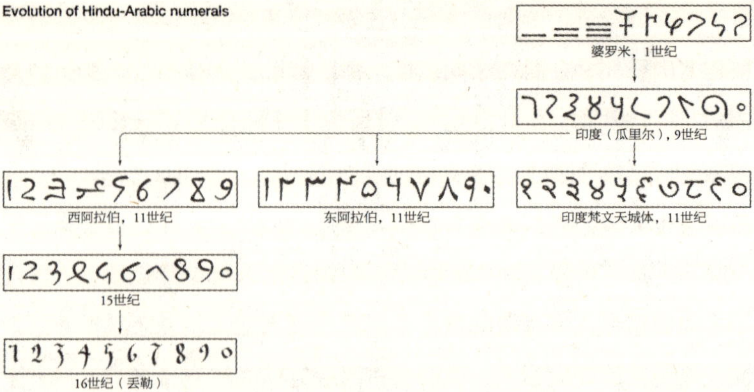

印度-阿拉伯数字在公元100—1600年的发展和地理活动

伊斯兰意识形态，并追寻穆尔太齐赖派运用希腊哲学书籍和辩证法（推理）方法的传统，创造探求和研究的环境。“他使法理学家和拥有普通文化的人中的有识之士参加他的会议，他从不同的城市带来这样的人，并给他们发放津贴。因此，人们开始对理论研究有兴趣，学会如何做研究和运用辩证法。”[13]

在马蒙的智慧宫，他所任用的学者们翻译和理解在巴格达得到融合的诸多知识传统，在此基础上重新绘制了知识地图。其中只有一些人是阿拉伯人，还有许多波斯人——有些人是基督徒，有些是拜火教教徒——许多人皈依伊斯兰教，是为了被精英同化，加快发展他们的事业。在这种充满财富、技术、赞助和宗教宽容的氛围中，学术活动得到蓬勃发展。

马蒙是一位要求严格但富有远见的赞助人，他惊人地傲慢，又热情得像孩子一样，不断向学者提出问题，期待他们给出不同的回答。所幸，他周围的人都充满想象力和智力，能够做出回答，但没有人比巴努·穆萨（Banu Musa）兄弟更能做到这一点。他们是聪明而奇特的三兄弟，是马蒙在梅尔夫认识的一位占星家的儿子。当他们的父亲意外死亡时，马蒙向这些孩子提供了庇护，用希腊的课程教导他们，并把他们带到巴格达。穆罕默德、艾哈迈德（Ahmad）和哈桑(al-Hasan)运用他们出色的教育和相当的智力，将他们的数学知识应用于实际的工程项目，其中包括设计运河、桥梁和灌溉系统。他们成为哈里发不可或缺的人，并乐于接受他大胆的要求和挑战，为他测量地球。事实上，已经有人这样做过。托勒密运用早期天文学家的信息，估算出地球的周长相当于18万个竞技场的长度。但是一个竞技场有多长，这个还没得到证明。

不过，巴努·穆萨兄弟和马蒙的天文学家们可以确定的是，托勒密的计算建立在极其简单的命题基础上，即如果你能够测量地球地面1度的长度，那么，你所需要做的只是将它乘以360，就可以证明地球的周长。一个由最好的天文学家组成的团队被派往伊拉克西北部的辛贾尔（Sinjar）平原。在夜深人静的时候，他们分成两组，向相反的方向——正北和正南——走开。当他们运用星辰的位置测量出地球曲线的1度角时，就停下来，然后彼此相对走回去，仔细测量他们走回去的距离。接下来，他们会取这两个数量的平均值——56.6阿拉伯里（相当于如今的68英里），乘以360，得出地球总周长为24500英里，只比现代科学测定的24900英里少400英里。这是一个非凡的成就，尤其是考虑到他们使用的工具如此简陋。当然，马蒙不知道他的天文学家们测量的数据与实际总长度有多接近，他只想要尽可能精确的答案。不久以后他就派遣另一组人在叙利亚沙漠重复这一实验。他们测定的总数比实际测量值更高，相去更远，但是，他们当然无法确切知道这一点。

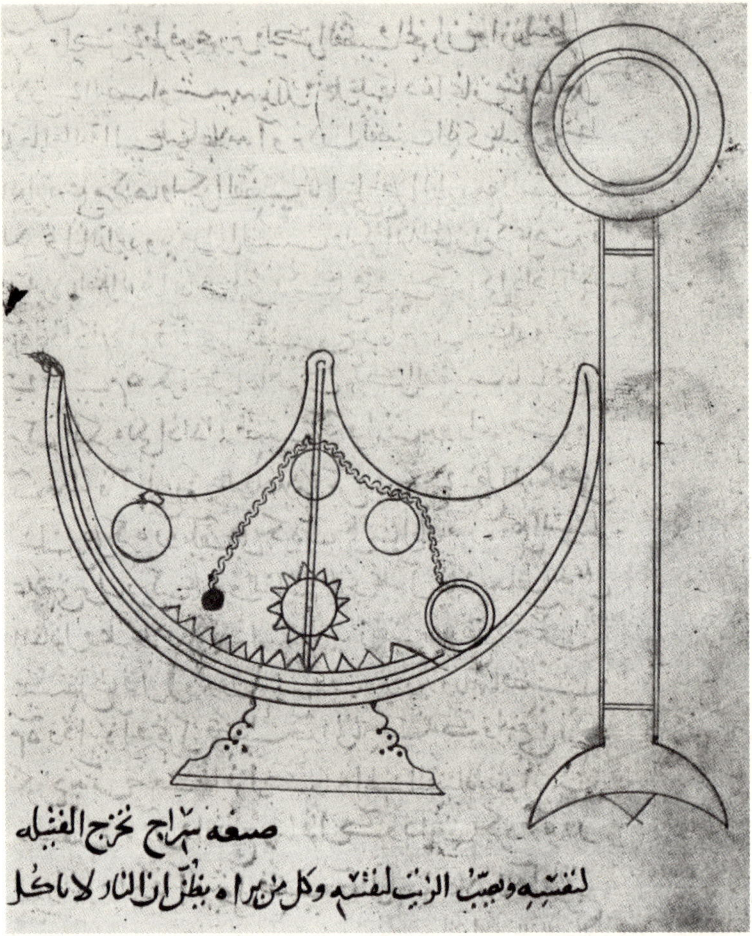

巴努·穆萨在《奇器之书》（*Book of Ingenious Devices*）中关于他们发明的自动调节的灯的图解

这一功绩让我们更清楚地了解9世纪巴格达的学术氛围。巴努·穆萨兄弟和他们的同伴们充分发挥了他们的想象力，投入极大财富和智力来追求科学探索。巴努·穆萨兄弟尤其因为对翻译的赞助而著名。他们派遣代理人团队出去寻找手稿，并花费巨额资金翻译书籍。根据伊本·纳迪姆所言，他们付给翻译者的月薪是500第纳尔（一个第纳尔包含4.25克纯金，因此，根据今天的价格，这大约可以达到1.8万英镑的水平）[14]，“相当于政府机构高级官员的薪水，远远超过普通工匠或士兵的收入”[15]。

巴努·穆萨兄弟自己也写过书，其中最为著名的是《奇器之书》。这本书收录了一百种机械发明或改装的说明，有些无足轻重，有些具有实用价值，其中包括防风火炬、自行演奏的长笛、防溅罐和自动调节的油灯。所有这些装置或是运用控制像重力或浮力这样的自然能量的机械装置，或是将力从机器的一个部分转移到另一个部分的机械装置，它们现在都仍然在以某种方式被使用。其中最重要的是曲轴，这是巴努·穆萨兄弟从罗马时代运用的设计改装而来的。这一革命性的技术于14世纪末到达欧洲，成为各种发动机的重要组成部分。为拜占庭使节所惊叹的“树屋”当然也建立在巴努·穆萨兄弟最初设计的技术的基础之上。《奇器之书》在整个阿拉伯世界受到广泛阅读，它们的理念传入穆斯林西班牙，从那里被翻译为拉丁语，从而进入西欧。

一位名叫侯奈因·伊本·伊斯哈格（Hunayn ibn Ishaq，809—873年）的年轻的聂斯脱里派基督徒是巴努·穆萨兄弟著作的最杰出的翻译者之一。他精通古代叙利亚语和阿拉伯语两种语言，离开了位于幼发拉底河河岸巴格达以南的家乡希拉（Hira）*，向傲慢的琼迪沙普尔医生尤哈纳·伊本·马萨瓦伊（Yuhanna ibn Masawayh）学习医学。尤哈纳最终同意教导侯奈因，尽管他因为侯奈因是希拉人

* 希拉是前伊斯兰时期波斯帝国的一个重要的阿拉伯定居点，位于库法以南，在伊拉克中南部。

而看不起他。希拉人大多是银行家或商人，侯奈因不断探索的头脑和无休止的提问令尤哈纳抓狂，最终他拒绝继续教侯奈因。这一挫折并未使侯奈因气馁。他离开巴格达，“到处游历，收集古代书籍，甚至进入过拜占庭国家”[16]，一边旅行，一边学习希腊语。当侯奈因几年后重回巴格达的时候，他能够“背诵荷马的诗”，并拥有大量令人印象深刻的藏书，开始将它们通过古代叙利亚语翻译为阿拉伯语。[17]他很快赢得了卓越的声誉，接受了许多巴格达赞助人的委托。马蒙任命他为医生和翻译。侯奈因主持了最终包括他的儿子和侄子在内的一个团队，运用他对古代叙利亚语、希腊语和阿拉伯语的深入了解，彻底改变了翻译过程，给出了每个句子的实际含义，而不是逐字翻译。翻译者需要高水平的专业知识来实现这一点，仅靠语言学知识是不够用的。他通过与其他翻译者密切合作而制定了严格的标准，以便多次检查和编辑每份手稿。侯奈因和他的团队开发了一整套技术词汇，用阿拉伯语表达复杂的科学思想，修正和改进他们翻译的著作，为翻译制定了黄金标准。

侯奈因的另一个伟大创新是收集尽可能多的书（通常是不同语言的书），将它们全部核对一遍，译出最权威的版本。正如他自己所解释的那样，对于盖伦的《关于宗派的论述》（*Treatise on Sects*）：“我为来自琼迪沙普尔的一位医生翻译了这本书……是通过错误百出的希腊手稿译出的……同时，我还收集了一些希腊手稿。我对照这些手稿，整理出了一个正确的抄写本。接下来，我将叙利亚语版本和这个抄写本对照并纠正。我习惯于这样翻译。几年后，我为阿布·贾法尔·穆罕默德·b. 穆萨（花拉子密）将叙利亚语版本翻译为阿拉伯语。”[18] 说侯奈因的翻译方法和所翻译的著作意义非凡，是绝不夸张的。它们使学者能够深刻理解古代思想，从而能够组织、检验、质疑和纠正它们，作为自己翻译的基础。最终侯奈因的翻译成为许多希腊著作的标准版本流传下来，在后来的几个世纪中又被翻译为拉丁语。他翻译了盖伦的129部著作，其中许多著作是他自己寻找和发现的。其中有一本是《论证明》，他为此写道："我在美索不达米亚、叙利亚、巴勒斯坦和埃及的土地上认真地寻找它，直到来到亚历山大城，但还是找不到，除了在大马士革发现了半本。"[19]侯奈因作为翻译最为人熟知，但他还是马蒙的宫廷医生，自己也写过几本著作，其中包括《眼科十论》，"这是眼科学最早的系统性教材"[20]，包含关于人的眼睛的最早的一张解剖图。在做翻译工作时，侯奈因的一个主要目标是为巴格达的医学生建立盖伦著作的实用教学大纲，尤其是为了他的儿子伊斯哈格·伊本·侯奈因（Ishaq ibn Hunayn，830—910年）。他追随父亲的卓越脚步，成为一位译作丰富的翻译者和阿拔斯宫廷的医生。

侯奈因的遗产在9世纪末得到进一步巩固，当时穆罕默德·伊本·扎科里亚·拉齐（Muhammad ibn Zakariyya al-Razi，854—925年）从波斯来到巴格达。*拉齐在西欧被称为雷扎斯，他运用侯奈因对于盖伦和希波克拉底的优秀翻译，建立了心理学和儿科学的学科框架。当照管病人的捐赠在伊斯兰文化中变得常见，他帮忙在巴格达和他的家乡雷伊（现在是德黑兰[Tehran]的一个郊区）建立了医院。他还使用对照组制定了适当的临床实验规则，强调医学培训的重要性，对化学元素分类做出了有影响力的尝试，建立了元素周期表的雏形。他还著有丰富的著作，涵盖从天文学、几何学、炼金术到水果、营养和精神医学的广泛学科。他有两部最具代表性的作

* 伊朗人仍然在每年的8月27日庆祝拉齐日。在整个国家有一些医院和研究所以他的名字命名。

品，一部描述了麻疹和天花之间的区别，第一次使其可以得到精确的诊断和治疗；另一部是医疗信息百科全书巨著，称为《医学集成》（拉丁语称为*Liber continens*）。拉齐去世后，他忠诚的学生们整理了他的23卷文稿，几个世纪来它一直被当作现存最重要的医学书籍之一，在整个欧洲、北非和中东地区备受信赖。*拉齐就像之前的盖伦一样，收集了所有的医学知识，然后对其检验、组织和分类，以便于使用和应用。根据历史学家伊本·纳迪姆的描述，这位"老人有着大袋子形状的脑袋"，"为人慷慨、优秀而正直"，"对穷人和病人如此慈悲"。他是一位能带来启发的医生，以身作则，通过其道德立场、有实践价值的思想和科学的严谨性彻底改变了医学。[21]侯奈因于873年去世，但他的儿子伊斯哈格和侄子是学者圈的著名成员，他们在巴格达继续从事翻译。侯奈因父子曾一起翻译盖伦的论著，但伊斯哈格最终还是对数学更感兴趣，虽然他的确也写过关于哲学和宗教的医学史，这是此类著作中的第一本。他对科学史最大的贡献是翻译了新版本的《几何原本》和《天文学大成》。这两部书都得到他的同事泰比特·伊本·奎拉（Thabit ibn Qurra）的修订（901年），所以被称为伊斯哈格/泰比特版本。这些版本是对一位名叫哈贾吉·伊本·优素福·伊本·马塔尔（al-Hajjaj ibn Yusuf ibn Matar，786—830年）的学者的早期翻译的补充，但并未取而代之。虽然哈贾吉的生平和职业的细节没有流传下来，但他翻译的《几何原本》和《天文学大成》的版本的影响力是深远的。哈贾吉在曼苏尔的孙子哈伦统治期间翻译了《几何原本》，这也许是此书的首次翻译。几十年后在马蒙是哈里发的时候又推出了新版本。《几何原本》的伊斯

* 它是巴黎大学早期的医学图书馆仅有的9本书之一。

哈格/泰比特翻译版本更优于哈贾吉的翻译，因为它的基础是质量更好的希腊手稿。据推测，该手稿在哈贾吉去世后的833年才为人所知。这两种版本都在整个阿拉伯世界广为流传。很快学者们就将这两种版本结合起来，创造出更多不同的版本。实际上，我们今天看到的所有《几何原本》的阿拉伯复本都融合了这两种，不存在任何纯粹的哪一个版本。除此以外，伊斯哈格还翻译了阿基米德的《论球和圆柱》（*On the Sphere and the Cylinder*）、梅涅劳斯（Menelaus）的《球面学》（*Spherics*）以及欧几里得的《已知数》（*Data*）和《光学》（*Optica*）。这些著作构成中世纪系列或小天文学系列，和《几何原本》与《天文学大成》一起被学者研究。

《天文学大成》的第一个阿拉伯语翻译版本是由哈贾吉在9世纪早期完成的，包括专业术语和对原作的很多不准确之处的纠正。哈贾吉版的《天文学大成》和伊斯哈格/泰比特版本组成了现存的主要两组手稿，虽然其中许多手稿以不同方式合并了两个版本。因此，在随后的几个世纪中，《天文学大成》的抄书员们在工作时显然会参考一个以上的版本。而且，在抄写手稿时，抄写结果有很多种可能。在印刷机于15世纪发明之前，获得一个稳定而标准的版本的想法几乎是不可实现的。

托勒密的宇宙体系在很多方面都很出色，在一千五百年中没有被取代过，但它充满了矛盾和缺陷。七百年后的这一时期，许多观测性错误更加明显。包括花拉子密和肯迪在内的巴格达的天文学家开始通过自己的观测纠正和改进《天文学大成》中的数据。他们在马蒙于沙马斯亚地区建立的伊斯兰世界的第一个天文台成功地做到这一点。他们先进的设备和方法意味着他们的数据比托勒密的数据更精确，因此能够对托勒密的模型做出重要改进。

马蒙在大马士革郊外建立了另一个天文台，以便这两个地区的数据可以做比较，达到更高的准确性。他的天文学家团队设计和制造了复杂的星盘以及包括象限仪和日晷在内的专业设备，可以通过影子的长度测量太阳的高度。*通过使用这些设备，他们纠正和拓展了《天文学大成》，改进了便于使用的托勒密表格（或称Zij）中的内容。这些包含许多星表的小手册收集在《天文学大成》中，更容易理解，也更加有用。这些表格彻底改变了天文学和占星学。学者们将它们包含的数据调整到正确的位置，比以前更准确地计算恒星与行星的位置。这些极为实用的书，在北非、西班牙和西西里岛以及欧洲的其余地方广泛传播，成为预测恒星和行星运行的重要工具。

中世纪阿拉伯科学表现出天文学、占星学、哲学、数学和地理学之间的微妙而复杂的联系。这些涉猎广泛并具备专业知识的巴格达学者是参与文艺复兴的人，他们在文艺复兴几个世纪前就预示了它的到来。马蒙涉足沙漠，表明他的科学家们对他们的工作的严格要求和谨慎态度。他们观察和勘测自然现象，认真核对和比较数据，然后发展和检验假说，这些方法对现代科学家来说颇为熟悉。这些原则和拉齐在医学实践方面的创新一起标志着学术研究新时期的到来。它们被传承了几个世纪，构成现在被称为“科学方法”的基石。

到11世纪，巴格达的学术研究仍在璀璨地发展，但阿拔斯王朝对权力的掌控岌岌可危。这座城市长时间陷于暴力和动荡中，最终在1258年被蒙古（Mongol）军队摧毁。蒙古军队的领导者，成吉思

* 关于星盘的信息是通过亚历山大的塞翁的著作传给阿拉伯人的，他们使用了他的版本的欧几里得《几何原本》。永远勤奋的花拉子密也著有关于如何制作和使用星盘的手册，它们变得越来越复杂，后来通过西班牙的修道院传入西欧。

汗可怕的孙子旭烈兀（Hulagu，1218—1265年）用自己的一条地毯将阿拔斯王朝最后一任哈里发穆斯台绥木（Mustasim）粗鲁地捆绑起来，让马将他践踏至死。阿拔斯王朝实现了一个循环——从野蛮开始，以野蛮结束。不过，即使是在毁灭过程中，知识流派仍然存在。旭烈兀显然“对炼金术和占星学着迷”[22]，他洗劫了巴格达的图书馆，他的学者们带着他们感兴趣的书籍来到位于伊朗西北马拉盖（Maragheh）高原的天文台。其余的书籍被他的军队纵火焚烧。天文学家们，尤其是纳绥尔丁·图西（Nasir al-Din al-Tusi，1201—1274年）在马拉盖天文台继续完成肯迪和花拉子密做过的工作，他们在那里装备仪器，使他们的观测可以越来越准确。而观测所产生的数据让人们有可能通过引入行星运行的振动等其他因素来质疑和修改托勒密的模型。

巴格达的黄金时代已经结束，但它的学者们的名声向外传播，就像水面的涟漪一样。在它的鼎盛时期，阿拔斯王朝的哈里发及其朝臣激励波斯、中亚、北非、西班牙和阿拉伯半岛的统治者们让学者在他们的城市生活，教育他们的孩子，购买书籍和建立图书馆。赞助学术研究的风气在开罗（Cairo）、摩苏尔、巴士拉、大马士革、库法（Kufa）、阿勒颇、的黎波里（Tripoli）、布哈拉（Bukhara）和设拉子（Shiraz）等地方都受到仿效和推崇，大型图书馆也在这些地方颇有建树。新一代的学者崛起了，其中包括阿维森纳（Avicenna，即伊本·西拿[Ibn-Sina]）、比鲁尼（al-Biruni）、图西和伊本·海什木（Ibn al-Haytham），他们都为知识发展做出了自己的独特贡献，为加慈尼（Ghazni）、梅尔夫和开罗等城市带来了知识的光辉。

但在千里之外的西边的西班牙，最亮的星星点亮夜空。被阿拔斯王朝几乎灭门的倭马亚家族在西班牙南部建立起一座闪闪发光的大厦，与哈伦和马蒙的巴格达相媲美。科尔多瓦将成为学术世界围绕其旋转的新轴心。这里是我们旅行的下一站。

CÓRDOBA

科尔多瓦

科尔多瓦，在倭马亚王朝家族的苏丹的统治下，成为伊斯兰的保护伞，这里是有识之士的避难所……世界上各个地方的学生都来这里，他们渴望学习诗歌和研究科学，或者学习神学或法学，因此这里成为各领域杰出人士聚会的地方、求贤若渴之人的安家之处和优秀学者的胜地。

她的（科尔多瓦的）项链上挂着她的雄辩家和诗人从语言的海洋中收集到的宝贵珍珠，她的长袍由科学的旗帜制成……

艾哈迈德·伊本·穆罕默德·马卡里《西班牙穆罕默德王朝的历史》
(Ahmed ibn Mohammed al-Makkari, *History of the Mohammedan Dynasties in Spain*)

在西部地区，世界上有一个美好的地方在熠熠生辉，它是一座令人敬畏的城市，由于其新发现的军事力量而自豪。这座城市是由西班牙殖民者建立的，以科尔多瓦的名字而著称。这是一座富足的城市，因为其魅力而闻名，所有资源都受人推崇，尤其是它的七大知识流派，并以不断取得胜利而享誉天下。

甘德斯海姆的赫罗斯维塔《伯拉纠的激情》
（Hroswitha of Gandersheim, *Passion of Pelagius*）

鲁萨法（Rusafa）中心有一棵棕榈树，
生于西方，远离棕榈树之邦。
我对它说：你多么像我，远离家乡，在外漂泊，
与家人和朋友长久分离。
在你生长的土地上你是陌生人；
我像你一样，也远离家乡。
希望清晨的云以天堂的流水灌溉你，
在这感恩的大雨中。

埃米尔拉赫曼一世（Emir al-Rahman I）

一个人躺在石榴树的树荫下。他已年迈，漫长的生命已快走到尽头。他的脸上布满皱纹，经受了岁月的沧桑，双眼四周布满眼袋和皱纹，但黑眼珠折射的光芒仍能够深深地打动你。水潺潺流过分隔园子的水渠，鸟儿飞下来饮水，世界的一切都很美妙。他感谢真主让他能躺在这里平静地享受晚年的生活，放松地躺回光亮的丝绸垫子里，仰望着那棵树，为他遮住阳光。他的思绪正在回顾他漫长的一生，向东穿越几千帕勒桑（parasang）的沙漠，回到他的出生地叙利亚。他看到另一棵石榴树，在另一个园子里，它是这棵树的祖先。阿卜杜·拉赫曼·伊本·穆阿维亚·伊本·希沙姆·伊本·阿卜杜·马利克·伊本·马尔万（Abd al-Rahman ibn Mu'awiya ibn Hisham ibn Abd al-Malik ibn Marwan，731—788年），安达卢斯（al-Ándalus）的第一位埃米尔，闭上眼睛，听到他的兄弟们的喊声，他们在充满树荫的院子里彼此追逐，跳过水流，藏在喷泉的后面。思绪又回到了他的曾祖父倭马亚马尔万二世建于大马士革郊外的鲁萨法旧宫，这是建于地上的天堂美景。他一生都记得这个美景，启发了他打造他现在所处的这座园子。他还记得它的美丽，记得他曾探索它背阴角落的那些无忧无虑的日子，也记得那种宁静与快乐。接着，当他记起这个阳光照耀的世界突然变得黑暗的时候，他的身体颤动了。

750年，拉赫曼是一位年方二十的年轻人，他是倭马亚哈里发希沙姆·伊本·阿卜杜-马利克（Hisham ibn Abd al-Malik）的众多孙子中的一个，被家人环绕，过着快乐优越的生活。他整天和堂兄弟一起狩猎，和婢女调情，戏弄他的姐妹们。但是，那年春天，当阿拔斯部落夺取政权来到大马士革，意图杀死他们能找到的倭马亚家族的每一个成员，他的无忧无虑的世界变得天翻地覆。拉赫曼与他的弟弟还有一个叫巴德尔（Badr）的仆人一起逃跑，阿拔斯骑兵的邪恶的黑旗就在他们身后飘扬。在接下来的几周里，他们拼命摆脱追杀他们的人。他们在树林里藏过身，在村庄里乞求避难，的的确确是在逃命。最后，他们到达幼发拉底河河岸，投身水中，阿拔斯人很难追上他们。拉赫曼的弟弟精疲力竭，转身面对在岸边大喊的敌军士兵，没什么可怕的，他们不会伤害到他们。拉赫曼求弟弟继续游向另一边，当阿拔斯人把弟弟拉出水面当场砍头时，他只能无助地看着。游到对岸安全了之后，拉赫曼和巴德尔筋疲力尽地倒下。他们逃脱了，至少当时如此，但他们从此再不会踏上叙利亚的土地。

接下来的四年，拉赫曼不是在逃跑，就是在迁徙。他穿越了北非的沙漠，从埃及穿过柏柏尔（Berber）游牧部落的土地。有些人对他很友好，但阿拔斯人现在掌握了哈里发的权力，他们强大的触角伸得很远，很容易劝说当地统治者相信拉赫曼是一个威胁。他多次侥幸逃生，有一次是藏在酋长妻子的一堆衣服下。他最终来到了现在的摩洛哥，他母亲的部落纳法扎柏柏尔人（Nafza Berber）所在地。在这个时候，拉赫曼总算松了一口气，这是他迅速离开叙利亚之后第一次这么干。他设法远离阿拔斯人几千公里，成功地在亲属中找到了避难之所，但最不可思议的是，他让自己活了下来。虽然他觉得自己很幸运，但他仍是一个身无分文的逃亡者，这与他从小就认为自己会成为的无所不能的统治者相去甚远。他作为先知的直系后裔的身份令当地统治者紧张；没有人想让未来的哈里发搬到隔壁；而且，无论他去哪里，他都是被怀疑的对象。拉赫曼无法摆脱他的背景，他也不想这么做。他认为真主救了他的命是有原因的：倭马亚王朝的未来掌握在他的手中。如果要实现他的命运，他知道需要做什么：征服新的领土，建立新的帝国。当他在伊非利基亚（Ifriqiya）（突尼斯[Tunisia]）的最初计划失败时，他转向了北方，俯瞰连接地中海和大西洋的狭窄水域，这里通向西班牙，而西班牙在四十年前已被阿拉伯和柏柏尔部落征服。

拉赫曼对这片等待他的土地了解多少呢？这片广阔的牛形半岛遍布富含矿物的雪山、蜿蜒的河流和荒凉的高原，与他舍弃的叙利亚沙漠相比，完全是另一个世界。中世纪的阿拉伯著作者以热情洋溢、辞藻华丽的风格著称，他们对安达卢斯（我们今天称之为安达卢西亚[Andalusia]）的形容也不例外。这个新的穆斯林国家的自然美景让他们高兴得喘不过气来。他们热情地谈论它的"平缓的丘陵和肥沃的平原，甜美而健康的食物……大量有用的动物……丰富的水域……纯净而卫生的空气……一年四季的缓慢交替"[1]。这种反应是可以理解的。他们来自北非和中东的沙漠，一定认为这片绿色的气候温和的土地就像地上的天堂一样。穆斯林入侵者并不是第一个发现伊比利亚半岛（Iberian peninsula）奇观的民族——在罗马人于公元前218年到来之前几个世纪，希腊人和腓尼基人（Phoenician）已经沿地中海海岸建立起贸易城市，也控制了大部分内陆地区。罗马人以一贯的高效将伊比利亚半岛（他们这样称呼它）分为不同的行省，在科尔多瓦、梅里达（Mérida）和塔拉戈纳（Tarragona）建立了首府，并着手改造景观，利用自然资源，建立起全新的社会。凭借其黄金、白银和其他金属的巨大储备，采矿业成为当地的大生意。老普林尼（Pliny the Elder）认为，伊比利亚每月生产黄金2万罗马磅，相当于6578公斤或

6.5吨。农业得到改造，谷物和橄榄出口到整个帝国。罗马人建立了一个庞大的交通网络，包括路碑、驿站和桥梁。这个网络至今仍是西班牙交通系统的基础。渔业蓬勃发展，金枪鱼、马鲛鱼和沙丁鱼以百万计地被腌制，销售到整个地中海地区，一同卖出的还有大量的用来给食物调味的辛辣鱼酱。罗马人统治西班牙七个世纪，与本地的伊比利亚人混居和通婚。在这种相对安宁的氛围中，城市不断发展，文化获得繁荣，半岛因为马匹、谷物和金属而闻名。

到4世纪末，帝国自己瓦解。409年秋季伊始，二十万汪达尔、苏比和艾伦部落成员穿越比利牛斯山脉（Pyrenees）来到伊比利亚半岛，打破了罗马人对半岛的控制。然而，在接下来的一个世纪的混乱中，一个不同的日耳曼部落，即西哥特人，争得了上风，在两个世纪的大衰落中发挥了主导作用。作为战士，他们的成功取决于对不断取得胜利的渴求，因此，需要不断发动战争，取得战利品和土

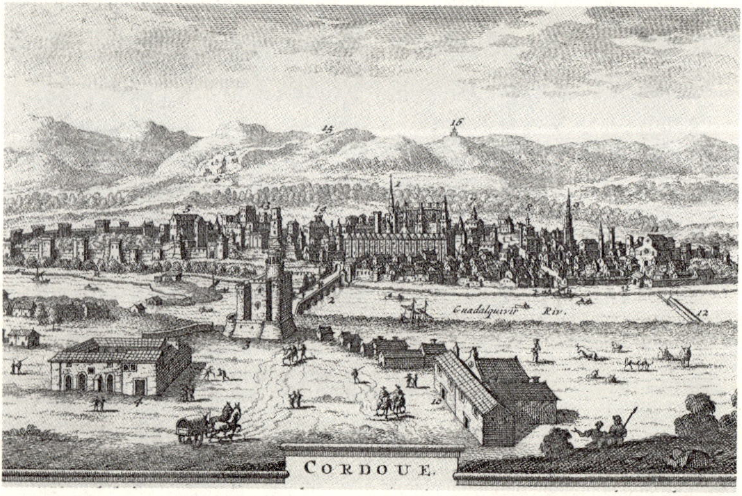

18世纪早期的科尔多瓦

地来满足他们。作为占人口少数的精英统治伊比利亚，他们从未真正融入他们或创造新的社会，就像罗马人那样。不断的内讧和对臣民的不断压迫（尤其是对伊比利亚的大型犹太社区）导致了几乎所有生活领域的停滞。贸易大幅削减，城市人口普遍减少，文化萎缩到一定程度，以致一些历史学家称其为“西哥特文化”。

伊比利亚历史上的萧条时期于711年突然结束，当时来自中东的阿拉伯成员与来自摩洛哥的柏柏尔人联手，穿越13公里的海洋，到达伊比利亚的南部海岸。当时的西哥特政权的军事力量顽强抵抗，但最终无效，他们被慷慨的条件打动，选择投降。因此，在三年之内，他们控制了主要城市和半岛的整个南半部。他们得到了当地人民的帮助，因为连年饥荒而贫困*，当地人民厌倦了西哥特人的统治，都把他们当成解放者一样欢迎他们的到来。他们与当地统治者达成协议，土地和金钱在阿拉伯和柏柏尔征服者之间分配。伊比利亚历史的下一章已经展开。接下来的几十年充满混乱，来自非洲和中东的新移民一波又一波地来到这里。在这个种族、信仰和部落的大熔炉中，不同的派系都在努力获得支配权。由突尼斯埃米尔任命的总督像走马灯一样更换，而突尼斯埃米尔又接受大马士革的哈里发的统治（倭马亚家族执掌哈里发之位一直到大约747年），他们努力团结和稳定该地区却遭遇失败。这种不稳定的局面只能通过强有力的领导控制。安达卢斯极度需要强有力的统治者，而拉赫曼需要重建倭马亚王朝的地方。毫无疑问，他和他的追随者都认为这是真主计划的一部分。

拉赫曼于755年踏上伊比利亚的土地，来到马拉加（Málaga）以东的阿尔穆涅卡尔（Almuñécar），立即开始集合支持力量。随着他的

* 从707年到709年，大约一半人口死亡。

神奇生还和逃离阿拔斯人的消息传开，人们蜂拥而至为他效忠。他们中的许多人是跟倭马亚有关系的叙利亚人，于8世纪40年代移居安达卢斯。塞维利亚（Seville）很快和平陷落，756年春天，拉赫曼年仅25岁，他发现自己走在科尔多瓦的路上。当他到达时，瓜达尔基维尔河（Guadalquivir River）河水猛涨，洪流卷起泥浆和水，在通向城市的古老的罗马桥下形成漩涡。当时的埃米尔菲赫里（Fihri）正在等待他的到来。在接下来的战役中，拉赫曼战胜了菲赫里，他胜利地骑着马来到城中。经过多年的逃跑，他终于找到了新家。他搬进了西哥特人加固的宫殿，宣布自己为埃米尔拉赫曼一世，开始加强他对安达卢斯的控制，并在科尔多瓦建造巨大的建筑项目，其灵感来自周围辉煌的罗马文明遗迹——毁坏的寺庙，废弃的浴池，衰败的市民建筑，塑像，马赛克和复杂的灌溉系统的支架。

拉赫曼建立新城的另一个巨大的动力来源是他被迫舍弃的家乡。正如本章开头部分的那首诗所叙述的那样，他从未忘记叙利亚。它是他在安达卢斯创造新世界的指路明灯。784年，他在圣维森特（San Vincente）的旧西哥特教堂的地址上建造了大清真寺（La Mezquita），在此之前，基督徒和穆斯林一直共用一处礼拜场所。这个地方位于城市中，靠近大桥和经过重建并重新命名的阿卡萨（Alcazar，阿拉伯语，意为堡垒），自从罗马人在那里建立神庙以来，已经具有一千年的神圣历史。拉赫曼的清真寺是以他在大马士革还是一个小男孩时就崇拜的那种风格建造的。但是，随着他的后裔的扩建，它发展了自己的独特建筑形式，融合了罗马、叙利亚、西哥特和伊比利亚风格。800座廊柱（其中许多来自罗马废墟）支持着具有红白*条纹的双

* 白色代表倭马亚家族，红色代表先知（据说这是他最喜欢的颜色，和鲜血与生命相联系）。

层拱门，形成催眠图形和对称景象。大清真寺美得让人窒息，是西方伊斯兰建筑最为华丽的典范。但在1236年，科尔多瓦被北方的基督徒征服，他们立即将它改造为教堂，安装了祭坛，把这座建筑奉为神圣。两个世纪后，科尔多瓦主教阿隆索·曼里克（Alonso Manrique）断定，尽管有新祭坛，它看起来仍然非常像清真寺，之后他获准在中间修建一座大教堂。今天穿过大清真寺，你会注意到这一空间绝对是伊斯兰风格。当你经过一排排廊柱的时候，你会发现，它们以迷人的轮廓展开，但是，当你到达中心的时候，天花板突然显著上升，指向尖拱和复杂的扇形穹拱。你来到了哥特教堂，这里配着红木唱诗班席位和耶稣受难像。这肯定是世界上最奇怪的建筑之一，一座清真寺上面是一座教堂，这是这两种宗教之间斗争的产物。

与此同时，城市周围的景观也在不断变化。在伊斯兰的佃农制度下，农民向土地所有者支付一定比例的收成，而不是像在西哥特封建制度下那样严格征税。这意味着好的收成符合每个人的利益，因此鼓励人们投资建设农业基础设施；土地所有者提供设备，农民提供劳动力。阿拉伯移民曾在地球上最干旱的地方耕作，积累了几个世纪的灌溉技术专业知识，他们将这些知识带到这里，几乎每个与此有关的现代西班牙语单词都来自阿拉伯语，这一点儿也不奇怪。在安达卢斯全境，人们建造了水轮（noria）来填充灌溉渠道，他们研究和改良土壤，整齐地将斜坡修成梯田，并将山间溪流引入水箱中。他们恢复和拓展了罗马的运河网络，增加了肥沃土地的数量，并提高了产量。每播种一粒小麦，有望收获六粒。在法国，这一比例仅为1∶3。相对稳定的政治局面鼓励农民种植高价值的长期作物，比如用来榨油的橄榄（需要长达四十年时间成熟）和用来酿酒的葡萄。农业繁荣的最后一个特征是引入无数的新作物，其中许多来自印度，随着伊斯兰帝国的扩张而在整个帝国散播。季风性作物，比如棉花、甘蔗、香蕉、大米、橙子和西瓜，在伊比利亚长势很好，只要它们得到适当的灌溉。其他外来的美味，比如枣、杏子、茄子、豌豆、藏红花和无花果，改变了安达卢斯的菜园和餐桌，增加了现有物产的多样性。丰富的食物滋养了科尔多瓦迅速发展的人口，因此赚来的钱塞满了埃米尔的金库，到拉赫曼统治末期，大约每年有10万第纳尔，这对一个几十年前从地中海的另一边过来时身无分文的人来说已相当不错。

科尔多瓦的瓜达尔基维尔河上，在古老的罗马大桥附近重建的阿拉伯水轮

拉赫曼一世对植物的热爱使他成为绿色革命的倡导者。他在科尔多瓦的北部建造了花园宫殿，命名为鲁萨法。这个名字取自他的曾祖父在大马士革郊外的安息之所。他派遣代理人到北非、中东和叙利亚寻找植物和种子并带回“来自每个国家的各种稀有的外来植物和优良树木”[2]，这样他就可以将自己围绕在童年时代的水果和草木中，并实现难以置信的植物采集。有个故事提到，他的一位姐妹留在叙利亚，并在阿拔斯的屠杀中幸存下来，他派遣一位使者到他的姐妹那里，劝说她搬来安达卢斯和他一起住。她却拒绝离开，只送给他一篮子叙利亚石榴，以纪念他们快乐的童年。在漫长而炎热的旅途中，水果腐烂，但拉赫曼的一位朝臣无论如何要把种子种下，现在它们的后裔遍布西班牙。*鲁萨法是安达卢斯下一代植物园的先驱，在植物园中，专家们研究植物，开发药物，寻找方法让外来物种适应当地的环境，并用它们治疗疾病。园艺科学蓬勃发展，在安达卢斯的医学发展中起了至关重要的作用。后来，在基督徒的统治下，修道院的医学院中延续了这一传统，他们在那里种植植物，用来准备药物和治疗方法。但这一切都始于拉赫曼心爱的鲁萨法，在那里“这些遥远地区不同气候下的产物在王室花园中扎根、开花和结果，后来遍及整个国家”[3]，改变了这个地区的医学和农业。

当拉赫曼一世在788年去世时，科尔多瓦已成为欣欣向荣的商业和文明中心。他奠定了大清真寺的基础。从那时起大清真寺就在这座城市的地平线上占有重要位置。他还为他的后裔搭建了强有力的政治架构。763年，拉赫曼打败了巴格达派来的军队，然后将军队领导者的头贴上标签，用盐包装起来，送给哈里发曼苏尔，这加速了

---

* 这个故事的另一个版本称，拉赫曼派遣代理人到叙利亚鲁萨法被遗弃的花园里带回在那里生长的石榴树的果实。

安达卢斯摆脱阿拔斯政治影响的进程。曼苏尔收到令人毛骨悚然的包裹之后，惊呼道："感激神在我们之间放下了一片海！"[4]从此以后，阿拔斯王朝不再插手安达卢斯。事实证明，拉赫曼一世是他们的强敌，他是坚强、果断而可怕的敌人，但也务实、开放和惊人地敏感。他延续了穆斯林在整个帝国中实行的宗教宽容政策。当地的伊比利亚人主要是基督徒，但也有一个重要的犹太人社区，他们在西哥特人统治下遭受了极大的痛苦。现在犹太人被允许享有宗教自由，只需要遵守一些规定，包括吉兹亚（jizya）——对非穆斯林公民所征的税。这种宽容和合作将在后来几个世纪定义安达卢斯社会，对它的学术研究产生深刻影响。这种开明的态度也扩展到人口巨大（并在不断增长）的奴隶身上，他们为安达卢斯的繁荣和成功做出了重要贡献。许多人是斯拉夫人，在东部边界的战争中被法兰克战士俘虏，被带到西班牙卖为奴隶。那些被俘时还是儿童的奴隶在新的土地上长大，许多人皈依为穆斯林，作为回报，恢复了自由。

与它的主要对手——阿拔斯的巴格达相比，科尔多瓦发展为主要权力中心的速度是缓慢的。到拉赫曼二世（拉赫曼一世的曾孙）成为埃米尔的时候，巴格达的学术研究已进入黄金时代。这两座城市之间的关系错综复杂，这两个统治王朝之间的仇恨和对立具有传奇色彩。倭马亚王朝热切希望独立于阿拔斯政权，最终在10世纪初宣布产生与之抗衡的哈里发。虽然两者在政治上逐渐分离，在文化、管理和商业方面却恰恰相反。随着伊斯兰帝国商业网络的发展，在科尔多瓦和巴格达之间（以及中间的所有地方）的货物运输源源不断。在9世纪，巴格达是穆斯林地区的文化中心，因此，在阿拉伯世界边缘摇摇欲坠的科尔多瓦——实际上是整个已知世界——都向巴格达寻求一切事物的灵感。倭马亚国家的结构也在很大程度上归功于中世纪伊拉克的结构：邮政服务、进出口关税体制和货币都借鉴了它的理念。两国之间的文化交流体现在传奇的波斯歌手齐亚卜（Ziryab）这一非凡的人物身上。他离开巴格达的阿拔斯宫廷，于822年到达科尔多瓦，在那里度过了余生，教导安达卢斯人如何过时尚的生活。从齐亚卜到来那一刻开始，他们对东方文化的尊敬就显而易见。拉赫曼三世“不仅自己骑马去迎接他，而且在他的宫殿中招待了他好几个月，为他准备了大量的礼物”[5]。齐亚卜不仅带来了非同寻常的声音，他还为科尔多瓦带来了阿拔斯宫廷所有的奇迹和精致，人们认为他将安达卢斯带到了9世纪，可以说，是他将一系列时尚的创新带入科尔多瓦，其中包括牙膏、分道上菜、芦笋、刀具、桌布、发型、服饰、新的乐器和音乐风格。他成为埃米尔的密友，埃米尔被这个富有魅力的成熟男人迷住。齐亚卜也很博学，他在科尔多瓦的宫廷中鼓励研究天文学和地理学。他成为文化偶像，向安达卢斯人展现他们可以从东方学习什么，并给予他们发展自己思想的信心。

随着安达卢斯文化在9世纪的发展，通过旅行寻求知识的理念开始确立，这也受到东方的影响。年轻人开始出发去探索未知世界以“发现自己”。他们向当时最优秀的思想家学习，并经受中世纪早期旅行中不可避免的贫困和恐惧。*这些旅行被称为里赫拉（rihla），主要是寻求宗教启蒙，但实际上通常也包括获得世俗和科学知识。在这一点上，这两者没有真正的区分。这在部分程度上可归结于伊斯兰教育制度。在这种制度中，老师受到崇敬，他们的教学是任何希望学习和开放思想的人所追求的。贸易使穆斯林帝国开放，统治者修建让各个地方相连的道路，建立基础设施，人和货物可以相对方

---

* 在这一时期，关于书本是否可以取代老师成为获取知识的主要方式的讨论一度流行。

便地移动。学者随着商队旅行，在熊熊燃烧的篝火旁一起度过漫长的沙漠之夜。商人自然是四海为家头脑开放，他们通常也是学者，通过他们的商业活动获取书籍，并将其带回安达卢斯抄写和出售。到这个时候，已经有专门的书商和纸商负责在开罗、菲斯（Fez）、巴格达、廷巴克图（Timbuktu）和科尔多瓦的露天书籍市场之间生产、交易和运输书籍。这些是知识的河流在伊斯兰帝国流动的主要渠道。加入商人和学者的商队的还有另一种旅行者——朝圣者。伊斯兰教徒的一个根本支柱是一生至少要到麦加朝觐一次，这就使旅行成为穆斯林生活的重要组成部分。

数百位学者和朝圣者向东展开漫长而艰苦的旅行，前往阿拉伯半岛和伊拉克，当他们回到安达卢斯的时候，他们会带回新的思想和书籍。9世纪20年代，学者在伊拉克接触到穆尔太齐赖派神学，并把它引入科尔多瓦。随着它的教义的传播，安达卢斯的知识分子接受了这样一种观点，即希腊逻辑可以被用作在伊斯兰背景下探讨哲学问题的框架。这是一个传统的开始，让下一个世纪诞生了许多学者，其中包括安达卢斯的第一位思想家穆罕默德·b.马萨拉·贾巴里（Muhammad b. Masarra al-Jabali，883—931年）。贾巴里的父亲在9世纪50年代中期去东方旅行，在巴士拉了解到穆尔太齐赖的思想，带回了关于这一主题的书籍。当时安达卢斯由宗教保守派主导，因此早期的穆尔太齐赖派学者不得不小心翼翼，避免引起当局的过度关注，有些人受到迫害，他们的书籍被焚烧。虽然最初是秘密的，但穆尔太齐赖主义帮助人们将古典知识带到安达卢斯，并在接下来的一个世纪里在拉赫曼三世和哈克汗二世（al-Hakam II）的开明统治下获得认可，就像在马蒙统治下的巴格达一样。

拉赫曼二世的统治从822年开始，到852年结束，他通过与君士坦丁堡的拜占庭人合作开辟了贸易通道。这增加了安达卢斯的商品、矿产和纺织品的贸易机会，将半岛与更广阔的世界联系起来。拉赫曼也是学术研究的慷慨赞助人，他尽一切努力促进科尔多瓦的知识交流。到9世纪中叶，阿拉伯文化蓬勃发展，这一点通过基督徒学者保罗·阿尔瓦鲁斯（Paul Alvarus）的抱怨便可见一斑。他对年轻的基督徒如何爱上阿拉伯语言和诗歌表示哀叹："所有有才能的年轻基督徒都热情地阅读和研究阿拉伯书籍；他们大量收集藏书，却付出了巨大的代价……他们忘记了自己的语言。"*这种语言当然就是拉丁语，因为缺乏思想和宗教衰退而受到局限，反而是阿拉伯语取得了胜利，它具有异国情调，富有诗意，是未来的语言，也是科学的语言。难怪年轻的基督徒们热衷于学习它并参与到这种令人激动的新文化中。这种文化改变了他们的城市。这些人被称为莫扎勒布（Mozarab）——阿拉伯化的基督徒，发展成为庞大的有影响力的社区，遍布安达卢斯。

像阿尔瓦鲁斯这样的保守派基督徒现在成为二等公民，在科尔多瓦以穆斯林为主导的多文化社会中，他们感到被边缘化和受到威胁。这个城市庞大的西班牙系犹太人（Sephardic）社区的情况却恰恰相反。在经历了西哥特人的迫害之后，他们在新的相对宽容的政权下蓬勃发展，这使他们能够建立犹太教堂，在阿卡萨北部的城市犹太区和平地生活。和那些在阿拉伯移民和伊斯兰教徒中失去了自己的主导地位的基督徒不同，犹太人习惯于在他们所居住的国家保持他们自己的语言、信仰和社会。年轻犹太人也愿意接受阿拉伯的语

* 保罗·阿尔瓦鲁斯，《不会误解的标志》（Paul Alvarus, *The Unmistakable Sign*），参见 Maria Menocal, *Ornament of the World : How Muslims, Jews and Christians Created a Culture of Tolerance in Medieval Spain*（London: Little, Brown, 2002），p.66。当时的拉丁语书籍主要是宗教主题，数量相对较少；同时，阿拉伯语的书籍有数千本，涵盖主题广泛。

瓜达尔基维尔河上的罗马大桥景象，科尔多瓦在其左岸。大清真寺顶部的教堂屋顶清晰可见，本图的右部可见大桥另一边的卡拉奥拉塔的边缘

言和文化，倭马亚社会的宽容使他们在公共生活的许多领域取得成功，达到了一定的高度。后来几个世纪里，犹太学者在科学的传播中发挥了根本性作用。他们的社区仍是科尔多瓦市民生活的支柱。他们在医学方面的成就尤其突出，占西班牙医生的50%，而他们的人口仅占总人口的10%。

大约在这个时候，科学思想开始从东方大量涌现。正如我们之前所看到的那样，到9世纪初，巴格达正处于翻译的重要时期，伊斯兰书籍贸易正在繁荣发展。拉赫曼二世的继任者穆罕默德一世的统治时期从852年开始，到886年，他建立起当时藏书最多的王室图书馆，安达卢斯的精英们以他为榜样，花费数千第纳尔纷纷效仿。书籍市场挤满了富人，他们寻找最好的书籍填充他们的图书馆书架。不过，这对学者们来说可不是好消息。有人抱怨说，他寻找了几个月的一本书最终出现在拍卖会上，发现自己陷入竞价战中。价格变得非常高，以致他不得不放弃。出价比他高的那个人承认，他不知道这本书讲的是什么，他只是"急于完成我正在组建的图书馆，它会让我在这座城市的首领中享有声誉"[6]。此时，他的失望转为愤怒。富有的半吊子和身无分文的学者之间的争吵在安达卢斯由来已久。关于每本书如何到达那里的消息来源没有多少具体信息，但一位名叫阿拔斯·伊本·纳斯赫（Abbas ibn Nasih）的诗人和法学家在埃及和伊拉克居住多年，有人确定他将书籍从东方带给科尔多瓦的拉赫曼二世。他只是其中一个例子，但肯定有更多的人像他一样，他们或是在到达安达卢斯时将书籍当作礼物赠送，或是卖给学者和藏书家。另一个从伊拉克带回书籍的人是阿拔斯·伊本·弗纳斯（Abbas ibn Firnas），他恰巧是安达卢斯学术研究名流中的第一个伟大人物。这位"伊斯兰西班牙的列奥纳多·达·芬奇"[7]于810年出生于龙达（Ronda），拥有不凡的学术成就，被拉赫曼二世任命为宫廷占星师。要确定他的生活情况并不容易，但据说他曾去巴格达学习，后来回到安达卢斯，他在这里教授数学和音乐，写诗，还发明了切割无色水晶的巧妙方法*，设计和建造了水钟、（用于天文学的）浑天仪和天象仪。但是他最著名的一件趣事是用羽毛盖住自己，绑在特别设计的翅膀上，从塔上跳了下来（一说是悬崖，这取决于故事），试图飞翔。尽管已经六十多岁，他奇迹般地幸存下来，他总结道，他没有意识到鸟的尾巴在着陆过程中有多么重要。

* 工匠将无色水晶片精心地挖空，并用复杂的蚀刻图案装饰，制成美丽的罐子和玻璃杯。

尽管会做莽撞的实验，伊本·弗纳斯还是活到了老年，助推创立了一种学术研究传统。这种传统在下一个世纪拉赫曼三世继承王位时达到顶峰。阿卜杜·拉赫曼三世（Abd al-Rahman III）出生于891年，是第七任埃米尔阿卜杜拉（Abdullah）的孙子。阿卜杜拉越过他的四个儿子，指定他年轻的孙子为继承人，因此备受争议。拉赫曼的母亲是一位基督徒奴隶，他的祖母是一位基督徒公主，是潘普洛纳（Pamplona）国王的女儿。因此，新埃米尔具有混合种族和宗教背景以及蓝色的眼睛和金色的头发，他故意将头发染成黑色，使自己看起来更像阿拉伯人。阿卜杜拉去世的时候，安达卢斯陷入混乱中，因为内部纷争和叛乱而分裂，在北方受到基督徒阿斯图里亚斯（Asturias）国王的威胁，在南方则是北非法蒂玛（Fatimids）王朝的虎视眈眈。21岁的拉赫曼即位时，当时的政治评论者可能都不乐观，他们不知道他会成为伊斯兰西班牙历史上最重要和最成功的领导者。拉赫曼受过良好的教育，知识渊博，能流利地说几门语言，是学术研究的热情赞助人。他在大清真寺建立了大学，鼓励学者研究从东方带过来的科学书籍。花拉子密在印度算术方面的研究和天文学图解可能在9世纪中叶被阿拔斯·伊本·弗纳斯带到安达卢斯，非常有影响力，为安达卢斯的天文学带来启发。在拉赫曼三世的赞助下，迈季里提（Majriti，他的名字表明他出生于马德里）将天文学图解的纵向坐标改为科尔多瓦，这样它们就可以用来预测星辰的运行，确定麦加的方向，使祷告者获得准确的时间。天文学是权力的重要工具，拉赫曼明白其重要性，他的宫廷到处是学者，他们致力于研究星辰和它们的运行，并预测未来。

迈季里提是拉赫曼宫廷学者圈子的领导成员。他们定期观测，努力提高图解的准确性和修正天文学理论。迈季里提是下一代科学家的伟大导师，一个学派围绕他发展壮大。他因此成为安达卢斯天文学和数学发展的极为重要的人物，他的学生移居其他城市的时候，他们也带去了他的思想。迈季里提“非常喜欢研究和理解托勒密的被称为《天文学大成》的那本书”[8]。据传，他也翻译过托勒密的《平球论》(*Planisphaerium*)。这本书的阿拉伯语版本没有保存下来，目前尚存的只有12世纪在托莱多完成的拉丁语翻译版本。迈季里提教他的学生如何正确使用天文仪器和制造自己的仪器。他的学生萨法尔（al-Saffar）延续了迈季里提在星盘方面的工作，萨法尔后来写出的论文非常重要，以至于它在15世纪仍被天文学家使用。迈季里提、萨法尔和另外一名叫萨姆赫（al-Samh）的学生都制作了花拉子密图表的新版本，将其调整到科尔多瓦的地理位置。萨姆赫还写了一本书，解释了欧几里得《几何原本》中的几何学，并撰写了关于星盘的两篇论文。

因此，安达卢斯的天文学研究极其丰富，这建立在长期严格的观测基础之上。安达卢斯的天文学家将东方最新的理论调整为适合他们自身需求和位置的应用，他们研究托勒密，质疑和纠正他的学术成果，他们还运用印度数学和欧几里得《几何原本》的思想，逐步推进促进科学研究的检验并改进过程，做出了极大的贡献。当地高标准的技艺也帮了他们大忙，尤其是金属制造的技艺，他们运用这种技艺制造出最精确实用的仪器。萨法尔的父亲是一位铜匠，这并非巧合，艺术和科学的结合卓有成效，才会创造出令人惊讶的美丽仪器。

拉赫曼的宫廷吸引了整个半岛上最聪明和最有抱负的年轻人，但没有人能胜过一位来自哈恩（Jaén）的名叫哈斯代·伊本·沙普鲁特（Hasdai ibn Shaprut）的犹太年轻人。他最初被任命为宫廷医生。和他的老师拉赫曼一样，哈斯代是一位才华横溢的学者，可以流利地讲几门语言（包括拉丁语，只有极少数基督教牧师才能掌握），他迷人、世故又聪明，具有统治者希望自己的顾问具有的所有特质。不久以后，拉赫曼已离不开哈斯代，他让哈斯代掌管科尔多瓦海关和进口业务，这一职位调整改变了国库的状况。哈斯代对语言的精通、他的聪颖以及他在犹太人国际社区的声望使他成为一位完美的外交官。他曾去过神圣罗马皇帝奥托一世在法兰克福（Frankfurt）的宫廷，也去过拜占庭皇帝在君士坦丁堡的宫殿，当使节们来科尔多瓦的时候，接待他们的也是哈斯代。法兰克福代表团的一位僧侣戈尔泽的约翰（John of Gorze）说，他“从未见过智力如此高超的人”[9]。哈斯代的才能似乎没有界限，他甚至设法治愈了莱昂（Leon）国王桑乔一世的肥胖症。和哈斯代一起置身拉赫曼的内部圈子的人还有（莫扎勒布）埃尔韦拉基督教主教雷西蒙德（Recemund）。他的宗教和背景让他非常适合被派往君士坦丁堡和法兰克福的外交使命。对安达卢斯最近的历史研究试图质疑它是一个实行宗教宽容政策的地方，但雷西蒙德和哈斯代在拉赫曼政府中的重要性表明，在社会的上层，开放的态度显然是主流意识。而且，他们不是穆斯林这一事实对他们所起的作用至关重要。

到929年，拉赫曼通过残暴的武力和巧妙的谈判相结合的手段使安达卢斯获得稳定。科尔多瓦此时已成为一个富饶的大城市。晚上，灯笼照耀着一尘不染的街道，市场上飘满了鲜美的食物和芬芳的香料的味道，而水流经过灌溉系统流入科尔多瓦的房屋的阴凉庭院，那里到处是喷泉。在这座城市的工匠铺里，工匠们创造了最美丽的皮革、精致的掐丝珠宝、奢华的布料和著名的铜绿色与锰蓝色陶器，这些奢侈品在整个地中海和中东地区销售，为这座城市的工匠和商人们创造了巨大的财富。富有的科尔多瓦人在瓜达尔基维尔河的青翠山谷中建造了令人惊艳的宫殿，其灵感来自他们在那里发现的罗马别墅的遗迹，宫殿配备花园、果园、浴池和图书馆。甚至最强烈反对伊斯兰的著作者也惊异不已，将这座城市描述为“世界美丽的珍宝”*。现在，科尔多瓦已经从她的老对手巴格达的阴影中走了出来，最后扭转了两个家族之间的巨大的王朝世仇。929年，拉赫曼三世宣布自己是与之抗衡的哈里发，切断了与巴格达的所有联系，对阿拔斯王朝发起最终复仇，此时阿拔斯的帝国已开始瓦解。

但拉赫曼知道，仅仅宣称他自己为哈里发还不够。他需要为自己搭建一个宏伟的舞台，来体现他的新权力和新地位。因此，936年，他从科尔多瓦向北旅行了几公里，到达莫雷纳山脉（Sierra Morena）。他在阿鲁斯山麓（Jabal al-Arus）半山坡发现了一个地方，这里可以看到整个瓜达尔基维尔平原。于是他在这里着手建造宏伟的宫殿，称之为阿尔扎哈拉城（Madinat al-Zahra）。数千名工匠紧张地工作，其中很多是奴隶**，他们建立起完全自给自足的城市建筑群（超过1平方公里），有自己的浴池、工匠铺、清真寺、面包房、兵营，当然还有哈里发及其家人和政府的宫殿。山间溪流通过罗马引水渠转移到巨大的蓄水池中，因此城市的每个角落都有活水。这个地方被水平划分为三个台面，宫殿位于顶层。伊比利亚和北非的采石场加速生产出数吨最好的大理石：来自迦太基（Carthage）的玫瑰红和绿色的大理石与来自塔拉戈纳的白色大理石。远在纳博讷

* 赫罗斯维塔，一位德国修女，她的描述建立在雷西蒙德主教的证明的基础之上。参见Kenneth B. Wolf，*Convivencia and the "Ornament of the World"*，Southeast Medieval Association，Wofford College，Spartanburg South Carolina，October 2007，p.5。

** 拉赫曼三世的奴隶数量分别被报道为3750人、6087人和13750人。他们来自整个欧洲和黑海（Black Sea）。

（Narbonne）和罗马的古代宫殿被掠夺，以凑齐4000根廊柱支撑起这座城市。在哈里发的大厅中，墙壁上闪耀着大理石和金色的光泽，反射出硕大的珍珠，这是君士坦丁堡送来的礼物，挂在天花板的中心。在地板上，一盆水银在颤动，将阳光撒到整个房间，让访客们惊惧不已。

以阿尔扎哈拉城的宏伟为背景，拉赫曼三世可以和中世纪其他伟大的领导者一起在世界舞台中占据一席之地。他的闪闪发光的觐见室里挤满了来自法兰克、伦巴第、撒丁岛、拜占庭帝国和北西班牙基督教王国的使节，而他的代表哈斯代在欧洲和东方的宫廷中施展了非凡的魅力。这些外交活动取得了显著的成果。拉赫曼作为哈里发的地位得到了承认，安达卢斯成为国际政治的主要参与者，具有强有力的联盟，正如哈斯代曾自豪地指出的那样："世上的国王知道了他（阿卜杜·拉赫曼三世）的辉煌和力量，给他带来礼物，通过昂贵的礼物获取他的恩惠，比如法兰克人的国王、革巴耳（Gebalim）人的日耳曼国王、君士坦丁堡的国王以及其他人。他们所有的礼物都经过我的手，我还负责给他们回赠礼物。"*拜占庭人热衷于展示他们的财富和巩固反对阿拔斯人的联盟，他们尤为慷慨。阿尔扎哈拉城闪烁着君士坦丁堡送来的硕大的珠宝、大理石廊柱和装饰华丽的盆景。949年，君士坦丁七世听说了拉赫曼对科学和知识的兴趣，送来了更为宝贵的东西——一套书。《药物学》（*De materia medica*）是迪奥斯科里德斯（Dioscorides）在公元1世纪写成的一部药典巨著，分为5卷，描述了600种植物和它们的药物特性。这一抄写本添

* 哈斯代·伊本·沙普鲁特，《致卡扎人国王的信》，约960年，参见Maria Menocal, *Ornament of the World : How Muslims, Jews and Christians Created a Culture of Tolerance in Medieval Spain* [London: Little, Brown, 2002], p.97。革巴耳人的身份不确定，但他们可能是斯拉夫人。

加了君士坦丁堡最有才能的抄写员的注释，画满了植物、矿物和动物的美丽图片，不仅是装饰，而且是重要的识别工具。这本书极其重要，已经被数代医生使用了几个世纪，是盖伦医学植物学著作的主要来源。安达卢斯的学者已经获得了侯奈因·伊本·伊斯哈格在巴格达翻译的不够清楚的阿拉伯译本，但许多植物的名称只是被简单音译为阿拉伯语，而没有被正确识别（这在用来制药的时候会产生令人可怕的后果），许多植物实际上在伊拉克没有生长，可见早期的翻译对此并不了解。

对《药物学》重新翻译成为安达卢斯医学发展的转折点，使它超越了东方的成就，在西班牙建立起独立的医学传统。但是，在此之前，科尔多瓦人必须先将它从希腊语翻译为阿拉伯语，安达卢斯当时没有讲希腊语的人。哈斯代·伊本·沙普鲁特立即向在君士坦丁堡的皇帝写信求助。两年以后，一位名叫尼古拉斯（Nicholas）的拜占庭僧侣到来，加入该书的翻译团队。尼古拉斯去教说拉丁语的莫扎勒布，这样他们就能够在他和阿拉伯学者之间翻译。通过这种方式，这部巨著逐渐被翻译为阿拉伯语，几乎所有的植物都被确认为当地的植物。这项使用多种语言包含多个种族的事业由哈斯代·伊本·沙普鲁特负责监督，他向学者团队提供鼓励和支持，无疑在需要的时候也贡献了自己大量的专业知识。就像在古代一样，《药物学》也是中世纪最有影响力的医学书籍之一。在一千五百年里，它一直是这一主题的主要权威，被抄写为希腊语、拉丁语和阿拉伯语，得到广泛传播。在16世纪和17世纪，它被翻译为法语、意大利语、德语、英语和西班牙语，构成文艺复兴时期许多草药书的基础。这些插图开创了植物绘画的体裁，如今遍布艺术和科学的世界。目前幸存的最早的插图手稿是5世纪时在君士坦丁堡由拜占庭公主阿尼西娅·朱莉安娜（Anicia Juliana）完成的手稿，现保存于维也纳（Vienna）的一座图书馆。阿拉伯语版《药物学》是安达卢斯植物学和药物学发展的开源之作，它是研究和描述药用植物的长期传统的起点。药用植物是用植物作为治疗方法，到13世纪中叶，安达卢斯的学者们已经列出了超过3000种药用植物。他们在植物园中开展这项工作。在那里，他们繁殖和种植作物，并研究它们和它们的药性，开发治疗方法，建立起现代药物学的基础，延续了拉赫曼一世首先在他的鲁萨法的花园里开始的传统。

盖伦的那些作品被侯奈因·伊本·伊斯哈格和他在巴格达的圈子翻译为阿拉伯语，在伊比利亚已经得到广泛的研究。迪奥斯科里德斯的伟大作品也加入了它们的行列。一位年轻的学者像他的许多同胞一样，将对科学的兴趣和写诗的才能结合起来，在这段诗文中做了优雅的总结：

> 无人来访或陪伴的时候，
> 我就款待希波克拉底和盖伦。
> 他们的书是治疗我的孤独的方法，
> 治愈我要治疗的每一个伤口。[10]

许多医生去东方向伊拉克的大师们学习。有两个兄弟，名叫奥马尔和艾哈迈德，他们离开安达卢斯，在巴格达生活了十年，向塞比教传奇学者泰比特·伊本·奎拉的儿子泰比特·伊本·希南学习研究盖伦，并向一位专业眼科医生学习眼科学。他们于962年返回家乡，被任命为宫廷医生，因此而闻名，尤其是他们治疗眼部疾病的能力。大约在同一时间，另一位名叫贾巴里的安达卢斯学者正在巴士拉学习医学和逻辑。他从那里移居埃及，担任一家医院的院长，后来于971年回到伊比利亚。*作为医生，他建立了令人印象深刻的声誉，因广博的知识和对医学的深刻了解而闻名。毫无疑问，学者们在东方学习过的事实使得他们一旦回家就可以坐享荣誉，但这三位医生深受尊敬一定是建立在他们的医学实践和治愈病人的能力的基础之上的。他们对传播过程的贡献至关重要，他们带回了最新的医学理念和古代书籍的翻译，并将这些书籍传播给安达卢斯的下一代医生。

有一个人对那一代人产生了决定性的影响——阿布·卡塞姆·哈拉夫·伊本·阿拔斯·宰赫拉威（Abu al-Qasim Khalaf ibn Abbas al-Zahrawi，拉丁语名字为阿尔布卡西斯[Albucasis]，936—1013年），他是医学史上的真正的巨人。我们不了解他是否去过东方寻求知识，但他受过迈季里提的教导，被拉赫曼三世的儿子和继承人哈克汗二世任命为宫廷医生，因此他一生的大部分时间是在宫殿城市阿尔扎哈拉城度过的，并由此而闻名天下。在生命即将结束的时候，宰赫拉威撰写了一部题为*Kitab al-Tasrif*（通常称为《医学宝鉴》）的纲要巨著**。这部作品在中世纪后期成为医学实践的基石，在整个欧洲与拉齐的《医学集成》（*al-Hawi*）和伊本·西拿的《医典》（*Canon*）一起放在医生们的书架上。***《医学宝鉴》是医学的综合性指南，由30篇论文组成，涉及疾病、症状和治疗，饮食，单一与复合药物的

---

* 关于科尔多瓦的医院没有详细证据，但马卡里声称有50座，这个数字也许有点夸张。贾巴里可能从埃及和巴士拉带回了创新方法和行医方法。

** 它的全称是《无师自通的医学知识手册》（*The Arrangement of Medical Knowledge for One Who is Not Able to Compile a Book for Himself*）。

*** 后来的医生对宰赫拉威的天才感到敬畏，因为他对医学的贡献而将他与希波克拉底和盖伦并列。

制备，以及药物传统的治疗和药膏。最后一部分占整部著作的1/5，主要讲的是手术，宰赫拉威因为这部分而最为出名。

在宰赫拉威的介绍中，他为一个事实而惋惜，即“在我们的时代、我们的土地上完全缺少熟练的外科医生”，然后继续强调行医者必须“像盖伦所描述的那样受到解剖训练，以便他完全熟悉肢体的用途、形式和构成，并了解它们是如何连在一起的，又如何会分开。他应该完全理解骨骼、肌腱和肌肉，了解它们的数量和附着物，还需要了解血管，包括动脉和静脉”[11]。他也受到阿拉伯医生的影响，尤其是拉齐以及已故的古代百科全书作者埃伊那岛（Aegina）的保罗，后者关于手术的著作是重要的信息来源。

宰赫拉威的行医方法得到新工具设计的支持，其中许多工具从那时起就开始使用：镊子、诊视器、骨锯、取石手术刀、隐刃刀、手术钩、扁桃体铲除刀、勺子和杆、针、注射器，这只是其中的一些。不仅如此，他还给出了详细的图解解释如何制作和使用这些工具，这在穆斯林世界是第一个。科尔多瓦的卡拉奥拉塔博物馆还原展示了一下。它们被摆放在大红垫子上，很容易被误认为是美丽的珠宝，但下面的标签无疑会让你了解到它们的功能，比如其中有一个写着“用于静脉手术的斧子”。宰赫拉威的医学方法具有创新性和实用性。他开创了让病人吸浸泡在鸦片和大麻中的海绵的麻醉方法，并第一个将肠线用于内部缝合。这种自然物质很容易在人体内溶解，而不会引起感染，此后被医生们广泛使用。他开发了心理疾病的治疗方法，包括一种建立在鸦片基础上的治疗方法，他称其“带来快乐和喜悦，因为它使灵魂放松，消除不良思想和忧虑，使性情和缓，有助于对抗忧郁”[12]。他强调解剖和生理学，影响了几代医生。他关于道德、卫生、教育和饮食的理念也具有重要影响。

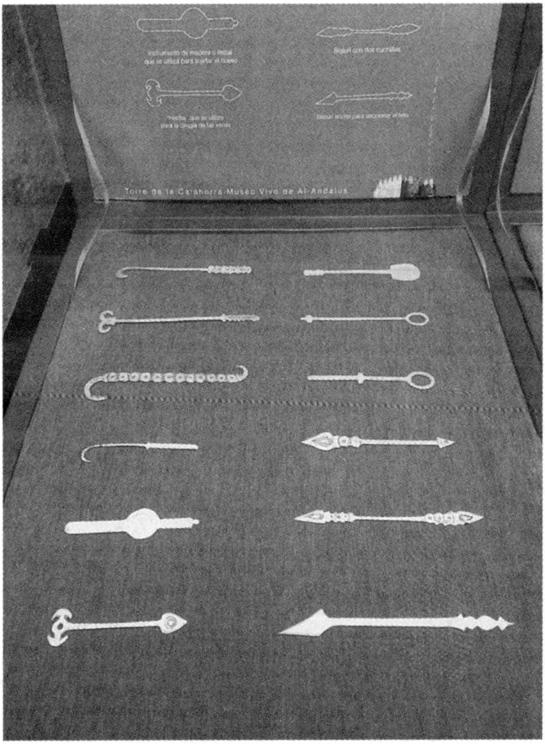

现代仿制的宰赫拉威的一些复杂的手术工具，陈列于卡拉奥拉塔博物馆。左边前方的器械被称为“静脉手术中使用的斧子”

他还对精神病学和儿童教育感兴趣，在《医学宝鉴》中有详细的讨论。不过，他关于手术的书影响最为深远，在托莱多被翻译为拉丁语，从那里传遍欧洲。

宰赫拉威是幸运的，他的职业生涯的早期与拉赫曼三世和他的儿子哈克汗二世统治下的科尔多瓦的黄金时代的巅峰相重合。哈克汗二世甚至比他的父亲更热衷于学习。当他还是个年轻人时，“就开始努力支持科学，与科学家交朋友。他从巴格达、埃及和其他东方国家带来最好的科学著作和最有价值的出版物，无论新旧”[13]。哈克汗很好地运用了他作为王储的优势，建立起庞大的学术联系网络，派遣代理人到整个穆斯林地区和其他地方购买、抄写、借阅或偷窃书籍，无论古代的还是现代的，并放到科尔多瓦的图书馆里，不在乎花费多少钱。安达卢斯的塞伊德（Sa'id al-Andalusi）撰写过11世纪科学史的详细调查，据他所言，“他的藏书和巴努·阿拔斯（巴格达的巴努·穆萨兄弟）一样多，而巴努·阿拔斯花费了更多时间积累。这是可能的，只因为他对科学的强烈的爱，他渴望获得与之相关的美德，他希望模仿贤明的国王”[14]。在这样做的同时，他为穷人的孩子建立起27所学校，为他的父亲在大清真寺建立的大学提供支持，使他因为慷慨提供捐赠而颇具盛名，邀请东方的大师们到这座城市来教学，并花费数千第纳尔安装来自君士坦丁堡的水管和马赛克。哈克汗在961年登上王位的时候，将三个主要的王室图书馆合并到一起，其中包括宫廷图书馆、他的兄弟穆罕默德的藏书和他自己的藏书，据说他在图书馆中雇用了500人。当图书管理员塔利德（Talid）将它所包括的大约40万本书编成目录时，他自己就填写了404部书籍的书名。如果它们幸存下来，会给我们提供关于安达卢斯知识世界的更加详细的介绍。事实上，我们必须尽力从现存的学者自己撰写的著作中重建图书馆的内容，或者从其他来源，虽然价值不大。哈克汗二世在整个穆斯林地区的书目网络中的巨大影响部分取决于他作为学者的个人声誉。根据一位安达卢斯历史学家所言，他阅读了他的图书馆里的大部分书籍并为它们作注，即使有夸张的成分，他也绝不是浅尝辄止的藏书家。除了书籍代理人以外，他还雇用埃及和巴格达的外国学者为他收藏书籍，至少有一个例子能够说明，伊拉克的一位著作者在其他人看到之前就送给他新书的手稿。

科尔多瓦作为重要的知识中心的声誉吸引了远道而来的学者，尤其是在医学、天文学、宗教法律、语法和诗歌领域。科尔多瓦因为热爱文字而著名，据说，“当一个博学的人在塞维利亚，他的继承人希望出售他的图书馆时，他们一般会把它送到科尔多瓦处理”[15]。伊本·福泰斯（Ibn Futays）的大家族有一座图书馆，他们雇用了不少于六名抄书员，并找来了一位著名的作家作为图书管理员，另一个著名的私人收藏所由一位名叫艾莎（Ayesha）的诗人建立。据一个知情人士透露：“收藏的狂热发展到一定程度，以至于任何当权者或在政府中任职的人都认为他必须拥有自己的图书馆，他们会不厌其烦或不计花费地收藏图书，只为了人们可能会说，这个人有一座非常好的图书馆，或者他拥有这本书的独特版本，或者他拥有这个人手写这本著作的版本。”[16] 所有这些书籍都要被抄写，因此在10世纪的科尔多瓦，抄写业蓬勃发展也就不足为奇了。在西方世界最大的图书市场，数百人受到雇用，每年估计抄写7万到8万本图书。

科尔多瓦的星星很明亮，但很快就熄灭了。哈克汗于976年去世，稳定和知识自由也随他一起消亡。他留下11岁的儿子希沙姆（al-Hisham）继承王位，大臣曼苏尔看到了夺取权力的机会。曼苏尔妄自尊大，无法无天。他开始毁坏和劫掠阿尔扎哈拉城，为自己在科尔多瓦的另一端建造新的宫殿。科尔多瓦山坡上的巨大而神奇的城市逐渐陷入尘土中，随着哈里发的垮台被用作敌对派系较量的基地，它的珍宝受到掠夺，管道、廊柱、雕刻、门和财产都被以最高价格出售。尽管如此，阿尔扎哈拉城仍能激起人们对历史的回忆。觐见室的巨大拱门、庭院池塘和引人注目的背景到今天都能让数千游客留下深刻的印象，但使城市重新焕发活力的是那些小的细节——安装门柱的圆孔，在宫廷马厩中用作水槽的改造过的罗马石棺和作为灌溉系统的一部分的破碎铅管。

曼苏尔也将他的怒火发泄到科尔多瓦本身。在保守派神学家的影响下，他劫掠了这座城市的大型图书馆，寻找所有“涉及逻辑学、天文学和其他领域的古代科学的书，只保留医学和数学书。那些涉及语言、语法、诗歌、历史、医学、传统、穆罕默德言行录和其他安达卢斯允许的类似科学的书都被保存下来”。他命令将其余书籍毁掉，“只有极少数书获得保存，其余的书或者被烧毁，或者被扔到宫廷的井中，被泥土和石头所覆盖”。他的理由是，“这些科学不为他们的祖先所知，受到他们过去的领导者的厌恶”[17]。它们被视为异端，任何人探求它们都会因为不遵守伊斯兰法律而被定罪。如何选择应该保留哪些书和毁掉哪些书仍是一个谜，他们一定很难决定像托勒密的《天文学大成》这样的书是数学书还是天文书。接下来的几十年是混乱的，科尔多瓦几次遭到洗劫，图书馆都被毁掉。幸存下来的书“分散到整个安达卢斯”[18]，被逃到包括塞维利亚、格拉纳达、萨拉戈萨（Zaragoza）和托莱多等在内的其他城市的学者们带走。这些被称为“泰法”（taifa）国家的穆斯林小公国于11世纪初赢得独立，在科尔多瓦衰落的时候蓬勃发展。他们的统治者受到倭马亚人的启发，努力使他们的朝廷成为拥有图书馆和杰出学者的重要的知识中心。他们成功的程度取决于幸运、金钱和他们自己对知识的兴趣等综合因素。萨拉戈萨因为它的哲学家而著名，在11世纪晚期，它的统治者优素福·穆塔敏·伊本·胡德（Yusuf al-Mutamin ibn Hud）可能是整个穆斯林西班牙最有天赋的数学家，当然也是最有创造性的数学家。他的图书馆收藏了10世纪所有的重要数学书籍，其核心是欧几里得的《几何原本》。

科尔多瓦从未恢复它在倭马亚统治下所享有的荣耀，但它仍是知识和书籍中心。在12世纪，世界上最伟大的思想家中的两位出生在这座城市：迈蒙尼提斯（Maimonides，约1135—1204年），犹太哲学家，其著作影响了整个中东和欧洲的学者；还有伊本·鲁西德（ibn Rushd，拉丁名字为阿威罗伊[Averroes]，1126—1198年），他被称为西欧世俗思想的创始人，因为他广泛传播对亚里士多德哲学的评论，他是拉斐尔在《雅典学院》一画中描绘的唯一的非希腊人。随着西班牙逐渐被北方的基督教国家重新征服，这两位学者的书籍和思想成为联系中世纪早期阿拉伯科学和中世纪晚期拉丁文化之间的桥梁。他们的书籍和思想很少在阿拉伯语版本中得到保存。我们知道欧几里得的《几何原本》、托勒密的《天文学大成》和盖伦全集是从东方传到科尔多瓦，在整个国家散布开来，最终得到学者们的研究。有些被带到托莱多，被翻译为拉丁语。许多其他书籍有着不同的命运。1492年，穆斯林最后的据点——美丽的格拉纳达，被基督徒击败。双方达成的条款是慷慨和开明的：西班牙穆斯林被允许在和平中生活，信奉他们的宗教，遵循他们自己的习俗。但这些充满希望的开端很快被不宽容和迫害的浪潮所埋葬。在费迪南德（Ferdinand）和伊莎贝拉（Isabella）统治下的西班牙没有外来文化和宗教的位置。他们驱逐了数千名犹太人，压迫和流放穆斯林，开始摧毁延续七百年的穆斯林文明。其高潮出现在1499年，当时狂热的牧师希梅内斯·德·西斯内罗斯主教（Cardinal Ximénez de Cisneros）来到格拉纳达，意图使当地人口皈依基督教，消除伊斯兰文化的任何遗迹。他将这座城市图书馆里的书取出来，在城市的主要广场上点燃篝火，在这个曾经拥有200万本书的地区焚烧，这是一场“文化浩劫”，其原则是“摧毁文字是为了剥夺文化的灵魂，并最终剥夺它的存在”[19]。随后的公告禁止人们用阿拉伯语写作，并禁止拥有阿拉伯语书籍。希梅内斯·德·西斯内罗斯如此强权，以致到1609年，西班牙只存在极少数量的阿拉伯语手稿。天主教取得了彻底的胜利，“只有空荡荡的宫殿和被改造的清真寺仍然是安达卢斯曾经繁荣的伊斯兰文明所遭受的悲剧的无声见证”[20]。对整个文明而言，幸运的是，许多十分重要的科学书籍已经安全地被翻译为拉丁语，正如我们后来看到的那样，它们穿越地中海和欧洲，来到有印刷机的时代，由此它们的思想将继续改造现代世界，并为其提供基础知识。在科尔多瓦以北300公里的岩石山顶上的一座风景如画的城镇，这些书从阿拉伯语被翻译为拉丁语。这座城镇就是托莱多，我们的下一个目的地。

TOLEDO

托莱多

希腊知识即将熄灭的余烬聚集在科尔多瓦和托莱多的阿拉伯学校中，并得到了精心的保存。

艾哈迈德·伊本·穆罕默德·马卡里

《西班牙穆罕默德王朝的历史》

在12世纪中叶的某个时候，一个年轻人来到了托莱多的城门前。他站在塔霍河峡谷（Tagus gorge）边上，然后穿过大桥进入城市。当他在花岗岩山顶凝视这座城市时，冰冷的河水在他脚下很远的地方不停地搅动着岩石。他的名字叫杰勒德（Gerard），是天文学发烧友。他在意大利学有所成，从他的家乡克雷莫纳（Cremona）穿越数千英里的陆地和海洋去寻求新知。有人告诉他，在西班牙的托莱多城那里，他能够学到阿拉伯人的发现，如果真的很幸运，他能够找到《天文学大成》这一有史以来最伟大天文学著作的抄写本。他在路上跋涉了很多天，风尘仆仆，极其疲惫，但他的长途旅行总算结束，他到了。看着一团漆黑的狭窄街道，他期待着等待他的宝藏，并为此而颤抖。当他正要掀开人生的新篇章，基督教在欧洲也正临近知识发展的新阶段。杰勒德在托莱多的工作将使这座城市成为穆斯林和基督教世界之间重要的科学知识传播中心。他将在这里度过他的余生，将书籍从阿拉伯语翻译为拉丁语。这些书籍的抄写本将遍布欧洲，在人们之间传递，被装在箱子里，塞到褡裢里，从修道院到教堂学校，从大学的讲堂到学者的书房，一路颠簸。从蒙彼利埃（Montpellier）到马赛（Marseilles），从巴黎（Paris）到博洛尼亚（Bologna）、沙特尔（Chartres）、牛津（Oxford）、比萨（Pisa）和其他城市，这些书籍将构成未来几个世纪科学知识的框架。克雷莫纳的杰勒德将超过任何其他人，负责将古希腊和中世纪伊斯兰的伟大思想带给西欧。

杰勒德的托莱多之旅表明，阿拉伯知识的声名已传播到遥远的西欧。托莱多处于穆斯林和基督教世界的边界，这个位置让这座城市像西西里岛的巴勒莫和叙利亚的安提阿，成为知识流动的门户。11世纪下半叶是西欧复兴的关键时期。诺曼人从穆斯林统治者手中夺取了西西里岛，1095年，教皇乌尔班二世发起了第一次十字军东征，派遣来自整个西欧的基督徒在与土耳其人的战争中支持拜占庭人，然后从伊斯兰帝国夺取圣地（Holy Land）。1099年夏天，十字军战士进入耶路撒冷，胜利地将圣城（Holy City）交给基督教徒。这是一系列反对穆斯林势力的十字军东征活动的第一次运动，在12世纪有两次，在13世纪还有几次，这两个重要的宗教围绕耶路撒冷努力扩张和保持他们的势力范围。十字军国家在安提阿、的黎波里和埃德萨建立并作战，政治稳定性的缺乏和暴力行为的频繁爆发意味着知识与思想的传播受到限制，与西西里岛发生的故事相比黯然失色，与托莱多相比就更是如此。

基督徒重新征服西班牙北部正式开始于11世纪下半叶。托莱多于1085年陷落。在几十年中，学术圈子一直充斥着关于那里能够发现奇迹的传言。这些传言吸引了欧洲最遥远的角落的人，他们来自英格兰、德国、法国、匈牙利和达尔马提亚海岸（Dalmatian coast）。杰勒德本人很可能直接或间接地追随着他的同胞蒂沃利（Tivoli）的柏拉图的脚步，柏拉图在12世纪20年代和30年代在巴塞罗那（Barcelona）翻译科学书籍。不管杰勒德是否确实见过柏拉图，他当然可能研究过他的书，这些书鼓励他寻求更多的书。但绝对确信无疑的是，杰勒德“因为他对《天文学大成》的热爱”[1]而来到托莱多。

“尽管他从摇篮里就开始接受哲学教育”[2]，杰勒德一定是在克雷莫纳开始上学，也许在家跟随家庭教师读书，几年后在当地的修道院学校接受教育。之后他可能去了附近的博洛尼亚，那里已经是新兴大学的法律研究中心。这是欧洲的第一个法律研究中心。他接受的教育可能包括基本的数学和天文学，这是传统的四门学科的一部分，虽然他学习的主要教材和百科全书提到托勒密是天文学权威，欧几里得是几何学权威，但细节我们知之甚少。他至少有一个老师必定对四门学科的科学方面感兴趣，点燃了年轻的杰勒德的热情，于是他开始寻求更为深入的知识。接下来他去了哪儿？显而易见，是附近的博比奥（Bobbio）的修道院*，距离克雷莫纳西南仅有80公里，那里的图书馆收藏了当时西欧仅有的天文学手稿之一。

在9世纪，博比奥曾经来过一位来自爱尔兰的名叫杜格尔的僧侣，值得注意的是，在给查理曼大帝写的一封信里，他能够解释810年发生的两次日食背后的科学。杜格尔给修道院的图书馆积累了大量的手稿。到杰勒德的时候，藏书得到扩展，包括了11世纪杰出的僧侣赫曼努斯·孔特拉克特斯（Hermannus Contractus）的几篇天文学论著，他曾写过一篇关于星盘和其用途的论文。博比奥10世纪的一个目录列出了波爱修斯对《天文学大成》的总结，称其为“使意大利人获得托勒密的天文学的人”[3]。和博比奥有关的另一个重要人物是欧里亚克的热尔贝（Gerbert d'Aurillac，约945—1003年），他后来成为教皇西尔维斯特二世。热尔贝年轻时对数学的兴趣指引他去了西班牙北部，在那里他向维希主教（Bishop of Vich）亚托（Atto）学习。此时他是否接触了阿拉伯知识学界尚存争议，但有几本书被

---

* 翁贝托·埃科（Umberto Eco）的经典小说《玫瑰的名字》（*The Name of the Rose*）的场景。《玫瑰的名字》是一部神秘探案小说，探查了14世纪修道院的知识世界。

归于他，涉及算术、几何和计算，使用以印度-阿拉伯数字为特点的特殊算盘。他还对天文学感兴趣，建立起浑天仪。热尔贝曾短期担任过博比奥修道院院长，他的信函表明他曾为图书馆寻找书籍帮了不少忙。983年6月22日，他给兰斯的阿达尔贝隆大主教（Archbishop Adalbero of Rheims）写信，告诉他："我们已发现了八卷波爱修斯的《论占星学》（*De astrologia*），还有一些美丽的几何图形。"[4]五年以后，他在兰斯给博比奥的一位朋友写信说"你知道我到处收集书籍的热情"[5]，随后列出他抄写的图书。

杰勒德去西班牙可能有两条主要路线：通过西西里岛向南或通过法国海岸向北。博比奥恰好在从克雷莫纳到热那亚（Genoa）的途中，是最近的港口，因此是这两条路上最可能的出发点。修道院图书馆肯定会以其收藏而闻名，尤其是在天文学方面，因此如果他没有经过那里的话，是不可能在离开西班牙之前去拜访它的。同样清楚的是，它包含各种书，可能促使杰勒德去寻找《天文学大成》的完整版本。

杰勒德出生于1114年，他在意大利北部至少度过了人生的第一个二十年，然后就去寻找《天文学大成》。让我们想象一下，他走的是北边那条路，乘上诸多商船中的一条船，从热那亚出发，驶过意大利北部海岸，来到法国南部，在昂蒂布（Antibes）、弗雷瑞斯（Fréjus）和耶尔（Hyères）停靠。在中世纪，乘船旅行是最快也是最舒适的旅行方式。从4月到11月之间，地中海漂满了搭载乘客和运载货物的船只，从一个港口到另一个港口，总是尽可能靠近海岸。杰勒德将在几天内到达马赛，如果他在那里下船，他会发现欣欣向荣的知识景象。如果他决定待上一段时间做研究，他很可能会遇到一位名叫雷蒙德的天文学家。雷蒙德在1140年的时候在那里为当地创造了一系列天文学图解。当然，这些都是猜测，但不是没有可能。这也回答了一个问题，即克雷莫纳的杰勒德为什么会去托莱多寻找《天文学大成》和他是怎么知道它在那里的。托莱多和马赛之间有各种知识方面的联系，其中最重要的是，雷蒙德的星表是建立在托莱多的天文表的基础之上的，而托莱多的天文表是之前一个世纪由天文学家宰尔嘎里（al-Zarqali）使用花拉子密的图表制作的。如果年轻的杰勒德在马赛学习过一段时间，学者们会向他讲述阿拉伯科学的惊人发现、它的杰出学者和开创性的书籍。如果他没有去过托莱多，他们肯定会向他指出它的方向。

杰勒德站在塔霍河峡谷，他可能立即会明白建造托莱多的人为什么会选择这个地方。这座城市坐落于陡峭的山顶上，三面环绕着蜿蜒的河流，河水流过陡峭的山谷，具有很强的防御性。从河对岸进攻无异于自杀，翻下陡峭的悬崖足够困难，穿过湍急的流水并攀登到另一面准备战斗更是不可能做到的。正如罗马历史学家李维所言："这座城市很小，但它的位置加强了它的防御。"托莱多在罗马人的统治下称为"Toletum"，一直蓬勃发展，当地的钢铁工业以其高品质的合金金属而著名，合金金属极其坚硬，为帝国军队供应剑，这座小镇因而变得富有。当西哥特人在西班牙掌权时，他们把托莱多作为首都，成为他们在半岛中心的政治、宗教和文化力量的核心。7世纪，若干教会著作者住在这座城市，至少建立了两所图书馆，西哥特知识逐渐传播开来。

这一全盛时期于712年突然结束，当时阿拉伯人从南方入侵，建都于科尔多瓦。托莱多，他们称之为图莱图拉（Tulaytulah），几个世纪以来仍然受到穆斯林的控制，被当地家族统治，在倭马亚家族之下享有不同程度的自治。作为一个具有战略意义的边境城镇，托莱多靠近西班牙北部的基督教边界，处于阿拉伯世界的边缘。在接下来的几十年里，这座城市衰落，成为反叛和不满的滋生地，受到当地军阀的控制，因为内部纷争而分裂，遭受到无休止的围攻。但是，在1031年倭马亚王朝垮台以后，托莱多成为独立的公国，相对恢复了稳定，文化和学术研究得以蓬勃发展。托莱多古老的金属制造行业又恢复了生机，使这座城市成为西班牙最富有的城市之一。托莱多的工匠因为制造锋利的刀具、美丽的饰品和巧妙的工具而闻名，但他们最为人称道的是出口到整个世界的传奇的剑，每位雄心勃勃的武士都希望拥有这样一把剑。

1029年，一位年轻人出生在城市边缘一个小村庄的一个工匠家庭——宰尔嘎里，“有着蓝色小眼睛的那个人”，像他家庭的其他男孩那样接受制造科学仪器的训练，他的才能受到安达卢斯的塞伊德的关注，此人是当地的法官、教师和《各国学术汇编》（*Book of the Categories of Nations*）的作者。在这部书中，塞伊德调查了不同国家的学者和他们对知识各个方面的贡献，生动地比较了不同国家的知识成就。他将世界上的人分为两类，一类人对科学做出了贡献，一类人则没有。毫无意外的是，安达卢斯的那一章最有趣也最详细。但总的来说，这是一本有影响力的书，至今仍是科学史上的重要信息来源，是对纳迪姆更为综合的《百科全书目录》的补充。

在塞伊德的赞助下，宰尔嘎里为天文学观测制作了复杂的仪器。他同时也研究天文学，在1062年，他加入了观测天空的学者团体。他的技术专才和在天文学方面的天资使他很快就负责起整个项目。他是整个伊斯兰地区最具有创新性和最杰出的天文仪器制造者，宰尔嘎里对一种新的被称为萨菲亚（saphaea）的“环球”星盘的设计极具创新性，以至整个欧洲、中东地区、北非甚至远到印度都在仿制。他还创造过其他奇迹，人们从四面八方来观看他的大理石水钟——它以前所未闻的精确性报告时间。宰尔嘎里曾在科尔多瓦学习过，后来返回托莱多，他在托莱多写过几本书，其中包括一本题为《准则》（*The Canones*）的书，它解释了如何使用托莱多的天文表。克雷莫纳的杰勒德将这本书翻译为拉丁语，它继续影响了欧洲天文学达几个世纪。宰尔嘎里也写过一篇天文学论文，突破性地声

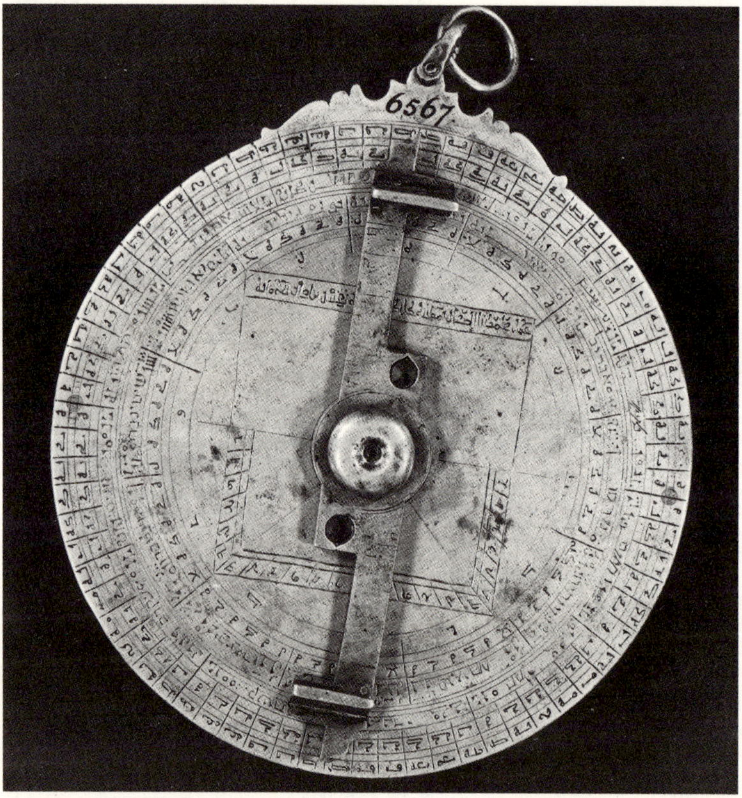

1029年在托莱多做成的星盘，当时这座城市仍处于穆斯林的统治下

称水星的轨道是椭圆形的，而不是像我们通常所认为的那样是圆形的。在16世纪，约翰内斯·开普勒（Johannes Kepler）根据宰尔嘎里做出的预言证明了火星的轨道也是椭圆形的。托莱多于1085年落入卡斯蒂利亚的阿方索（Alfonso of Castile）之手，宰尔嘎里离开了这座城市，但他的思想为基督教学者所接受，因此被分享到整个欧洲。

宰尔嘎里向南迁移，也许是去了格拉纳达或仍处于穆斯林控制之下的安达卢斯的另一座城市，就像他的许多阿拉伯同胞一样。莫扎勒布在伊斯兰统治的四个世纪中一直忠于基督教，根据他们从西哥特人那里继承的仪式崇拜。当新的统治者开始强制施行源自罗马人的天主教拉丁仪式，他们只是在后面观看。对于这些历史悠久的人来说，这一定是个奇怪的时刻。他们和安达卢斯的塞法迪犹太人（Sephardi Jews）一样，在穆斯林西班牙建立了自己的社会，保持了他们的宗教信仰，但采用了他们领主的语言、服饰和特征，构成一个混合社区。这标志着他们所生活的地方的文化多元性，也决定了这种文化多样性。一方面，托莱多的莫扎勒布可能因为基督教胜利返回他们的土地而感到欣慰；另一方面，他们也会为失去穆斯林朋友和同事而悲伤，并为卡斯蒂利亚国王统治下的未来而担心。这种担心是完全有理由的：在接下来的四百年，天主教西班牙没收了莫扎勒布的土地，拒绝承认他们为单独的合法社区，从而逐渐吞并了他们的文化。一些偏远的遗迹确实被保存下来。1502年，一些莫扎勒布的祈祷书被收集起来，托莱多大教堂的一个小教堂是专供他们信仰的，现在尚存。

莫扎勒布在两种文化之间占据了特殊的地位：他们是穆斯林统治下的基督徒，接受阿拉伯习俗，但仍讲自己的语言，根据自己的法律生活。具有讽刺意味的是，他们设法在对立的信仰下如此成功地生存了这么长时间，接着却遭到天主教这个自己的宗教的不同形式的迫害。这既说明了莫扎勒布的坚韧，也说明了中世纪伊斯兰教在它自己的影响范围内容纳不同宗教的能力。犹太人的故事也与此类似，他们受到西哥特人的迫害，在倭马亚统治下蓬勃发展，后来又受到天主教宗教审判所的流放和谋杀。但并非所有的穆斯林统治王朝都是宽容的。穆瓦希德王朝（Muwahhidun）和穆拉比特王朝（Almoravids）在11世纪和12世纪统治了伊比利亚半岛的大部分地区，他们也同样迫害犹太人和莫扎勒布，导致他们中的许多人向北逃到基督教西班牙。但是，除了法兰克牧师最初有些敌意以外，很久以后直到15世纪，莫扎勒布和犹太人才开始受害。起初，这两个社区在托莱多继续蓬勃发展，尤其是在学术领域，他们的语言技能和当地图书馆的知识贡献都非常宝贵。

当托莱多再次处于基督教的统治之下，天主教教会需要自身的支配性地位。10世纪的时候，本笃派（Order of St Benedict）的黑修士从卢瓦尔河（Loire）的克吕尼修道院（Abbey of Cluny）遍布法国，横跨西班牙北部的比利牛斯山谷。托莱多如今的神职人员就来自这一修士派别。本笃派修士在教堂周围的街道定居，在重新征服之后的几十年里，这里被称为“法兰克人地区”。神职人员、学者和外国人等新居民聚集在这里生活、工作并分享他们的思想。因此，在托莱多和法国之间开辟了一条繁忙的交流和旅行路线，尤其是巴黎和沙特尔的天主教学校。

这是杰勒德在12世纪中叶置身的文化场景。他本可以通过古老的罗马时代的阿尔坎塔拉桥（Alcántara Bridge）穿过峡谷，再沿着狭窄的小巷爬上这座陡峭的城市。我们不难想象他身处的托莱多是什么样子，因为自此以后它的变化很小。狭窄的小巷依然陡峭而绿树成荫，商铺依然在出售令人眼花缭乱的刀剑，闪闪发光的刀刃整齐排列在天鹅绒垫子上，由令人恐惧的盔甲守护着。杏仁蛋白软糖依然由环绕城市的果园中种植的杏仁制成，阿拉伯人在将桄榔引入这一地区的时候开始了这一传统。但杰勒德不会认识现代托莱多的大教堂，因为它是在其去世后才建立的。事实上，他任职和做过礼拜的大教堂是一座清真寺，在基督徒重新征服了这座城市以后被改造成教堂，这也是现在大教堂的所在地。杰勒德到达的时候可能带着介绍信，他可能去了法兰克人地区找地方住宿并询问关于当地学者的信息。他现在可以正式开始寻找托勒密的伟大著作了。他寻访的第一个地点很可能就是大教堂图书馆，但这对他可能吸引力不够。他不得不到更远的地方查找，他去了托莱多的其他图书馆，其中许多图书馆都是从伊斯兰时代幸存下来的。这些收藏保存了丰富的希腊-阿拉伯书籍，欧洲的学者已经开始研究它们，并将它们翻译为拉丁语。我们只能想象，杰勒德在最终发现自己坐在桌前，前面放着《天文学大成》的时候是多么激动，他一定急于学习阿拉伯语，以便能够读懂这本书并将其翻译出来。杰勒德的学生写了一篇关于他的简短传记，并将它放在他所翻译的盖伦的《医术》（*Microtegni*）的序言中。在这篇传记中，他们解释说：“看到阿拉伯语在每个主题都有丰富的著作，并对拉丁语在这些方面的匮乏而感到遗憾，他（杰勒德）学习了阿拉伯语，以便能够翻译。”[6]

这项任务可不是小事。阿拉伯语极其复杂，用的是不同的字母表和写作说明，使用复杂的变音符号系统，其间有许多莫扎勒布前来帮忙。一个名叫迦利布（Ghalib）的人协助杰勒德翻译《天文学大成》，他可能同时也在教他阿拉伯语。托莱多人讲的是伊比利亚罗曼语（Romance）的一种当地方言的变体，是现代西班牙语的前身。杰勒德无疑也学习了这种语言，这样就容易与迦利布和其他当地人交流。犹太学者掌握了希伯来语、阿拉伯语和当地的罗曼语，在这两种文化之间形成一座重要桥梁，促进了翻译以及在阿拉伯历史和基督教现状之间保持连续性。虽然许多托莱多人在1085年这座城市落入阿方索六世之手的时候南迁，但还有一些人留下来，这两个社区之间通常联系紧密。实际上，在穆拉比特王朝在安达卢斯出现时，穆斯林家族通常与基督徒联合，反对他们的强硬统治。

其中一个家族是胡德家族（Banu Hud），他们从1039年至1110年统治萨拉戈萨这座城市。他们本身就是热心的学者，建立起令人印象深刻的科学书籍图书馆。前一章提到的优素福·穆塔敏·伊本·胡德从1081年到1085年统治萨拉戈萨，他是一位著名的数学家，也许是整个穆斯林西班牙最会创新的数学家。他写过一本关于几何学的综合性书籍，被称为《圆满》（*The Perfection*）。这本书是在他图书馆的书籍的基础上创作的，其中包括欧几里得的《几何原本》和《已知数》、阿波罗尼奥斯（Apollonius）的《圆锥曲线论》（*Conics*）和阿基米德的《论球和圆柱》（*On the Sphere and the Circle*）。1110年，穆拉比特王朝从胡德家族的手中夺取了萨拉戈萨。因此，胡德家族同阿拉贡（Aragon）的基督徒国王阿方索一世联合，移居塔拉索纳（Tarazona）附近的鲁埃达德哈隆（Rueda de Jalón）的埃布罗山谷。他们与他们的基督徒统治者保持着良好的关系（最后一任胡德家族的统治者塞伊夫·道勒[Saif al-Dawla]作为客人参加了阿方索的加冕仪式），即使在基督徒于1118年从穆拉比特王朝那里取得了萨拉戈萨之后也是如此。从1119年至1151年担任塔拉索纳主教的迈克尔是天文学书籍的热心收藏者，他从胡德家族的图书馆中选择手稿给雨果·塞恩科特伦西斯（Hugo Sanctallensis），为他翻译。鲁埃达德哈隆离塔拉索纳不远，雨果说在那里发现关于花拉子密的图表的评论手稿*“是在图书馆更为隐秘的深处”[7]。他还发现了什么要靠人们的推测，不过鉴于胡德家族对科学的浓厚兴趣，他们的图书馆几乎确定是12世纪学者和翻译者的主要图书来源。1141年，该家族被迫将他们的土地换成托莱多大教堂区的一所房子。可以推测的是，他们搬家时随身携带着大量书籍，如果这样的话，他们把书放在了后来住在这一城市同一地区的翻译者容易接触到的地方。实际上，克雷莫纳的杰勒德翻译了穆塔敏在《圆满》一书中引用的几本几何学书籍。

胡德家族的图书馆非常重要，因为优素福·穆塔敏·伊本·胡德，我们能够确定它所包含的一些书籍，但在托莱多也有许多其他的图书馆我们知之甚少。这座城市在10世纪和11世纪是重要的知识中心，当基督徒在1085年接管这座城市的时候，权力是和平转移的。因此，虽然大多数穆斯林精英南迁，但他们的文化得以保存，图书馆得到保护，犹太、阿拉伯、莫扎勒布和基督教学者能够一起工作。这对随后的从阿拉伯语到拉丁语的翻译（通常是通过希伯来语或罗曼语）项目尤为重要。在中世纪早期，西班牙是一个多语言社会。在穆斯林统治下，阿拉伯语是教育和行政语言，但罗曼语是人们在街头田间所讲的语言，此外还有各种柏柏尔方言。拉丁语是莫扎勒布教会的语言，当然希伯来语是广大犹太人社区一直存在的语言。当托莱多被基督徒重新征服时，拉丁语这个天主教教会的语言，发挥了越来越重要的作用，但莫扎勒布继续使用阿拉伯语，直

* 这一文本经过由马斯拉玛·迈季里提（Maslama al-Majriti）修订的版本将坐标调整到科尔多瓦，在11世纪中期的某个时候被带到了萨拉戈萨，在那里图表被计为当地的纬度。

到14世纪。

托莱多被重新征服之后，来到这里的欧洲学者在此发现了丰富的知识，他们为此而吃惊。在中世纪时期，阿拉伯语书籍文化使西欧相形见绌。12世纪的学者沙特尔的伯纳德为他拥有的24本书而自豪，但是，1258年，巴格达城拥有36座公共图书馆和一百多位书商。中世纪基督教欧洲最大的图书馆在克吕尼修道院，包含几百本书，而科尔多瓦王室图书馆有40万册书。可能这有些夸张，因为阿拉伯人仍主要使用书卷，而书卷放不下太多内容（一份手抄本需要几份书卷），考虑到纸张直到14世纪才开始在西欧生产，所以不得不依靠进口，这就让书变得非常昂贵，但这种对比仍然令人震惊。阿拉伯书籍文化不仅规模更大，而且更为丰富。阿拉伯在文学、历史、地理、哲学，当然还有科学方面的成就使拉丁学者们惊异不已而充满敬畏。要超越他们，几乎是不可能的。

长期以来，历史学家激烈争论托莱多的翻译活动是如何展开的。有一群翻译者在一起工作吗？如果是这样的话，他们在哪里工作？谁为他们支付薪酬？谁来选择翻译书目，又是如何选择的？可供选择的科学材料数量巨大，这意味着选择过程困难却不可避免。像往常一样，证据的缺乏使我们不能做出明确的断言。据克雷莫纳的杰勒德的追随者所言，他翻译了“许多学科的书，都是他认为最应该选择的书”[8]。这意味着他负责选择他所翻译的书籍，鉴于他的专业知识，这完全合理。他一生中翻译的书籍数量达到71本，此后还有其他的书确认是他所翻译。它们分为几组：辩证法（逻辑）3本，几何学17本，天文学12本，哲学11本，医学24本，杂记4本。这些学科的标题给我们提供了线索，让我们了解到杰勒德如何组织他的翻译项目——它们粗略地建立在支持古希腊课程的人文学科基础

15世纪托莱多的版画

上，而阿拉伯学者接受其为他们的教育体系的基础。图书选集被编辑用作学生的教材，而杰勒德似乎有意寻找数学、天文学和医学藏书，以便他能够让它们成为西方学生可以用到的书籍。有一本这样的选集被称为《中间选集》（*Middle Collection*）或《小天文学》（*Little Astronomy*），因为它旨在用于《几何原本》和《天文学大成》之间的研究。

一旦学生掌握了基础知识，他们就能够继续深入研究他们的学科。为此，他们需要《几何原本》和《天文学大成》的完整版本和其他相关著作。到公元500年，拉丁语世界的科学书籍被简化为手册和百科全书中的简短摘录，正如20世纪伟大的历史学家查尔斯·霍默·哈斯金斯（Charles Homer Haskins）所言：“在黑暗时代的漫长旅程中……被压缩成小碎片。”[9] 杰勒德和他的同伴们似乎有意努力解开这些小碎片，以推广和深化学术研究，从而复兴教育。百科全书和摘要已经不够用。他们必须回到古代伟大的教科书中，将它们完整翻译出来。这还意味着要翻译阿拉伯学者的著作，它们建立在古代古籍的基础上并对其解释，其中许多学者我们在旅途中已经遇见过，比如宰赫拉威、拉齐、肯迪、巴努·穆萨和花拉子密等。

像杰勒德这样的翻译者遇到的一个难题是，要关注古希腊著作的完整版本还是要优先考虑修改和改进过的阿拉伯语版本，后者出色地融合了来自波斯、印度和埃及的思想。和以往一样，个人选择发挥了至关重要的作用，决定了有些作品被传给后代，而有些作品则没有。杰勒德选择将希腊语版本和阿拉伯语版本相结合，他对版本的选择则粗略地建立在伟大的哲学家法拉比（al-Farabi，872—950年）所著的《科学分类》（*The Classification of the Sciences*）的基础上。法拉比一生的大部分时间在巴格达度过，在那里人们亲切地称其为“第二位大师”（亚里士多德是第一位大师）。

杰勒德是在哪里发现所有这些手稿的呢？我们已经查看过胡德家族的图书馆，但托莱多其他的图书馆是什么样子的呢？私人藏书很难评估，但在阿拉伯统治的最后一个世纪（985—1085年），这座城市的学者群体不断壮大，他们无疑拥有最重要的书籍的抄写本。科学家阿布·乌瑟曼·塞伊德·伊本·穆罕默德·伊本·巴格汉尼施（Abu Uthman Sa'id ibn Muhammad ibn Baghunish）来自托莱多，但在科尔多瓦学习过，后来返回家乡成为左农（Dhu al-Nun）的宫廷官员。安达卢斯的塞伊德在谈到他的时候说：

> 他是一位衣着整洁而又虔诚的人，他拥有哲学和其他知

识领域的各种分支的伟大著作，我与他交谈后意识到，他研究过几何学和逻辑学，对这两个领域有准确的认知，但他忽视了这些领域，而是特别关注盖伦的书，他私人收藏了盖伦的书并做出了严格的修改，成为盖伦著作的权威。[10]

这是托莱多私人收藏盖伦的书较罕见的第一手证据。它表明《几何原本》和《天文学大成》可能也出现在巴格汉尼施的书架上，并且至少他的一些书或抄写本在12世纪中叶杰勒德查找可供翻译的书籍时仍流通在这座城市中，这不是说不通的。在13世纪肯定还有阿拉伯语藏书。学者托莱多的马克（Mark of Toledo，1193—1216年）声称，他“在阿拉伯图书馆中认真地寻找另一本书翻译”[11]。马克精通阿拉伯语，尤其对盖伦感兴趣，他在国外学习过医学，后回到家乡寻找和翻译西方尚未知晓的盖伦的论著*，促进了盖伦的著作在13世纪的全面复兴。马克填补了杰勒德留下的空白，杰勒德翻译了盖伦的9部著作。在杰勒德翻译的24部医学书籍中，最重要的是阿维森纳的《医典》，它本身是盖伦医学的综合，是中世纪最受欢迎的医学教材。阿维森纳（伊本·西拿，980—1037年）是中世纪阿拉伯世界最伟大的思想家之一。他的《医典》被誉为“对盖伦医学的精彩总结和逻辑清晰的重组”[12]，仅有5卷书，易于掌握，比盖伦的洋洋洒洒的全集更实用和方便，成为传达盖伦的思想的主要媒介。杰勒德也翻译了拉齐的几本书，这几本书作为选集传到欧洲，后来被印刷，就像宰赫拉威关于外科手术和仪器的论著一样，还配有精美复制的图解和说明表。

---

* 其中的四个版本在9世纪由侯奈因·伊本·伊斯哈格从希腊语翻译过来。

到目前为止，我们已经看到翻译者在基督教西班牙寻找书籍的地方，但还有证据表明，在穆斯林仍在掌权的南方，学者们也在寻找书籍。12世纪早期的一个资料描述了安达卢斯市场监管者执行的一项命令，该命令声称“人们不应该向犹太人或基督徒出售科学著作”[13]，因为他们显然在翻译这些著作，并将其归于他们自己的学术研究。这一插曲表明，基督徒对阿拉伯科学的兴趣十分明确和热切，以致穆斯林当局开始担心他们的文化遗产会越过边境溜到北方。这种担心是有先见之明的。我们不知道限制销售的这一政策实施的范围有多大，也不知道这一政策是否奏效，但它肯定让获取书籍变得更加困难。

不过，很难说这对杰勒德的项目产生了多大影响。无论安达卢斯市场监管者的禁令如何，他当然都能通过一些途径获得书籍。他所取得的成就让我们了解了他的个性——杰勒德一定是一个极其勇敢而坚定的人。任何人到陌生地方寻找一本书，做好准备旅行几千英里，至少要学习一门全新的语言，以及在一个陌生的国度度过余生，并为拓展其知识而不懈努力，都必定具有一系列相当鲜明的个人特征。刚毅、奋发、勤奋、聪明，这些品质促成了一个现象：“总的来说，相比较其他任何方式，通过克雷莫纳的杰勒德之手传入西欧的阿拉伯科学要更多。”[14]如果我们相信对杰勒德在托莱多所做的一次讲座的一个描述，我们可以在他的“品质清单”中加上傲慢和自大。他清楚地意识到他所从事的工作的意义，以及他的地位的重要性——他是将知识从阿拉伯世界转移到欧洲世界的主要渠道。正如他的悼词作者所言：“他一直在将他认为最好的书传播到拉丁语世界（就像对他心爱的继承人一样），直到生命的尽头。这些书包含许多学科，他尽其所能做到准确易懂。”[15]

关于谁为杰勒德的翻译支付薪酬的问题一直是个谜，但他是大教堂的教士这一事实使我们猜想，大主教托莱多的约翰（Archbishop John of Toledo，1152—1166年）可能为他支付薪酬。杰勒德可能在大教堂的工资名单上，但神职工作如此清闲，让他可以自由地利用他的大部分时间翻译。当然，也有可能是他自己很富有，能够资助自己。据他的学生们所言，杰勒德“远离奉承赞美和这个世界的虚荣”，并且“反对肉体的欲望”[16]。他并不轻浮，而是完全专注于工作，不需要生活中的更加美好的事物。从他的译著的数量就可以明显看出，他的大部分时间肯定都在书桌前度过。

杰勒德到托莱多是为了找到《天文学大成》，但在意识到他需要先掌握欧几里得的研究之前，他不会在研究托勒密的伟大著作方面取得很大进展。正如我们所看到的那样，《几何原本》是天文学的垫脚石，“这样说来，再怎么强调12世纪上半叶将这一整套著作翻译成拉丁语的重要性都不为过”[17]。在1100年，所有能找到的拉丁语《几何原本》只是1卷至4卷的片段，由波爱修斯在5世纪时翻译，几乎没有任何证明或图解。到1175年，《几何原本》全本有了六个新版本，基督教欧洲已经意识到欧几里得的理论的重要性，这才努力学习和传播它们。

杰勒德翻译的拉丁语《几何原本》版本是12世纪从阿拉伯语翻译过来的三个版本中的第二个。第一个由巴斯的阿德拉德（Adelard of Bath）翻译，构成卡林西亚的赫尔曼（Herman of Carinthia）和凯顿的罗伯特（Robert of Ketton）翻译的第三个版本的基础。杰勒德看起来主要使用的是伊斯哈格/泰比特版本，有些部分使用的是哈贾吉的翻译。这可能意味着他面前有两个阿拉伯语版本，但也有可能他抄写的版本已经是两种版本的混合。正如我们在前一章看到的那

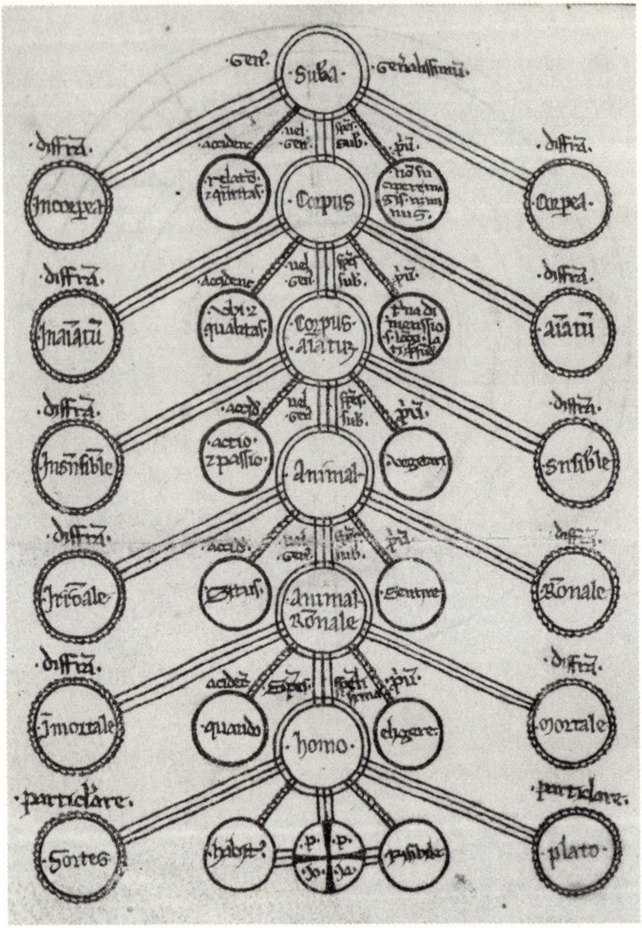

克雷莫纳的杰勒德翻译的宰尔嘎里《准则》手稿中的图解部分

样，这两个版本在9世纪最初产生之后，立即就被无数不同的版本组合到一起。因为杰勒德的翻译主要依据伊斯哈格/泰比特版本，它最接近于希腊语原版，甚至还以包含一些希腊文字为特征。他还完整地收入了欧几里得的证明，这是它与其他版本的重要区别，这样可以更容易理解欧几里得所写的内容。杰勒德通常采用的方法是字面翻译，逐字翻译，而不是尽量表达内容的一般含义——这是12世纪中叶托莱多翻译圈的通常做法。有趣的是，杰勒德的《几何原本》的影响力比赫尔曼的略高，但两者与阿德拉德的版本相比都黯然失色，阿德拉德的版本被广为传播，被抄写为更多份手稿保存下来，其原因尚不清楚。它构成了13世纪伟大的意大利数学家诺瓦拉的坎帕努斯（Campanus of Novara）所整理的修订版的基础，这是1482年在威尼斯印刷的第一个版本。

如果杰勒德遵循公认的数学和天文学研究顺序，他应该先翻译《几何原本》，再翻译《中间选集》（这些文本应在两者之间阅读），最后开始翻译《天文学大成》。他有可能在其职业生涯早期未能有效地传播他的译著。随着时间的推移，他接触的人变多，传播范围也随之扩大。因此他的《天文学大成》比他的《几何原本》影响力要大得多。无论其个人影响力如何，12世纪所有的《几何原本》版本都引发了关于欧几里得数学的激烈讨论。这一讨论一直延续到13世纪和14世纪。这些理论本身以多种不同方式传播：全部翻译、部分翻译、改编、阿拉伯语评注的拉丁语版本和拉丁语学者的新的拉丁语评注与原创作品。杰勒德《几何原本》的七份手稿今天依然存在：剑桥、布洛涅（Boulogne）、布鲁日（Bruges）和巴黎各有一份，其余三份保存在梵蒂冈图书馆。它们都没有提到杰勒德的名字，几乎所有手稿都是在14世纪完成的。只有四份是杰勒德翻译的完整版本，其他手稿包含12世纪形成的各种版本的混合版本，这表明抄写它们的人接触到若干手稿。

正如我们从巴格达的时代所了解的那样，数学已经获得显著的进步，不仅包括欧几里得的几何学，杰勒德翻译的其他的数学著作也反映了这一点。花拉子密在代表作《印度算术中的加减法》（*The Book of Addition Subtraction According to the Hindu Calculation*）中运用印度-阿拉伯数字和十进制开辟了算术研究，并将代数定义为不同于"al-Jabr"的学科。从12世纪起，这两本书都以不同形式被复制为拉丁语。"al-Jabr"由切斯特的罗伯特（Robert of Chester，经常与凯顿的罗伯特相混淆）于1145年在塞戈维亚（Segovia）翻译，同时杰勒德在托莱多翻译，而花拉子密的算术书的拉丁语版本有助于将十进制传到欧洲。

在托莱多大教堂的档案中，有两份文件提到教师杰勒德。两份文件都由多米尼库斯·贡狄萨利奴斯（Dominicus Gundissalinus）签字，他在大教堂时曾与杰勒德一起工作。关于他们工作的地点的唯一线索来自下一个世纪的一位学者，他显然是在大教堂旁边的修道院"圣三一教堂"中翻译，[18] 就像巴格达的智慧宫一样，没有现存证据证明为翻译者留出了一个实际的地方，但根据常识可推知，这种规模的翻译项目必定具有某种中心位置，有一个永久的空间让他们可以保存他们的书和使用的其他抄写设备：钢笔、墨水、刀具、颜料、纸张或羊皮纸和胶水，以及供他们安静工作的桌子。史料记载了他们两人有时一起翻译。我们知道莫扎勒布迦利布帮助杰勒德学习阿拉伯语，另一位翻译者塞维利亚和利米亚（Limia）的约翰*这样描述他的工作："这本书……是从阿拉伯语翻译的，我自己逐字用本国语读出，执事长多米尼库斯·贡狄萨利奴斯将每个字翻译为拉丁语。"[19]

---

* 塞维利亚和利米亚的约翰也在托莱多工作过，他的背景有些模糊。提到他，他所来自的地方有很多不同的名称——Hispanus，Hispalensis，Toletanus，Limensis，Avendauth，ibn Dawud，以至于学者们好奇他实际上是不止一个人。现在的观点认为，他可能是西班牙系犹太人，在穆瓦希德王朝统治下的科尔多瓦受到反犹迫害而逃离，定居托莱多，于12世纪中叶在那里翻译。

无论他们是否真的在同样的房间里并排坐着，多米尼库斯和杰勒德的知识趣味不同，他们在不同的学术领域工作。他的翻译专注于阿拉伯哲学，尤其是阿维森纳的著作，他与当地的犹太学者合作，吸收希伯来语评注和思想。杰勒德和多米尼库斯可能有意在他们之间划分这样的知识领域，以简化翻译过程。塞维利亚的约翰主要专注于占星学，杰勒德似乎根本没有翻译过这个学科的书。*这种分工是否构成了有组织的翻译项目？如果是的话，那么是由谁负责的？杰勒德没有在他的译著上题献词或签字，因此没有给我们留下线索。但卡林西亚的赫尔曼和凯顿的罗伯特对我们更有帮助。他们的序言给我们提供了一些线索。赫尔曼的主要赞助人是伟大的老师和哲学家沙特尔的蒂埃里（Thierry of Chartres），赫尔曼到西班牙之前曾跟随他学习。蒂埃里对天文学和数学感兴趣，他运用毕达哥拉斯的理论解释三位一体，并编纂了《七艺》（*The Heptateuchon*），或称《七种自由艺术》（*The Library of the Seven Liberal Arts*）。在这部书中包括了赫尔曼和他的同事凯顿的罗伯特翻译的《几何原本》的部分，他们为了《七艺》将他们的翻译送给蒂埃里。他们也赠送了其他译著，包括托勒密的《平球论》，这是对如何将星辰描绘到天体平面的数学探索。

因为赫尔曼从西班牙送给他的书（有部分原因），沙特尔的蒂埃里处于欧洲发现希腊-阿拉伯科学的前沿。赫尔曼年轻时从他的家乡伊斯的利亚（Istria）旅行到沙特尔跟随蒂埃里学习，他们一直保持联系。赫尔曼和他的同学凯顿的罗伯特花费多年时间旅行寻找书

---

* 这有些不可思议，因为莫利的丹尼尔从英格兰到托莱多寻求知识，称他听过他（杰勒德）关于阿布·马沙尔的《占星学入门》（*Great Introduction to the Science of Astrology*）的重要天文学论著的讲座。如果丹尼尔说的是实话，杰勒德一定对这一主题具有丰富的知识，即使他没有翻译过这部论著。

籍，他们翻译了它们，送到法国，并写信热情赞扬阿拉伯学术研究的奇迹。

1141年，克吕尼修道院的院长彼得尊者在西班牙的修道院游览，他在埃布罗河岸边遇到了这两位年轻的学者，说服他们为他翻译《古兰经》。[20] 彼得用《古兰经》和其他穆斯林书籍表明伊斯兰教是基督教的异端。但是，最重要的是，他是第一个接触和学习穆斯林文化的基督教学者。这是这两个宗教之间的对话具有里程碑意义的时刻。彼得对伊斯兰教的兴趣和尊重显而易见。他形容穆斯林学者是“聪明而博学的人，他们的图书馆里充满人文科学和自然研究的书籍，而基督徒已经开始寻求这些”[21]。这种有兴趣而开放的态度是12世纪欧洲学者的特征，可惜没有持续下去。到文艺复兴的时候，对古希腊来源的过度崇敬掩盖了曾经做出如此巨大贡献的穆斯林学者。

翻译了《古兰经》之后，罗伯特热切地回到天文学中，在1143年向彼得许诺：“这一天赐的礼物本身包含了全部科学，根据数量、比例和尺度，揭示了所有天球大圆和它们的数量、秩序和条件，并最后显示它们的各种运行……”[22] 这是对《天文学大成》的引用，他和赫尔曼准备通过阅读《几何原本》和其他数学书籍去研究。他们可能完成了自己的托勒密著作版本，但没有证据证明这一点。相比之下，杰拉德版的《天文学大成》是在欧洲广泛传播的第一个版本，也是托勒密著作的早期所有拉丁语版本中最有影响力的一个版本：今天尚存的手稿有52本，分布于圣彼得堡和曼彻斯特等不同地方的图书馆。到目前为止，最大的一组为13本，收藏在巴黎的国家图书馆，说明杰勒德在托莱多的法国同事们曾将抄写本送回法国。他的现存最古老的手稿保存在梵蒂冈图书馆，另外还有4本后来的抄写本，说明杰勒德的译著已传到意大利，在那里被大量抄写。到《天文学大成》以拉丁语出现时，它已经广为人知，至少在对数学天文学感兴趣的精英学者群中是这样。它在若干其他著作中被提到和引用，是卡林西亚的赫尔曼的《基本要素》（*De essentiis*）的主要来源。《基本要素》在《天文学大成》的第一部完整译著产生前17年将这部书介绍到西欧。

在巴格达和托莱多，所有科学书籍的翻译者都面临的一个主要问题是，需要创造词汇来解释新的专业思想，对于天文学和数学来说尤其是这样。阿拉伯人在这两方面的创新和拉丁语文化经验的缺乏意味着翻译的大部分概念和方法论都完全是独创的。到此时为止，没有名词来表达。犹太学者已经习惯于将这些思想从阿拉伯语表达为希伯来语，帮助拉丁语学者创造了新的术语。

正如我们所看到的，西班牙的一些学者将他们译著的抄写本送到法国修道院和教会学校，在那里研究和抄写，并因此通过广泛的本笃会（Benedictine）网络传播。但西班牙本土对它们并没有太多的需求，那里的大学和学校发展得更为缓慢，西班牙第一所大学直到1208年才建立。托莱多的大教堂图书馆以前有杰勒德翻译的《天文学大成》的早期手稿抄写本，现在保存在马德里的西班牙国家图书馆[23]，但这是整个西班牙的唯一一本。它由一位抄写员以整洁的笔迹写在羊皮纸上，可能在13世纪的某个时间在大教堂完成。因此一定有一份手稿用来抄写。但直到13世纪晚期，该图书馆才开始收藏重要的科学著作。那么问题来了：克雷莫纳的杰勒德翻译的书发生了什么？据我们所知，他在意大利没有赞助人等待这些书的翻译。他于1187年去世，也许就在托莱多离世。有史料记载他可能将他的一些书赠予克雷莫纳的一所女修道院。有一位学者于1198年在克雷莫纳教学，他看起来拥有杰勒德翻译的盖伦著作《医术》，因此显然有某种传播途径。

对于从托莱多带到北欧的书籍，我们拥有的最明确的证据是，莫利的丹尼尔称，他在12世纪晚期随身带回英国“大量珍贵的书籍”[24]。丹尼尔是新一代学者中充满自信的一员，他们组建了跨越欧洲的小型却强大的关系网，通过长途旅行寻求书籍和思想。正如他自己解释的那样：

> 不久之前，我外出学习，在巴黎停留了一段时间。在那里，我看到蠢驴而不是人占据了椅子，假装自己地位很高。他们前面摆着桌子，上面放着两三本不会移动的书，他们用金色的字母描绘《罗马法》(*Roman Law*)。他们用手里的铅笔到处插入星号和短剑号，表现出庄重而恭敬的样子。但是因为他们什么都不知道，他们并不比大理石雕像更好：他们只是沉默的时候，希望显得聪明。一旦他们试图说点什么，我发现他们完全无法表达一句话。当我发现事情是这样的时候，我不想被类似的僵化所感染……但当我听说阿拉伯人的学说完全致力于四门学科，在那时已经成为托莱多的时尚，我就尽快赶到那里……[25]

当丹尼尔在托莱多时，他声称听过杰勒德的天文学讲座。但尽管如此，他在自己的工作中没有使用杰勒德的译著，而更喜欢巴斯的阿德拉德、卡林西亚的赫尔曼和塞维利亚的约翰的译著。他接触到不同版本的著作并能够从中选择这一事实说明拉丁语知识图景的变化有多快。100年前，在12世纪伊始，还没有拉丁语版本的《几何原本》《天文学大成》和盖伦全集的大部分著作。现在，有了好几个版本，新的修订和评注一直在出现。

丹尼尔带着他的几箱新书回到了英格兰，然后前往北安普敦（Northampton）。在旅途中，“我遇到了我的精神导师诺威奇主教（Bishop of Norwich）约翰，他向我表现出极大的尊敬”[26]。这次会面最有可能的地点是在牛津，这里是泰晤士河（River Thames）的主要河口，也是刚刚建立的大学所在地。约翰是牛津人，在他担任诺威奇主教期间肯定回来拜访过。除此之外，丹尼尔从西班牙随身带回的书中的若干抄写本此后不久就出现在牛津的图书馆中，表明丹尼尔在那里的时候就让学者们制作抄写本。很难想象像他这样的人会抵制诱惑，不去炫耀他收藏的珍宝。

丹尼尔见多识广，富有冒险和开拓精神，是受过高等教育的精英团体中的一员。对知识的渴望促使他们广泛游历，寻求不同的视野，无论是地理方面还是知识方面。他们拒绝依赖书面权威的传统和将自然世界的神秘归于天意的倾向，采用建立在理性探询基础上的新的学习方法，以及他们在最近翻译的阿拉伯和古典起源的著作中发现的其他思想。亚里士多德的著作发挥了重要作用，随着它们被翻译为拉丁语，他的宇宙学框架的全部广度得以揭示，查尔斯·伯内特（Charles Burnett）将其描述为“西欧科学史上的重要插曲”[27]。柏拉图的《蒂迈欧篇》（*Timaeus*）是另一个灵感来源，促使学者们以更为理性和分析性的方式考察他们的环境。在有组织的计划中，根据逻辑展示他们的发现，这建立在欧几里得在《几何原本》中高度支持的证明方法的基础上。卡林西亚的赫尔曼和莫利的丹尼尔都撰写过原创作品，其中运用了亚里士多德的逻辑、证明方法和对自然世界的观测，我们稍后将遇到的其他几位学者也是如此。

12世纪在托莱多发生的故事和9世纪的巴格达有许多相似之处。知识被收集、分类、翻译和整理为不同学科，每个学科都有其具体的风格、思想和词汇。社会的内在发展促成知识活动的繁荣，这也是三个世纪前阿拉伯文化的特征：不同的领土统一于共同的宗教之下，人口增加，农业生产和贸易增长，城市中心发展，引发对基础设施和管理的需求，从而导致对计算能力和识字能力的需要。在欧洲，这一过程的特点是世俗教学的发展，表现为13世纪大学发展成为知识的主要中心。随着古老的教会学校的衰落，牛津、博洛尼亚和巴黎的教师们相互争夺学生，鼓励严格的知识标准、新思想和高等教育现代体系的诞生。随着新学科的出现，现有学科也在发展，学者们不得不逐渐专业化。学生不再可能掌握所有的知识。托莱多在这方面发挥了突出的作用。这座城市是希腊-阿拉伯文化和拉丁欧洲之间的桥梁，在这里，科学知识不仅被安全保存，而且被翻译和传递给未来的学者。在13世纪，阿方索十世（1221—1284年）——所谓的“智者”——确保了这座城市继续成为知识和跨文化合作的灯塔。他建立了一所学校，让犹太、基督教和穆斯林学者将重要的书籍翻译为当地的罗曼语，并热情地鼓励推进一个天文学研究和观测的项目。项目的成果是阿方索星表（*Alfonsine Tables*），这是建立在早期的托莱多天文表的基础之上制作的，在接下来的三百年里，这一星表在整个欧洲被使用。

托莱多是从阿拉伯语翻译为拉丁语的主要地点，但不是唯一一个。基督教欧洲在崛起，伊斯兰被推向越来越南的地方，退出西班牙，回到北非，离开西西里岛和耶路撒冷。在12世纪，十字军分散于地中海东部，征服领土，带来新兴的自信和全新的可能性。商人们随之而来，他们是意大利城邦的机会主义者，着眼于财富，在中东城市定居，建立起贸易社区。他们交易东方的珍宝，并对其讨价还价，其中包括香料、丝绸、珠宝、地毯、古董和手稿。他们的船装满了美丽的物品、奇迹和智慧，通过广阔的航道运回国内，永远改变了欧洲的口味、风格和学术研究。

SALERNO

萨勒诺

（萨勒诺）的医术水平已经到达这样一种境界——没有疾病能在这里久留。

萨勒诺主教阿尔法诺一世（Alfano I）

在11世纪中叶，一位名叫康斯坦丁（Constantine）的北非商人带着货物抵达繁忙的意大利萨勒诺港口。他在这座城市停留时病倒，因此一位当地的医生被召到他的床边。我们不知道医生开的是什么药方，这是否有助于康斯坦丁的康复，但我们知道，康斯坦丁为医生的不称职而震惊——这个人甚至没有取尿样，以据此诊断。许多人会对这样的经历不以为意，感谢上帝让他们活了下来，并匆匆回到他们更为文明的家乡。幸运的是，对于欧洲医学的发展，康斯坦丁是一个不寻常的角色。他留在萨勒诺，开始向当地人询问有哪些医学书籍。没想到，他们的回答表明意大利对医学知之甚少，他着实被吓了一跳。

如果这个故事当时发生在欧洲的其他城市，人们会对此习以为常，甚至表示理解。在第一个千年的后期，西欧的医学知识还很粗浅。医生也很少见。加洛林王朝的修道院和宫廷图书馆里有一些医学书籍，但阅读和能够理解它们的人不多。在生病和受伤的时候，绝大多数人靠的是祈祷、盲目的希望和（经常）从当地治病术士那里买味道不怎么好闻的护身符。*康斯坦丁的这个故事极具讽刺意味，他在萨勒诺生病足够幸运，那里是当时整个欧洲最先进的医学知识中心。他轻视那位医生的知识，实际上，那位医生身处西方临

* 加洛林王朝（800—888年），包括今天的德国（Germany）、法国和意大利北部的大部分地区。它的主要城市是法兰克福和亚琛。

床医学的前沿，受过最好的训练，用的是最新的医书。萨勒诺至少在欧洲被称为“希波克拉底之城”。但康斯坦丁对萨勒诺提供的治疗表示蔑视，这清楚地展现了欧洲学者和穆斯林学者之间的分歧。阿拉伯语世界受益于几个世纪以来的医学研究。他们有医院、实用指南、诊断工具和专业化设备来治疗病人和伤者。康斯坦丁发现他以前受到的医学治疗比欧洲提供的任何治疗都要好，所以他决心提供帮助。

康斯坦丁回到他的家乡迦太基，在那里学习医学和行医。几年以后，他又坐船来到萨勒诺，随身带来一批书。这些书可能改变欧洲医学的研究和实践，并加强萨勒诺作为医学教学主要中心的地位。萨勒诺医学院成立于9世纪，经常被称为欧洲的第一所医学院。这是一种误解。首先，它不是现代意义上的有组织的机构，而更像是无组织的医学教师的集合，学生们慕名而来，聚在一起。就像巴格达和托莱多，没有证据证明这座城市有医学研究的集中地点。另外，古代世界的欧洲有许多医学“院”，因此，任何声称萨勒诺是第一所医学院的说法都需要加以限定——“古代之后欧洲第一所医学院”听起来就不一样了。然而，从大约850年开始，萨勒诺几个世纪以来一直处于医学研究的最前沿，萨勒诺医学院将医学知识传播到其他知识中心，极具影响力，医学最终获得官方认可，成为大学课程的一部分。

萨勒诺为什么成为医学中心，又如何成为医学中心？其知识来自哪里？传统在那里如何得到发展？史学家对此充满了疑问。这些疑问难免有不同的来源和回答。其中最明显的一点，是它的地理位置靠近海边，空气清新，气候温和，风景优美，当地拥有温泉和充足的新鲜物产，而沐浴和饮食是医学治疗的重要组成部分。第勒尼安

（Tyrrhenian）海岸地带一直很受欢迎，几千年来人们都会来这里休息和放松。大约在公元前600年，希腊人在南面几公里处定居，他们在帕埃斯图姆建立的宏伟神殿仍然矗立着。到公元1世纪，海岸边坐落着豪华别墅和葡萄园，这里是元老和皇帝们避开罗马的酷暑，享受夏天的乐园。

特定医学研究中心的证据比一般传统更难以确定。学者们在萨勒诺附近寻找探索医学的来源，发现可能是韦利亚（Velia）。这是一座希腊城市，位于南面80公里处，在公元1世纪，它作为罗马统治下的知识中心尤其是哲学和医学中心而闻名。考古学家在这里发现了碑文、钱币和手术器械，还有阿斯克勒庇俄斯和许革亚（Hygieia）的塑像。所有这些都支持"韦利亚曾是卓越的医疗中心"的说法。韦利亚在2世纪的时候遇到了危机（因为疟疾持续暴发，这座城市开始衰落），直到8世纪或9世纪问题仍未解决。当然，有可能医生们逃离韦利亚到了萨勒诺，随身带着他们的书，开启了医学研究的先河。这种传统在几个世纪的混乱中保存下来，结果医学在公元700年（萨勒诺医学实践出现第一个证据）仍然存在并发展良好，但无法证明这一点。

接近萨勒诺医学院早期历史的最佳方法是查看学生的课本和追溯它们的来源。这些课本包括迪奥斯科里德斯的未完成著作《药物学》、希波克拉底的《箴言》（*Aphorisms*）和盖伦的《赠予格劳康的治疗论述》（*Letter to Glaucon*）的拉丁语译本。最后两本是亚历山大课程的一部分，该课程是在2世纪和3世纪为教育年轻医生而开发的，到500年的时候也已经传播到君士坦丁堡和雅典。到531年，它们也和亚里士多德的不同著作一起被传播到叙利亚，在那里被翻译为古代叙利亚语，被当地学者研究。*7世纪30年代，一位名叫埃伊那岛的保罗的医生从君士坦丁堡旅行到亚历山大城，可能是为他当时正在撰写的医学百科全书收集资料。这部百科全书成为最准确和传播范围最广的医学摘要著作，在接下来的几个世纪中，被整个欧洲的学者使用和引用。

因此，这种医学知识显然正在地中海各地区传播，虽然规模很小。为了发现它如何到达萨勒诺，我们需要沿着这条路走一遍。它开始于意大利遥远南部的斯奎拉切的维瓦留姆修道院，卡西奥多罗斯在这里收集古典教育体系的遗迹。除了少数例外，他设法保存和添加到他的图书馆的手稿是西欧直到11世纪仅存的世俗主题的古典著作。卡西奥多罗斯让知识研究和抄写工作成为他的修道士的日常生活不可缺少的一部分，将缮写室和抄本制作置于修道院生活的中心。他是一位具有影响力的人物，将古典理想和教育方法融入宗教背景，这反过来又使教会成为任何有求知欲和有野心的人的唯一的选择。其结果是"在对自然现象的客观而科学的理解中不再能找到荣誉和荣耀，而只有在进一步实现普遍教会的目标中才能找到"[1]。古代科学和哲学探求的许多方面被忽视，甚至被破坏，因为它们不符合基督教教义。从500年到1100年，医学是唯一获得持续研究的"世俗"知识。其中的原因可能显而易见：对于反抗人的脆弱，它有紧急而实际的用处。在康斯坦丁回到萨勒诺之前，西欧的医学研究几乎完全由卡西奥多罗斯定义和推动。

圣本尼迪克特（St Benedict）首先将照顾病人作为修道院生活的基本原则。卡西奥多罗斯继续推广这一原则，将医学书籍包括在他

---

* 这些书籍是9世纪阿拉伯人发现和带到巴格达的那些书籍的一部分。

的教育宣言《论神圣和世俗学问》(*Institutiones divinarum et saecularium litterarum*)之内。这本有影响力的书几个世纪以来在整个欧洲被广泛使用，它是一本百科全书式的学习指南，基本上是他列的关于修道士们熟悉的著作和用法的讨论。第一部分“神圣学问”专注于宗教书籍，但在末尾有一个关于医学的部分。第二部分“世俗学问”考察了后来成为三学科和四学科的学科，包括数学和天文学。他推荐的医学著作，包括迪奥斯科里德斯的《药物学》和他在自己的缮写室完成的盖伦和希波克拉底的不同著作的拉丁语译本。我们知道这些书6世纪的时候放在维瓦留姆的书架上，因为卡西奥多罗斯明确地说：“我已经把这些书留给你们了，就放在我们的图书馆的壁龛里。”[2]卡西奥多罗斯因此将医学研究和实践带到教会的领域，对已有的靠信仰治愈和拜访神殿的传统做了补充。实际上，拜访神殿的朝圣者在中世纪早期的医学实践中实现了另外一项创新：为照顾病人、旅行者和其他需要照护的人建立旅馆。这些旅馆主要提供食宿，但也逐渐开始提供更为专业的医疗保健服务，实现了基督教的慈善理想。最终，特别是在11世纪和12世纪十字军东征以后，这些旅馆成为医院。

卡西奥多罗斯的《论神圣和世俗学问》写作一个世纪之后，传遍了整个地中海世界和西欧地区，成为中世纪早期百科全书作者参考的主要来源。作为整个欧洲大陆修道院图书馆的目录，它是从古代世界到中世纪世界对知识传播最重要的书籍之一。而且，它所列出的著作的抄写本，包括在维瓦留姆图书馆发现的医学著作，被送到附近的其他修道院。我们无法追踪这些手稿的准确活动，但我们可以确认，在接下来几个世纪，意大利南部流传的医学书籍通常与维瓦留姆的那些藏书相同，它们中有一些确定最后出现在卡西诺山图书馆。从这里向南到萨勒诺只有一段相对较短的旅程。

圣本尼迪克特的修道院从529年成立以来经历了一段艰难的时期。它位于亚平宁山脉（Appenines）南端顶部，处于从那不勒斯（Naples）到罗马的拉丁大道（Via Latina）之上500米，使之成为通过这里的任何军队的必争之地。当伦巴第人在581年洗劫这所修道院的时候，修道士们逃离罗马，直到718年才返回。修道院和教堂被重建，在884年阿拉伯人袭击时被烧毁夷为平地。这一次，修道士们来到附近的卡普亚（Capua），在那里居住了半个世纪。当他们最终于949年回到卡西诺山的时候，发现这一地区“受到忽视，一片荒凉”。但是，他们相信圣本尼迪克特选择的这一位置的神圣性（如果不是上帝亲自选择的话），他们坚持重修建筑，并鼓励人们回来住在附近的圣本尼迪克特之地（Terra Sancti Benedicti）。他们甚至设法保存了修道院的一些收藏，度过了这一充满创伤的时期，考虑到修道士们遭受暴力、毁灭和多年的流亡，这是令人印象非常深刻的创举。其中两本书——《卡西诺山手稿69》和《卡西诺山手稿97》是院长伯瑟利斯（Abbot Bertharius，约856—883年在任）根据卡西奥多罗斯的推荐编纂的早期医学著作，至今在图书馆中仍有保存。

幸存下来的医学书籍是古老的亚历山大课程的一部分，写于古代晚期，于550年传播到意大利、希腊和拜占庭帝国。这包括亚里士多德关于逻辑学的前四本书，随后是希波克拉底的四部论著。最后一部分采用的是盖伦的“十六本书”，分为七个级别，每一级别关注医学实践的不同方面，例如解剖学、疾病和诊断等。随着学生们在课程上逐渐取得进展，他们依次参加每本书的课程（通常后来被写为评注）。盖伦的前四本书——《论切割》《医术》《论脉》和《青光眼》——的评注一起被称为《初学者入门》。这些评注解释和阐明了盖伦医学的基本原理，持续了几个世纪。它们在几个地方被几个人研究和抄写，足以确保它们在古代晚期和中世纪早期被保存下来。其中有个人叫阿格内勒斯（Agnellus），于大约650年居住在拉文纳（Ravenna）。他被描述为“市政医生”和“医学教授”[3]，教授盖伦的前四本书和评注。他的学生，一位名叫辛普利丘斯（Simplicius）的年轻人，将它们写下来，称之为“阿格内勒斯讲座”（ex voce Agnello），这些讲座在米兰（Milan）发现的9世纪的手稿中保存下来，同时在北欧的加洛林王朝图书馆中发现了抄写本。[4]

虽然意大利的许多城市在7世纪纷纷衰落，拉文纳却正处于上升期。在这座繁荣的城市，贸易蓬勃发展，五万人在光彩夺目的马赛克装饰的辉煌新教堂中做礼拜。这里也有大量的学术活动。实际上，拉文纳被描述为“古代晚期最先进的医学知识中心”[5]。虽然这种说法是正确的，它却误导人们，使人对知识发展产生乐观印象。到此时为止，与古代世界丰富的理论和充分的讨论相比，在质量和数量方面，医学文集都黯然失色。希腊化医学探索的特征是思想和成就不一，使人眼花缭乱，如今被编辑为死板的删节的形式，无情地硬塞到基督教的信仰框架中。盖伦变成了盖伦主义，抑制了其他的医学学派，将对盖伦著述的解释置于其他一切之上。这种对理论的强调产生了令人遗憾的效果，掩盖了这位伟大的医生的成就中最创新和有用的一面——他的方法，即观察、经验主义和实际调查（比如解剖）。这些方法使他在科学进步的道路上获得了长足的发展。结果是几个世纪里，知识的讨论、详细的研究和任何一种医学进步在西方停滞不前。拉文纳的阿格内勒斯和他的同事们在保存医学成就方面做出了重要贡献，但他们的成就应该结合背景看待。

拉文纳可能在中世纪早期蓬勃发展，但这是一个例外。当时的历史大背景充满动荡和不安。和意大利南部的大多数城市一样，萨勒诺是5世纪和6世纪东哥特人和拜占庭人战争之中的卒子，伦巴第人于7世纪到来时，这座城市正受瘟疫和饥荒的困扰。774年，查理曼入侵，废黜了伦巴第的国王。从这时起，萨勒诺的命运开始好转。作为贝内文托公国（Duchy of Benevento）的第二座城市，它于8世纪末加强了防御，成为该公国西半部分的首府。城墙得到扩建，包括一座新的宫殿和一个带有房屋、田地和果园的大型住宅区，在城市后面的斯特拉山（Monte Stella）上有一座防御城堡，受到袭击的时候可作为瞭望站和避难所。地主们鼓励他们的佃农种植长期作物，比如葡萄、榛树和栗树，提供贸易所需的葡萄酒和有价值的硬木材、制革所用的树皮和做面包或玉米面粥所需的栗子面粉。萨勒诺周围的地区继续与讲希腊语的拜占庭帝国保持文化和语言上的联系，不仅通过贸易方面，而且东正教修道院的图书馆里保存着君士坦丁堡送来的书，这可能是医学院获得的一些医学书籍的来源。除此之外，居住在西西里岛和意大利南部的阿拉伯人也和他们的基督徒邻居分享医学思想和方法。

因此，医学学术研究的传统与城市的整体财富和成功同步发展，到900年，它成为意大利整个南部地区最重要和繁荣的城市。它邻近古代以来欧洲第一个强大的海上强国阿马尔菲（Amalfi），与它的紧密联系为意大利海岸的这一地区带来了财富。阿马尔菲商人走遍了整个地中海地区买卖商品，他们与拜占庭和阿拉伯国家尤其是埃及存在特殊的联系，这让他们成为东方奢侈品的主要进口商和北非木材、亚麻和农产品的供应商。阿马尔菲港口很小，因为陡峭而茂密的山脉阻隔，因此只有最珍贵的货物才会直接进口，比如国外的纺织品、珠宝和黄金。身为作家和旅行家的图德拉（Tudela）的本杰

19世纪萨勒诺的景观

明在12世纪时曾到这一地区旅行过。据他所言，阿马尔菲人是“从事贸易的商人，他们不播种也不收获，因为他们住在高山峭壁上，但他们为了赚钱而采购一切东西”[6]。就像在北方威尼斯的表兄弟一样，他们的家乡贫瘠，迫使阿马尔菲人希望到外面看看，想通过航海获取财富。*因此，在第一批十字军于1095年到来前几十年，这些富有进取精神的人在从罗马经过西西里岛、北非和中东地区到君士坦丁堡的路上的每个主要港口都建立了聚居区，包括阿索斯山（Mount Athos）修道院和圣城耶路撒冷内的定居点。萨勒诺靠近阿马尔菲，拥有广阔的天然港口，与意大利其他地区有广泛的陆路联系，从而确保它成为阿马尔菲贸易最重要的中心。这两座城市的利

* 威尼斯人和阿马尔菲人有许多共同的地方，尤其是他们在拜占庭帝国的广泛贸易特权，这对建立他们的商业财富和权力发挥了重要作用。

润每年都在增长。正如12世纪的穆斯林学者伊德里斯（al-Idrisi）所言，萨勒诺“是一座引人注目的城市，市场库存充足，拥有各种货物，尤其是小麦和谷物”。[7]

在交易和运输的所有种类的货物中，香料的利润最丰厚，就这个故事而言，也最为重要。人们从遥远的地方进口了大量根、浆果和植物提取物，包括胡椒、姜、丁香、藏红花和小豆蔻。这些香料当然是用于烹饪，但也用于制备药物。在这一点上，萨勒诺的药物主要建立在对病人的实际治疗的基础上，而不是建立在理论专业知识的基础上。药物学是这方面的一个重要领域，尤其是当行医者能够运用当地植物和阿马尔菲商人提供的外国植物研制药物的时候，这增加了他们的药方目录。他们采用迪奥斯科里德斯的《药物学》中的处方，这一书籍自从古代以来就以不同形式在贝内文托流传，并辅之以多年来补充的其他当地处方。这些收集的药方被各种行医者使用，当然也被萨勒诺医生施用，他们以此治疗寻求帮助的许多病人。

萨勒诺医学“学校”似乎在10世纪的时候就已经建立，它的国际声誉使凡尔登（Verdun）主教在10世纪80年代慕名前来，接受治疗。他能从法国遥远的北方冒险踏上漫长而危险的旅途，一定是对治疗方法抱有极大的信任。他也许听说过萨勒诺海湾的温泉和海水浴的好处，这两者都是所提供的治疗方案的一部分。这座城市有几所医院，其中许多是教堂的医务室，最初许多医生也是神职人员。随着医学在11世纪末和12世纪初变得更为专业化和学术化，行医者越来越有可能是不信宗教的人，医生不再是传教士的附属职业。到11世纪初的时候，萨勒诺的学者留下了两份主要的医学著作。一份是加里蓬图斯（Gariopontus）主编的《医学汇编》（*Passionarius Galeni*），描述了从头到脚的全身疾病和治疗方法；另一份是彼得罗妮拉（Petronella）主编的著作，采用了相同的结构。两者基本重现了盖伦和希波克拉底的著作的大部分信息以及在古代晚期的百科全书中保存下来的《药物学》，不过内容以更加实用的形式组织了起来，说明萨勒诺的医生们在实践中借鉴了现有理论来治疗病人。*在这个时候，萨勒诺医学的优点在于强调实际药物、疗法和饮食，医学理论准则的发展也即将形成。

因为非洲人康斯坦丁，这一准则来到了萨勒诺。他的生平事迹记载很少，且不可信， 这不足为奇。他的传记有若干版本，有些地方相互矛盾。**最奇葩的一本传记由卡西诺山一个出了名不靠谱的历史学家彼得执事所著，但它确实包括了康斯坦丁的20部译著的列表。最可靠的传记由马特乌斯·F（Matthaeus F.），12世纪中叶萨勒诺的一位医生撰写，附有康斯坦丁翻译的一本饮食方面的书的注释。从这些混乱的信息中可以确定以下事情：他出生在我们现在称为突尼斯的地方，可能在凯鲁万（Kairouan）或其附近，最初作为商人来到萨勒诺，在地中海南部的航道航行，掠过岩石海岸到开罗。我们能够想象，他站在一艘木船的甲板上，在北非太阳的照射下眯着眼睛扫视地平线上的危险迹象——岩石、暗礁、风暴或海盗。和他的同行一样，康斯坦丁也去过西西里岛，那是一次危险的旅行，船只离开安全的沿海水域，远离安心的地标和常规港口，直接冲向远海，向东行驶了超过300多公里。今天，这段旅程乘渡轮大约需要10小时，但是在11世纪，可能需要三天，这取决于风、天气和船长的技术。

---

* 这种“从头到脚”的结构可能模仿了7世纪百科全书作者埃伊那岛的保罗的做法。

** 他的生平的其他版本更加精彩，声称他去过遥远的印度寻找知识，为了避免被嫉妒的同事谋杀而逃离突尼斯。

康斯坦丁在去萨勒诺的路上在西西里岛停靠。我们可以想象，甲板上的水手正在寻找陆地的最初景象——法维尼亚纳岛（Favignana）和马雷蒂莫岛（Marettimo）或靠近马尔萨拉（Marsala）在远处闪闪发光的海岸盐滩。在巴勒莫做完生意以后，船穿过第勒尼安海，先是沿着西西里岛的曲线航行，后来又从右侧沿着意大利南部航行。在旅途的最后一段，灾难来袭。康斯坦丁的船刚刚驶过波利卡斯特罗湾（Gulf of Policastro），正在沿着海岸行驶，此时刮起了风暴。船倾斜摇晃，海浪冲上甲板。在风波中，一些手稿被毁坏，影响了康斯坦丁的翻译活动。

根据康斯坦丁最可靠的传记所言，他在北非花费三年时间收集这些书，然后才返回意大利。这些书代表了伊斯兰世界的这一地区的整个医学研究成果，这些研究传播到北非海岸沿线的穆斯林城市，就像传入意大利和君士坦丁堡一样。康斯坦丁可能在凯鲁万的大清真寺发现了其中一些书籍，这里是蓬勃发展的知识中心，学者们聚集在优雅的马蹄形拱门下研究和讨论。这些拱门被附近的罗马和希腊神殿的废墟中的数百个古代廊柱支撑着。医学是这座城市的主要闪光点，这座城市以其富有才能的医生而著称，因此成为寻找最新医学书籍的好地方。康斯坦丁带回了他能找到的最好的医学书籍：侯奈因·伊本·伊斯哈格的《绪论》（*Isagoge*），马居斯（al-Majusi）的《医学全书》（*al-Kamil*），犹太学者艾萨克·尤第乌斯（Isaac Judaeus）（979年）关于尿液、发烧和饮食的著作，凯鲁万医生杰扎尔（al-Jazzar，895—979年）所著的旅行者医学指南《拉齐的医学集成》（*al-Hawi of al-Razi*），还有名为《论性爱》（*De coitu*）的关于性学的论著。他自己将其中许多著作翻译为拉丁文。他还带来了一本关于忧郁症的书，对此他特别指出："这种病在这些地区非常广泛。"[8] 这些书籍成为整个欧洲的医学课程的基础。它们的影响力保持了几个世纪，1515年在莱昂出版了印刷品，1536年在巴塞尔（Basel）也有了印刷品。康斯坦丁没有告诉我们他为何做了这件非同寻常的事，是什么促使他毕生致力于将医学知识带到一个他几乎不了解的大陆，我们只能猜测他的动机。

康斯坦丁在萨勒诺定居后，认识了这座城市的主教阿尔法诺，他对医学同样有热情。就像我们在这次旅程中所遇到的许多学者一样，阿尔法诺也是一个不同寻常的角色，他是一位有天赋的学者，兴趣广泛，其中包括古典文学、建筑学、神学和科学。他的家庭有钱有势，这使他受到良好的教育。阿尔法诺是一个颇有建树的诗人，他负责监督新的大教堂的建设。他还是一位颇具才干的医生和医学院的主要支持者。他年轻时访问过君士坦丁堡，在那里提高了他的希腊语能力。他翻译了《论人类本性》（*De natura hominis*）这本书，这可能是他到东方旅行时获得的，其中包括到耶路撒冷的朝圣之旅。这是一部内容广泛的哲学著作，由埃梅萨（Emesa）主教尼梅希（Nemesius）写于4世纪。尼梅希尤其受到盖伦、柏拉图和亚里士多德的著作的影响。阿尔法诺在翻译这本书的时候，开始创作一种新的拉丁语词汇，来表达尼梅希论著中复杂的科学和哲学思想。大约在同一时间，康斯坦丁正在翻译《绪论》，这两个人很可能合作过，他们肯定会有很多共同语言。阿尔法诺拥有家庭和教会的财富和权力，从经济上支持康斯坦丁，为他翻译马居斯的医学巨著形成的成果《疾病》（*Pantegni*）支付薪酬。反过来，康斯坦丁关心他朋友的健康问题，整理了关于胃病治疗建议的汇编。他们一起彻底改革了萨勒诺及其他地区的医学研究，开发了新的拉丁术语，把丰富的希腊-阿拉伯知识带到西欧。

阿尔法诺有许多有影响力的朋友，包括卡西诺山院长德西德里乌斯（Desiderius）。德西德里乌斯在11世纪50年代访问萨勒诺接受医学治疗的时候，两人见上了面，他们有着共同的兴趣，关系变得越来越紧密。德西德里乌斯劝说阿尔法诺和他一起回到卡西诺山，在那里学习一段时间。很可能阿尔法诺当时也向康斯坦丁建议说，他也应该搬到那里。他不可能选择比这更好的时间段，卡西诺山正处于自己的黄金时代，是全欧洲最有影响力和声望的宗教基地。若能有机会在这样的缮写室工作——这里有独特的卡西诺手稿，周围是其他学者和实用设备，比如羊皮纸、墨水和钢笔，这些都免费供应，更不必说协助他的一大群抄写员，这些条件肯定令人无法抗拒。最重要的是，他能够研究图书馆的医学手稿，这些都是很好的翻译条件。康斯坦丁也有可能因为宗教原因而想成为修道院的一员。我们不知道他在意大利生活期间的某个时候是否从伊斯兰教徒皈依为基督教徒，或者他是否实际上从出生起就是基督徒，当时在北非有若干基督教团体。

从萨勒诺到卡西诺山的旅程需要好几天，康斯坦丁一定踏上过罗马庞培利亚古道（Roman Via Popilia）。沿着那不勒斯通往卡普亚，从那里又沿着拉丁大道向北前行。他可能在几英里外就看到了卡西诺山修道院。这座修道院坐落于岩石山顶，俯瞰着下面的利里河谷（Liri Valley）中圣本尼迪克特之地的农场和加固工事的村庄。他筋疲力尽地爬上山，进入巨大的修道院建筑群的大门，经过正在建设的新的长方形基督教堂，该教堂正在由拜占庭工匠用精致的马赛克、纺织物和珠宝装饰。巨大的青铜门可能是在君士坦丁堡特制的，嵌有银镶板，当时可能已经安装好。

在康斯坦丁抵达后的某个时刻，他被带去面见这些辉煌的创造者德西德里乌斯。他向这位院长出示了阿尔法诺的推荐信和他最近翻译的《绪论》的抄写本。康斯坦丁在卡西诺山完成了他最大的一个项目——《疾病》，并将它献给德西德里乌斯。它是第一部拉丁语综合医学著作，极其重要，但也充满争议。虽然康斯坦丁的大部分著作建立在阿里·伊本·阿巴斯·马居斯（Ali ibn al-Abbas al-Majusi）（约982年）所著的《医学全书》的基础上，但它远非忠实的翻译，在一些地方做了删减，又根据其他来源扩展了一番。康斯坦丁没有提到马居斯，实际上也没有提到其他作者，似乎将它作为原创著作来展示。*他还删掉了马居斯对早期阿拉伯学者的全部引用，在译著的序言中列出了亚历山大课程的16本书，有效地抹去了阿拉伯人的贡献而强调了盖伦的重要性。这导致现代史学家指责其为剽窃。这可以理解，但看起来康斯坦丁有意试图掩盖著作的阿拉伯来源是为了让其尽可能在欧洲传播，而不是为了自己的所有权。不久之前的政治事件，尤其是在意大利南部萨拉森人（Saracen）的突袭造成了相当严重的死亡和破坏，这意味着公众不是特别能接受穆斯林。另外，当时意大利的医学知识来自于希腊化传统，因为康斯坦丁可能要确保他的著作符合当时的普遍思想。然而，奇怪的是，他一般会选择翻译古代书籍的阿拉伯语版本，而不是希腊原著。他一定是认为它们更具有优越性，虽然他之后掩盖了它们的作者而强调它们的希腊特征。**这种在文化偏向方面令人迷惑的冲突表明当时欧洲与伊

* 马居斯在西欧被称为哈里·阿巴斯（Haly Abbas），是一位来自波斯的神秘而杰出的人物，东伊斯兰帝国的最伟大的三位医生（另外两位是拉齐和阿维森纳）之一。从他的名字判断，他来自拜火教家庭。到康斯坦丁制作《医学全书》的拉丁语版本的时候，这本书已经被广泛抄写和翻译为阿拉伯语、希伯来语和乌尔都语。在阿维森纳的《医典》出现之前，它是阿拉伯世界最为重要的医学书籍。

** 比如，在《绪论》中，他翻译了侯奈因版本的盖伦著作《医术》，而不是原著。

斯兰之间的关系有多么复杂。

对于康斯坦丁所翻译的作品，他只提到了两位著作者的名字：犹太医生艾萨克·尤第乌斯（他的许多信息来自盖伦）和侯奈因·伊本·伊斯哈格（康斯坦丁将他的名字翻译为拉丁语“Iohannitius”）。他也使他翻译的许多著作的题目变得希腊化，并为拉丁读者调整了它们的内容。对于《疾病》这本书来说尤其如此。这本书建立在马居斯的《医学全书》的基本结构基础之上，但删除了原著的大部分内容，加入了其他论著的材料，包括了对医学的文学性讨论，使其成为与原著有联系但极为不同的著作。这样做部分出于必要，因为在从非洲到意大利的旅途中发生的风暴毁坏了手稿，因此手稿并不完整，缺乏最后几部分。康斯坦丁致力于为教育年轻的医生创造实用的课程，而不是忠实再现原文本，这也是另一个重要原因。顺便提一下，《疾病》中充满了错误和不清楚的含义，但还是作为医学基础手册被广泛使用。令人难以置信的是，11世纪末由康斯坦丁本人监督在卡西诺山制作的《疾病》手稿抄写本现在仍然收藏在海牙的荷兰皇家图书馆（Koninklijke Bibliotheek）。在后来的几个世纪里，《疾病》受到许多欧洲学者的阅读和引用，尤其是在自然哲学的著作中引用得最多。莫利的丹尼尔有一本该书的抄写本，可能是在巴黎时获得的，而且我们还看到，巴斯的阿德拉德也广泛引用了这本书。除了遍布欧洲，《疾病》也成为萨勒诺课程的标准教材，具有极大的影响力，尤其是在解剖学方面。康斯坦丁在这一主题中包括了马居斯的原著以外的两本书，它们源自盖伦的著作。

这是欧洲第一本解剖学古典书籍。为萨勒诺的学生提供的那些教材很有限，教会不赞成解剖学学习，医学的这一方面实际上没有编辑到课程中。不过，到康斯坦丁译著出现的时候，这种情况发生了改变，老师们通过解剖猪来向他们的学生展示解剖学，这很快成为一年一度的盛事。*一位被称为科霍医师（Master Copho）的医生写下了这种解剖的最早记录。他的《治疗方法》（*De modo medendi*）是这一主题的一系列四本书中的第一本，也是最初的一本，这四本书一起被称为《猪的解剖》。第二本书要详细得多，康斯坦丁的《疾病》译著在很大程度上借鉴了盖伦的解剖学。这些手稿的几个版本尚存，即使在维萨里关于人的尸体的著作改变了16世纪这一主题以后，学生们仍然使用这些书作为解剖学入门。这些解剖学示范表明，萨勒诺的医生们正在接受自然，而不是盲目依靠拜占庭和亚历山大城传给他们的有限信息。他们回归古代的研究方法，尤其是盖伦的研究方法。《猪的解剖》基本上是萨勒诺的老师们在满是学生的教室中切割猪的尸体的讲座的书面记录。在12世纪中叶，医生们明显将解剖学当作训练的一部分。但令人注目的是，在从公元前150年到公元1315年解剖学的漫长历史中，没有正式的人体解剖。1315年，第一具尸体在博洛尼亚大学公开解剖。不过，在康斯坦丁的时代，通过尸检发现死因的做法几乎司空见惯，至少在意大利是这样。1231年，神圣罗马皇帝腓特烈二世命令，至少每五年要公开解剖人体尸体一次。这事是否真的发生过，我们不得而知。有趣的是，社会对于这种做法的自然厌恶因为需要处理战死的十字军战士的尸体而得以缓和，以便死士的心脏能够带回家去埋葬。在此之前，医生们只是使用猪和猿这样的动物，正如盖伦和萨勒诺的解剖学家所表现的那样，发现人体的秘密和毁灭它的疾病的唯一方法是切开人体向内探查，但这直到文艺复兴才成为惯常的做法。

* 盖伦也曾用猪解剖，猪在解剖方面与人体相似。

虽然《疾病》具有持久的意义并很快在萨勒诺以外的地区流传，但康斯坦丁的译著《绪论》的影响力更大。尤其是在13世纪，它与希波克拉底的《箴言》和《预后篇》（*Prognostics*）以及盖伦的评注和关于尿液、脉搏的两篇拜占庭论著相结合。*在接下来的500年，被称为《西方医学基础》（*Articella*）的图书选集构成了西欧医学课程。它建立在现有医学传统的基础上，补充了更详细的信息，使整个医学学科形成合理的结构。《绪论》是《西方医学基础》的基石，这是第一部被翻译为拉丁语的阿拉伯医学书籍。这本译著是康斯坦丁住在萨勒诺的时候翻译的。原文是盖伦的《医术》的一个版本，由侯奈因·伊本·伊斯哈格翻译，标题为《医学问题》（*Masa'il fi-Tibb*）。这是直接的传播，但像《疾病》一样，是松散的选集，而不是全面的翻译。康斯坦丁再次无情地处理了阿拉伯来源。侯奈因的版本建立在问答录的基础之上。康斯坦丁删除了对话，代之以更适合讲课的目录结构。他还彻底错误地翻译和编辑了一些内容，以致它们不再具有任何意义。这可能对于有着复杂的医学研究传统的文化来说很重要，但它当然不会妨碍《绪论》在欧洲的发展。**不准确的信息总比根本没有信息要好。抄写本很快从一个城市传到另一个城市，到1150年，沙特尔的学者们已经在撰写评注。到1270年，它被认定为巴黎和那不勒斯等大学的医学院的基础课程。

当康斯坦丁忙于他的雄心勃勃的翻译项目的时候，阿尔法诺正在应对萨勒诺政治气候的剧变。这一剧变可能对西欧其他地区的知识传播造成深远的后果。现在尚不清楚康斯坦丁是什么时候离开这

---

* 在古代医学中，医生根据病人的尿样和脉搏诊断病情，评估体液的失衡发生在哪里。

** 不过，随着医学教学的发展，盖伦的《医术》也被包括在《西方医学基础》中，因此两本书可以同时读到。

座城市去寻求卡西诺山的和平的，但很可能是因为感知到了一股新的力量，那就是诺曼人。他们在残忍的围攻之后于1077年征服了萨勒诺。这些人是两个世纪前定居于法国北部的维京入侵者的后裔，他们雄心勃勃，精力充沛，在这一时期极为繁忙。11世纪60年代，征服者威廉开始虎视眈眈地向北展望，越过英吉利海峡，直指英国。许多诺曼人已经到南方作为雇佣军为伦巴第人作战。伦巴第人正在意大利南部尽力从拜占庭人那里获得独立。诺曼骑士是技术娴熟的战士，他们对雇主非常有用，帮助他们击退拜占庭人，赢得战争。伦巴第人用土地奖赏他们，使得他们开始在贝内文托和卡拉布里亚（Calabria）安家、定居和通婚，融入当地社会，形成自己的势力范围。这种情形在历史上曾多次出现：拯救者成为入侵者，并最终成为征服者。不久之后，诺曼骑士担负起保护教皇本人的职责。教皇于1059年将普利亚（Puglia）、卡拉布里亚和西西里等公国奖赏给他们的领导者罗伯特·圭斯卡德（Robert Guiscard）。教皇的这一行为改变了诺曼人的影响。从那时起，他们显然不仅要留在这里，而且要统治这里。圭斯卡德的父亲欧特维尔的坦克雷德（Tancred de Hauteville）有12个儿子，圭斯卡德排行第六，他是诺曼的小贵族，绰号“诡计多端的人”或“狐狸”。*

拜占庭史学家（和公主）安娜·科穆宁娜（Anna Comnena）是这样形容他的：

> 一个专横的角色，具有非常邪恶的头脑；他是一位勇敢

---

* 坦克雷德有两段婚姻，他的第一位妻子为他生育了5个儿子和1个女儿，他的第二位妻子为他生育了7个儿子和至少1个女儿。罗伯特是第二个家庭的长子。他的大多数兄弟都居住在意大利南部，他们为了权力和土地无情地相互作战。

> 的战士，攻击伟大人物的财富和权力的时候非常狡猾；实现目标的时候绝对不可阻挡，通过无可辩驳的论证转移批评。他身材高大，甚至超过了最高大的人；他面色红润，头发金黄，肩膀宽阔，眼睛喷火……罗伯特的吼叫让成千上万的人逃之夭夭。[9]

有鉴于此，圭斯卡德和他的兄弟罗杰·欧特维尔一起入侵西西里并投入征服和统一意大利南部的任务也就不足为奇了。在夺取了意大利大陆南部的最后一座独立城市萨勒诺之后，罗伯特将其作为首都，并在阿尔法诺的帮助下开始建立新的教堂，阿尔法诺对他的入侵表示支持。

诺曼人将在之后的一百年里统治意大利南部，明显地改变欧洲的力量均衡，并在大陆南部和他们北方的家乡之间建立牢固的联系，他们与北方的家乡一直保持着紧密的接触。圭斯卡德和他的兄弟罗杰（当时是西西里岛的统治者，但在名义上仍附属于罗伯特）任命来自英国和法国的诺曼底人担任意大利和西西里岛的教会职位，而南部的神职人员则到诺曼底像贝克（Bec）修道院这样的修道院学习。这在皇室宫廷中有所反映，索尔兹伯里（Salisbury）的约翰不止一次到意大利南部学习希腊语和哲学，其他英国学者去巴勒莫学习。在萨勒诺，在那里学习过的医生的名单手稿中有若干英国人的名字。[10]贸易联系自然也得到开放，在萨勒诺至少有一位英国商人的记录，还有一位来自布林迪西（Brindisi）的商人访问了圣托马斯·贝克特（St. Thomas Becket）的坎特伯雷（Canterbury）神龛，圣托马斯·贝克特最近刚被添到意大利南部圣人表中。这些联系也确保了书籍的流动。康斯坦丁的译著很快被装订成方便使用的汇编本，沿着意大利半岛向北行进，越过阿尔卑斯山，穿过法国的野生森林，甚至通过波涛汹涌的灰色大海来到英国。抄写员伏在书桌前，在脂油蜡烛闪烁的黄色火焰下制作抄写本。这些抄写本被放在图书馆的壁橱里，被用作大学教授医学的教材。

在圭斯卡德胜利进入萨勒诺二十年之后，诺曼人的地位得到了巩固。因为在第一次十字军东征时，数千北欧人出发前往圣地，西西里岛和意大利南部自然成为向东旅行的中途休息站。自从罗马和平以来，从未有过如此规模的旅行。当时基督教力量向南进入西班牙传统的穆斯林地区，十字军东征是这种影响广泛而巨大的转变的一部分。这种转变对文化、政治和社会具有深刻而不可逆转的影响。欧洲世界正在开放和展现他们的力量。十字军东征也改变了萨勒诺。数百伤员从圣地返回，在长途跋涉回家的路上在那里接受治疗，提升了这座城市作为卓越的医学中心的声誉。

在11世纪最后几年的某个时候，康斯坦丁于卡西诺山去世。他去世以后，他在该修道院的学生约翰·艾弗勒西俄斯（John Afflacius）和艾佐（Azo）在缮写室继续完成他的工作，在更为广阔的世界推广他的译著和他们自己的译著，并撰写自己的医学论著。艾弗勒西俄斯完成了《疾病》的翻译，将这本书和《绪论》以及其他译著的抄写本送到萨勒诺。在12世纪初，萨勒诺的学者开始撰写这些著作的评注和教学指南。《西方医学基础》发展为用于教学的一套有组织的教材。随着时间的推移，它被添加和传播到其他知识中心。例如，1161年，希尔德斯海姆主教（Bishop of Hildesheim）在他的图书馆中拥有26本医学教材，其中大部分是康斯坦丁的译著。与此同时，人们对于亚里士多德著作的兴趣被重新点燃，主要是因为一位来自萨勒诺的名叫乌尔索（Urso）的学者的著作。亚里士多德坚

诺曼底罗伯特二世在萨勒诺治疗他在第一次十字军东征中所受的伤

持对自然界的正确观察、实验和批判性思维，这对学术领域的几乎所有方面都具有深刻的影响，医学教学也不例外。随着大学在整个欧洲的兴起，医学研究逐渐提升为理论和学术学科，成为人文学科课程的一部分，与亚里士多德的自然哲学相结合，并建立在可靠的著作基础之上。

在萨勒诺和其他地方，继盖伦之后，医学教师们开始关注疾病产生的原因，并运用他们的发现决定应该采取哪种治疗方法。这是一种全新的对待疾病的方法。此前，疾病被归因于上帝的愤怒或邪灵附体，这些思想自然会阻碍理性观察和调查。医学不再仅仅是医学——一种局限于实践的机械艺术，现在，它的地位可以与其他自然科学相并列。随着医学文献越来越多地列入分析性教材，这些教材用于教学和研究，而不是前一时期简单的参考手册，它成为系统化的统一的学科，建立在一套普遍接受的权威和思想的基础上。这些思想会随着新的著作翻译和新发现而有所变化。随着时间的推移，康斯坦丁的其他译著开始被列入《西方医学基础》中，医学研究逐渐蓬勃发展。这反过来也影响了医生的地位，知识渊博的人和才疏学浅的人之间的区别逐渐变大。正式的资格制度建立，学生们必须学习《西方医学基础》中规定的课程。学习医学要花几年时间，完成这一课程的学生人数相对较少。到13世纪中叶，学生们必须先学习三年逻辑，才能获准开始五年的医学课程的学习。此后，他们必须跟随合格的医生完成一年的实践研究。只有这样，他们才能参加考试，如果通过考试，会获得正式的行医执照。医生的人数确实稍有增加，但只有一小部分城市精英才能获得他们的服务，大部分人继续依赖于草药和当地未受过教育的行医者的建议。

这些药方的收集最初建立在迪奥斯科里德斯的《药物学》基础之上，已经流传了好几个世纪，经过补充和编辑，以适应需求。12世纪在萨勒诺，主要使用两个版本，通常在同一个手稿中出现：一个是《简单药物之书》(*Circa instans*)，遵循药物传统，专注于仅由一种物质制成的简单药物或疗法；另一个是《解毒方汇》(*Antidotarium Nicolai*)，这是关于几种成分组合而成的合成药物的配方集。《简单药物之书》详细描述了每一种植物、矿物、根或真菌，根据盖伦的“程度和元素体系”列出其特性。比如，小豆蔻的“热性和干燥性属于二级”，这意味着它对治疗因为相反情况（冷湿）而患病的人大有益处。这一体系使医生们能够开出正确数量的物质来重新平衡病人的四种体液。一位名叫马修斯·普雷提尔雷俄斯（Mattheus Platearius）的萨勒诺医生撰写了一版更成功的《简单药物之书》，被翻译成所有主要的欧洲语言。在有些地方，法律还规定药剂师要在他们的药店里放上这本书，所以有这么多的手稿被保存下来也就不足为奇了。

《解毒方汇》列出了大量药物的详细配方，其中有一半直接来自《疾病》。这里有一个“催眠海绵”的配方，用于麻醉和睡眠：

> 取产自底比斯的鸦片一盎司，再取天仙子、未成熟的桑葚、黑莓、莴苣、铁杉、罂粟、曼陀罗草和乔木常春藤的汁各一盎司。将所有这些放入容器中，再放入一块刚从海里取出没有沾上淡水的海绵。在热天将容器置于太阳下，直到所有的汁液都被海绵吸收。当你要使用的时候，用热水让海绵微湿，将其放在患者的鼻孔，患者就会很快睡着。[11]

这种异国情调的混合物可能有各种各样的副作用，但使人入睡不可能是其中的一个作用。不过，这使人想起宰赫拉威更有效的麻醉方法：将海绵浸泡在大麻和鸦片中。在《解毒方汇》所有的治疗方法中，最重要的一个方法是“盖伦伟大的解毒糖剂”。这是一种神奇的能治愈所有疾病的药方，据称是由他本人创造的，显然能有效治疗令人眼花缭乱的一系列状况，包括中风、癫痫、偏头痛、胃痛、浮肿、哮喘、疝气、麻风病、天花、发冷和所有中毒，还有蛇与爬行动物的叮咬。其成分表长而复杂，以至于很难相信有谁能成功地生产这种药。不过，如果谁能够成功生产这种“伟大的解毒糖剂”又名副其实，那么这种药就能治愈当地所有患病的人。[12]

这些药物需要种类繁多的植物，专业的药材园长期以来一直是修道院的一个特征，它们种在为修道士提供食物的菜园旁边。当地

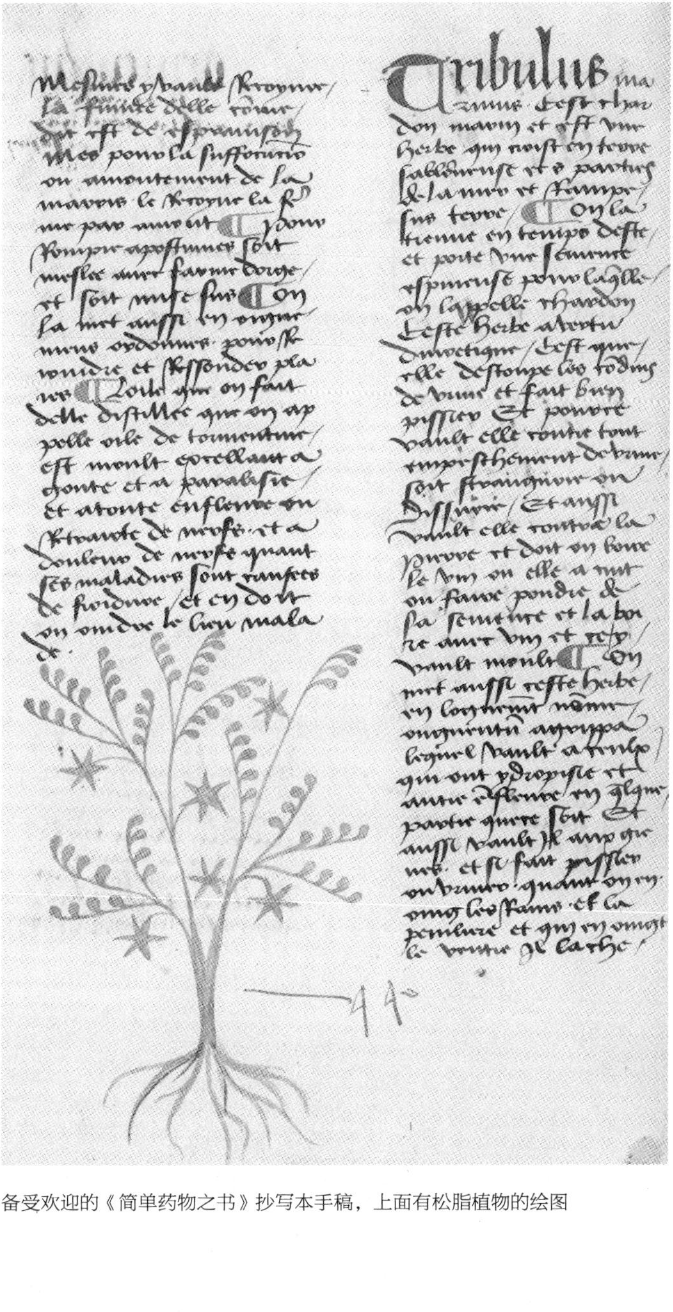

备受欢迎的《简单药物之书》抄写本手稿，上面有松脂植物的绘图

的治疗师通常都有自己的药用植物园，12世纪的萨勒诺到处是种植水果、蔬菜和草药的小块土地和果园。房屋相对比较小，木结构很容易被拆除并移动到其他地方，大多数人自己种植食物和饲养猪、鸡和鹅，如果他们买得起的话。药剂师也拥有自己的专业药用植物园，为自己的治疗方法输送植物，辅以从这座城市的商人那里购买的异国配料。

总是有许多聪明的女性向当地社区提供建议和治疗方法，在意大利南部，值得注意的是，还有学识渊博的女医生，她们在萨勒诺和那不勒斯接受过训练和教育。可悲的是，萨勒诺医学的这一开明风气没有在其他地方流行开来，除了极少数例外，女性不得不等到20世纪才能大批学习和实践医学。这些中世纪的女性尤其擅长妇科、产科和女性健康。这些综合知识在12世纪被解释为一系列三本书，称为“特罗图拉”（Trotula）。“特罗图拉”的来源尚不清楚，但萨勒诺的一位名叫特罗塔或特罗科塔的女性很可能参与了创作过程，从而以其名字命名。这些书涵盖了一系列主题，包括怀孕、分娩甚至美容，它们借鉴了康斯坦丁翻译的阿拉伯资料来源，将妇科学纳入盖伦的体液理论框架，从而融入新兴的医学课程。“特罗图拉”来自新翻译的版本，但建立在多年的助产术和女性健康的实践知识的基础上，被整个欧洲的医生使用。当然，他们中的大多数都是男性，他们可能因为对女性身体的神秘运作有了一些正确的深入了解而感到轻松。

尽管有远见地接受女性进入医学院，但在13世纪，萨勒诺失去了在欧洲医学中的主要地位。像博洛尼亚、蒙彼利埃和帕多瓦（Padua）这样的城市代替了它的位置。他们的课程建立在康斯坦丁的译著和萨勒诺的医学学者的著作的基础之上。学者们仍然来到萨勒诺学习，他们离开时随身带着《西方医学基础》的教材，确保这座城市仍然是中世纪欧洲医学的重要门户。但它的医学院衰落，和邻居那不勒斯相比黯然失色。不过它的大学不断发展，并成为西西里王国和意大利南部的首都。

该地区之前的首都是巴勒莫，西西里岛西北海岸的一座优雅城市。在整个12世纪，这里是诺曼统治者的主要权力基地，也是他们熠熠生辉的世界宫廷的所在地。正如我们后来看到的那样，这个宫廷与君士坦丁堡的外交联系开辟了文化交流的新渠道，特使们将书籍带回西西里岛，与巴格达和科尔多瓦发生的事情相呼应。但诺曼文化主要是拉丁语，因此这些希腊语书籍被直接翻译为拉丁语，而不是通过阿拉伯语翻译，就像在托莱多和萨勒诺那样。这种新的传播途径将在文艺复兴时期发挥重要作用。当时的人文主义学者通常在希腊语原著中寻找他们所敬畏的古代书籍，但它始于12世纪的巴勒莫。

PALERMO

巴勒莫

巴勒莫在这些城镇中排在首位，它气势宏伟，引人注目，辉煌显赫。这座小镇在海边，东面临海，周围高山环绕。

这座小镇建筑华丽，吸引旅行者来访，他们的精美建筑、设计技巧和绝妙创意让人印象深刻。沿着中心大街，人们可以发现坚固的宫殿、高大华贵的住宅和许多清真寺、旅馆、浴室，以及富商巨贾的仓库。

这座小镇的每一边都有水道，泉水流过，水果丰饶，建筑华丽，根本无法用笔和头脑去描述和想象它，它的一切都是对双眼的真正诱惑。

伊德里斯《罗杰之书》

（Al-Idrisi, *The Book of Roger*）

你要匆匆去哪里？你又希望回到哪里？

在西西里岛，你可以去锡拉库萨图书馆和阿戈利亚（Argolian）图书馆，那里有的是拉丁哲学的书。

你能接触到（亚历山大城的）哲学家希罗（Hero）的《力学》，欧几里得的《光学》，建立在最初原理基础上的亚里士多德的《必然规律》，阿那克萨戈拉（Anaxagoras）、亚里士多德、狄米斯提厄斯（Themistios）、普鲁塔克和其他先贤们的哲学……你可以翻阅潜心研究医学的好书，我还可以给你看看神学、数学和气象学的小册子。

亨里克斯·亚里斯提卜《斐多篇》献词信，1160年
(Henricus Aristippus，*Phaedo*，1160)

1160年，一名年轻人在萨勒诺学习医学。我们不知道他的名字，也不知道他来自何方，但我们知道他对天文学特别着迷。实际上，他的兴趣格外强烈，当他发现托勒密《天文学大成》的手稿被带到西西里岛的时候，他放弃了学习，马上启程去寻找它。这本书来自君士坦丁堡，据知保存在皇帝曼努埃尔一世（Manuel Comnenus）本人的图书馆，由亨里克斯·亚里斯提卜带过来。他是一位学者和执事长，最重要的是，他是西西里岛国王威廉一世的重要顾问。威廉一世曾派他到君士坦丁堡为和平条约谈判。会谈进展顺利，亚里斯提卜似乎给拜占庭人留下了深刻的印象。他们给他便利，让他像之前的许多学者外交官一样，在这座古城可以很方便地拿到一些手稿。这名年轻的萨勒诺医学院医生是如何知道这一消息的，还是个谜，但这说明了当时西西里岛和萨勒诺的紧密联系，也表明托勒密的这本伟大著作的名声已传到了意大利南部。这与几年前克雷莫纳的杰勒德前往西班牙寻找同一本书有惊人的相似之处。毫无疑问，欧洲学者开始意识到古典阿拉伯科学的财富，决心找到它。萨勒诺的这位学者的西西里岛之旅比杰勒德横渡地中海的长途冒险要短很多，然而却充满危险，正如他所说的那样："斯库拉（Scylla）和卡律布迪斯（Charybdis）很可怕。"这些传说中的风和漩涡，使从意大利南部渡过狭窄的海峡到西西里岛的旅途变得很困难。在西西里的土地上安全登陆后，他就去了卡塔尼亚（Catania），亚里斯提卜是那里的执事长。然而，这位伟大的人物并没有像人们预料的那样坐在典雅宫殿的书桌前，也不在教堂的祭坛做弥撒。这位年轻的学者不得不继续旅行，“在埃特纳（Etna）的激流中航行”，并爬到山顶，最终在火山边上发现了正在研究火山活动的亚里斯提卜。[1]

这位不知名的学者只是11世纪或12世纪从萨勒诺旅行到西西里岛的泱泱大军之一。这两个地方联系紧密，尤其是它们都在欧特维尔王朝（de Hauteville dynasty）统治之下。1061年，在征服了意大利南部的大部分地区之后，罗伯特·圭斯卡德启程去征服西西里岛。罗杰（Roger）——他的诸多弟弟中的一位——紧随其后。欧特维尔家族的生育能力令人生畏。他们的家庭生育了12个儿子和至少两个女儿，因此家族中的许多人离开诺曼底，到其他地方寻求财富，也就不足为奇了。即使是非常富裕的贵族也很难养活这么多继承人，而他们的父亲坦克雷德根本不富有。这个时代伟大的编年史家埃莫特斯（Amatus）直言不讳地说：“为了获取很多东西而放弃现有的一点东西，这些人离开家乡，但他们并没有效仿很多人在全世界为别人服务的做法，而是像古代的武士一样，他们希望所有人都服从他们的统治。”[2] 他们中的几个人来到意大利南部，使之成为自己的个人运动场，兄弟间展开无情的角逐，完全不顾其他任何人。现在我们只能想象这种可怕的局面：欧特维尔兄弟踏过普利亚和卡拉布里亚，和当地的统治者、罗马教皇和拜占庭人，以及彼此之间（这是绝大多数情况）建立联盟，又破坏联盟，陷入暴力的漩涡中。

罗伯特和罗杰都延续了生育能力的家庭传统。罗伯特有4个儿子和7个女儿，罗杰有三段婚姻，生育了不少于17个婚生子女，可能还有私生子。欧特维尔的女儿们被当作雄心勃勃的王朝战略的卒子，促进家族向上层发展。罗杰一世的一个女儿嫁给了神圣罗马皇帝亨利四世（Henry IV）的儿子康拉德（Conrad），另一个女儿嫁给了匈牙利国王卡尔曼（Coloman）。两个女孩都给他们的丈夫带去了丰厚的嫁妆。当没有婚姻联盟的选择时，他们兄弟便使用蛮力和诡计相结合的策略。和他们家族的其他人一样，他们投机取巧，野蛮暴力，势不可挡，投入相当大的精力征服西西里岛，当时该岛处于正在争斗的几个穆斯林军阀手中。

这不是西西里岛遭遇入侵的第一次，也不是最后一次。作为地中海最大的也最具有战略意义的岛屿，它有史以来就是每个帝国对外侵略的头号选择。欧特维尔到达时，遇到了犹太人、希腊人、穆

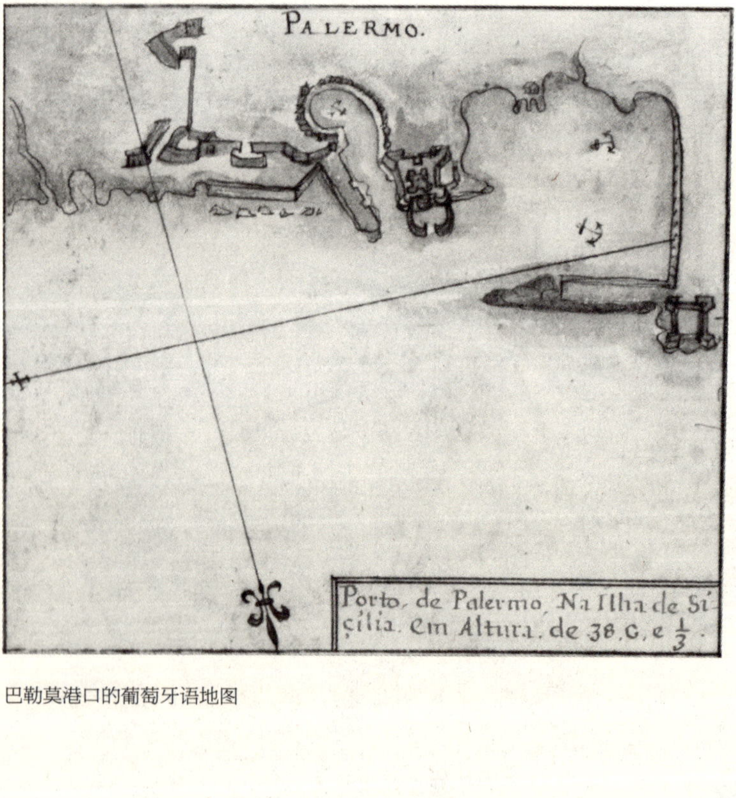

巴勒莫港口的葡萄牙语地图

斯林甚至奇怪的拉丁基督徒。他们首次登陆的这一地区位于墨西拿附近，住在这里的主要是希腊人。西西里岛与希腊的联系开始于公元前750年，当时希腊移民来到该岛，开始在那里建立殖民地，融入当地人。他们建立了重要的定居点，希腊文化和宗教蓬勃发展，该岛成为所谓的大希腊（Magna Graecia）的一部分。接着，随着罗马帝国开始越过意大利边境扩张，西西里岛就自然地被盯上了。公元前242年，它成为大陆以外的第一个罗马行省。这座岛风景美丽，土地肥沃，生产从希腊引入的葡萄和橄榄树，就不足为奇。罗马人用丰富的西西里岛火山土壤大量种植小麦，以至于西塞罗引用老加图（Cato the Elder）的话，称该岛为“共和国的粮仓，罗马人的乳母”[3]。富有的罗马人在这里修建豪华别墅，来此放松休闲，狩猎特别进口的异国兽类，与美丽的少女欢闹。这些庆祝活动在美妙的马赛克建筑中举行，有些建筑，位于西西里岛中部皮亚扎-阿尔梅里纳（Piazza Armerina）的卡萨莱的古罗马别墅（Villa del Casale），保存完好。罗马帝国解体后的几个世纪里，西西里岛多次遭到入侵，凸显了该岛的战略意义——它位于地中海中心，靠近意大利南部，可以方便地进入北非、西班牙和中东地区。汪达尔人和东哥特人曾经短暂控制该岛，后来拜占庭人击败他们，重新引入希腊文化和语言。他们甚至一度将东罗马帝国的首都从君士坦丁堡搬到锡拉库萨。

阿拉伯人于9世纪入侵后，花费几十年时间才彻底征服了西西里岛。他们征服以后，对其他信仰采取一向秉持的宽容态度，这意味着犹太人和基督徒西西里人被准许在和平中生活和做礼拜，当然前提是他们缴纳吉兹亚这种非穆斯林的税。新的统治者带来了新的作物和复杂的灌溉系统，延长了作物生长季节，改变了西西里岛的农业。该岛向北非和其他地区出口小麦和岩盐，这种盐对保存食物极为重要。穆斯林移民（阿拉伯、柏柏尔和其他部落）从北非来到这里，愉快地在这片郁郁葱葱的地方定居。但是这些群体之间彼此争斗，也和居住在东北部的拜占庭希腊人争斗。到11世纪初期，该岛分裂为由地方军阀领导的一系列交战省份，显然入侵的时机已成熟。

基督徒的征服始于意大利南部的伦巴第领主，他们热衷于从穆斯林手中夺回西西里岛，招募诺曼雇佣军组织进攻。因此，当罗伯特和罗杰带着数百骑士的军队登陆的时候，他们不是首创此举的人，甚至也不是兄弟俩第一次这样做。1138年，他们的兄长“铁臂”威廉（William “Iron Arm”）和德罗戈（Drogo）在普利亚惹是生非，以致萨勒诺王子想把他们赶出去，派他们到西西里岛帮助拜占庭人与阿拉伯人作战。结果正相反，当他们为战利品的份额感到不满时，这些诺曼的惹事精回到大陆，定居在梅尔菲（Melfi）附近的拜占庭地区，在那里修建了一座巨大的石头堡垒。至少在最初的时候，罗伯特和罗杰受邀在西西里岛作战，是代表力图支配对手的当地领导者。但到了1091年，他们自己真正赢得了该岛。此时，罗伯特回到他在大陆的领土，成为普利亚公爵，留下罗杰负责战事，摆脱阿拉伯人对该岛的统治，这花费了几十年时间才完成。即使在穆斯林最后一个据点诺托（Noto）陷落之后，控制西西里社会的不同民族也需要经常保持警惕和铁拳。据编年史家雨果·法坎杜斯（Hugo Falcandus）所言，罗杰·欧特维尔“努力用充分严格的方式执法”[4]。而另一位作家描述他看起来“如此可怕，甚至山峰都在他的面前颤抖”[5]。这是有必要的，“因为没有其他方式可以压制难以控制的民族的野蛮行为，或者控制反叛者的胆大妄为”[6]。罗杰需要建立统治，保持稳定。欧特维尔是外国人，又是小贵族，只能依靠强力、投机取巧和狡诈的谈判来维持他们的权力。在他们的统治下，西西里岛成为欧洲最富庶的地区之一。

这一成功不仅取决于欧特维尔的武器的力量，也取决于他们日益增长的雄心。罗杰当时是西西里伯爵，但名义上仍是他的哥哥罗伯特的臣属（他并不喜欢这样的地位），肆无忌惮地吸收他喜欢的任何拜占庭或阿拉伯思想，为了组建政府和塑造形象。他的政府建立在现有的拜占庭传统之上*，他采用了许多阿拉伯习俗。他去世时，被埋葬在有着斑岩大理石华盖的罗马石棺中，这是迄今为止为拜占庭皇帝所保留的特有的荣誉。**这表明：欧特维尔是世界舞台上的主要参与者，要用所有的排场和仪式来衬托。在他们的影响下，阿拉伯和拜占庭世界的皇室文化在欧洲传播开来。从此以后，奢华的排场和王权的表达相互关联，不可分割。在整个12世纪，该王朝为他们的成功庆祝并感谢上帝，建立了三座新的教堂：一座在巴勒莫（这里的基督教堂在穆斯林统治下变成了清真寺），一座在蒙雷阿莱（Monreale），还有一座在切法卢（Cefalù）。这些新建立的教堂和修道院宣告了基督教重回西西里岛。破旧的城墙和防御工事得到修复，安全措施升级，商人们陆续到来，定居在西西里岛城镇，填补了在侵略战争的混乱中逃离的穆斯林和犹太商人留下的空白。***

---

* 这些传统包括税务的组织方式、法律系统方面和招募奴隶的方法。

** 这建立了先例，罗杰的儿子罗杰二世也选择斑岩墓穴，此后的教皇也都如此。

*** 在诺曼人入侵期间，穆斯林和犹太精英的成员离开西西里岛，北非和阿拉伯世界的贸易削减，但没有完全消失。随着基督教欧洲开始支配地中海地区，焦点转移到基督教欧洲。1184年，伊本·朱巴伊尔（Ibn Jubayr）从阿卡（Acre）到西西里岛的航行说明了这一点。他乘坐的是热那亚的一艘船，同行的有50位穆斯林朝圣者和2000名基督朝圣者。一个世纪以前，这个比例可能会反过来，这艘船也很可能属于穆斯林商人。Broadhurst (trans.), *The Travels of Ibn Jubayr* (London: J. Cape, 1952) and Sarah Davis-Secord, *Where Three Worlds Met: Sicily in the Early Medieval Mediterranean* (Ithaca, New York: Cornell University Press, 2017), pp. 238– 9.

阿马尔菲人总是能很快地抓住机会，他们在巴勒莫建立了自己的街道，两旁店铺林立，甚至还建造了自己的教堂，献给圣安德烈亚（Sant' Andrea）。巴勒莫蓬勃发展，市场不断繁荣，宅邸耸立，"像高耸的城堡般有着隐藏在天空里的塔楼"，周围是开满鲜花的花园，他们运用复杂的水利系统从地下泉水中汲水灌溉。[7]

罗杰的继任者是他的儿子罗杰二世。他继承了他父亲和伯父叔父们的许多特质，这些特质帮助他们摆脱在诺曼底的贫困状态，在地中海海岸获得了辉煌。但他拥有一样先祖们缺乏的东西：教育。罗杰一世去世的时候，他的儿子还是个孩子，由他年轻的妻子阿德莱德（Adelaide）摄政。阿德莱德是个令人敬畏的女人，她嫁给罗杰的时候只有十五岁，罗杰那时已经六十岁。她监督儿子的学业，并确保丈夫的前两位妻子所生的13个更为年长的孩子被牢牢地排除在继承权之外。罗杰二世早年在墨西拿度过，那里位于希腊人占主导地位的西西里岛东部海岸，他在那里接受克里斯托杜勒斯（Christodoulos）的教育。克里斯托杜勒斯是拥有希腊和拜占庭血统的西西里人，也是阿德莱德的主要顾问。克里斯托杜勒斯向他年轻的学生灌输对知识和文化的热爱，他在余生中践行这一点。大约1111年，他16岁，这位年轻公爵的朝廷搬到巴勒莫。这座城市受阿拉伯影响颇深，西西里文化的丰富多样性让他大开眼界。

罗杰二世延续了他父亲的很多政策。他包容其他信仰，自称为他所统治的所有民族的保护者。他最关注的事情是控制他的王国，尽可能确保国家的和平与稳定。这是一场持续的斗争。宫廷中普遍存在的开明气氛没有在田间、村庄和乡间小镇中体现，在这些地方人们很少融合。在西西里农村，基督徒和穆斯林的住处非常分散，位于不同的地区和居所，助长了不安和对抗，最终发展为暴力行为。

袭击很常见，尤其是来自大陆的新近移民，他们热衷于扩展自己的领地，入侵当地的穆斯林社区。保持对地方军阀的控制一直是诺曼政权的主要关注点。在宫廷的复杂世界中，情况完全不同，在那里，无论信仰或种族如何，最聪明的人都受到欢迎，来自已知世界的各地商人在众目睽睽下彼此交易、互相欺骗，外交官们远道而来为他的国家谋取利益。在像巴勒莫这样的大城市中，各个社区往往基于信仰而聚集在一起，在特定的地区定居。他们之间的距离也很近，并鼓励友好相处和彼此合作。

这种文化的开放性是由罗杰本人确立的。毫无疑问，这在某种程度上是一个务实的解决方案，可以解决他作为一个小的外国精英团体的首领在统治非常多样化的人口时所面临的挑战。但罗杰也确实对其他文化感兴趣，并遵守他的穆斯林阿拉伯和希腊拜占庭臣民的传统。*他对阿拉伯习俗的热爱可以为此为证。他庄重地坐在镶嵌珠宝的太阳伞下面，这是法蒂玛哈里发送来的礼物，一起出现的还有举着旗帜和拿着盾牌的人。维也纳的一座博物馆中仍然保存着一件华丽的朱红丝绸披风，由穆斯林工匠于大约1134年在宫廷丝绸作坊中制成。这件披风由两头狮子装饰，每头狮子都在袭击一头骆驼，中间是一棵棕榈树，全部用金线绣，中间装点着石榴石、红宝石和珍珠。褶边上缝着阿拉伯题字，表明它的生产地点和时间。**罗杰的宫廷以使用三种语言而著称，他使用希腊语、拉丁语和阿拉伯语称号，经常自己签名“Basileus”（希腊语，表示君主）而不是“Rex”（英语，表示君主），一方面自称“基督教的保卫者”，另一方

---

* 此时，穆斯林仍然占西西里岛人口的大部分。

** 罗杰穿着这件披风接见拥护者和欢迎宾客，但他的霍亨斯陶芬家族后代——神圣罗马帝国的皇帝们则将它用作加冕时穿的袍子。

面又自称“因为安拉的仁慈而强大”[8]。罗杰雇用希腊、拉丁和阿拉伯学者用这三种语言书写正式文件，最重要的文件用金色或银色的墨水写在华丽的紫色羊皮纸上。希伯来语也发挥了重要作用。巴勒莫的犹太人群体参与了这座城市的政治和文化生活。这种多语制直接表明了罗杰的决心，即在强调和认可君主权力的同时，西西里岛所有民族都应该感到受到包容和保护。

从1126年开始，罗杰的海军元帅安提阿的乔治（George of Antioch）集中体现了文化的融合。他是希腊人，在叙利亚的拜占庭政府开始了职业生涯，后来去了突尼斯马赫迪耶的穆斯林宫廷。当他来到西西里岛的时候，已经完全熟悉了拜占庭和阿拉伯的宫廷传统和政府制度，他了然于心地开始了他的新角色。乔治在罗杰扩建宫殿时发挥了重要作用，提出了艺术方面的建议，并从东非和北非找来工匠和材料。他甚至建造了自己的教堂——标志性的海军元帅圣母教堂（Concattedrale Santa Maria dell'Ammiraglio）。这座美丽的建筑体现了新的混合西西里风格，根据希腊十字架计划设计，将伊斯兰拱门和壁龛与诺曼拱门相结合，内部装饰了豪华的拜占庭镶嵌画，其中一幅描绘了罗杰被耶稣基督本人加冕的场景。在巴勒莫，罗杰在他“通过令人惊异的努力和技能，用方形石头建造的”雄伟的宫殿中设立了他那辉煌的帕拉丁圣堂（Cappella Palatina）。[9]现在它令人印象深刻，12世纪的时候想必也是如此。拜占庭艺术家在墙上创造了光彩夺目的镶嵌画，阿拉伯工匠在大理石地板上设计了复杂的镶嵌图案，而天花板则由数百块木板构成，搭成了迷宫似的三维顶篷，表面是描绘宫廷日常生活的袖珍画。

罗杰改变了巴勒莫，将它打造成适合国王的首都城市，而他恰好在1130年成为国王。他从他的父亲那里继承了西西里伯爵的头衔，但他的堂兄威廉去世没有留下子嗣，这对欧特维尔家族的人来说并不常见，他就被擢升为普利亚和卡拉布里亚公爵。罗杰运用他庞大的武装和海军力量平息了教皇和不同地方贵族的反对之声，顺利接了威廉的班。1130年，他统一了意大利南部和西西里岛，作为他和梵蒂冈协商的和平协议的一部分，他要求国王的头衔。他在圣诞节于巴勒莫大教堂加冕，参加了这一仪式的一位修道士后来写道："当公爵以王室的方式被领到大主教的教堂，被涂上圣油，呈现了王室的尊严，人们写不出甚至实际上也想象不出他是多么荣耀，多么有尊严，他的服装是多么华丽。在旁观者看来，世界上所有的财富和荣誉都在这里。"[10] 使罗杰的地位合法化的必要性在这段描述中可见一斑，因此也就不足为奇了。在短短两个世纪里，欧特维尔成功地将自己从入侵的异教徒擢升为受膏的国王，这一壮举令人吃惊，也极为大胆。现在，他们需要做的就是全力保持他们的权力。他们做到了，但时间并不长。到这个世纪末，欧特维尔的名字已经消失，西西里岛的王位传到霍亨斯陶芬家族（Hohenstaufens）。

罗杰二世作为西西里岛国王统治了24年，直到1154年去世。在此期间，他欢迎学者到他在巴勒莫的宫廷，并带领精英赞助和鼓励学术研究。他最著名的知识遗产是他委托他的最亲密的顾问之一，阿拉伯学者阿布·阿卜杜拉·默罕默德·伊本·默罕默德·伊本·阿卜杜拉·伊本·伊德里西·谢里夫·伊德里斯所写的一部地理学论著。他于1138年抵达巴勒莫。这部著作由阿拉伯语写成，最初的题目很花哨，叫作《渴望周游世界的人的享受》，后来简化为不那么浪漫的《罗杰之书》（*Tabula Rogeriana*, or *The Book of Roger*）。它突破性地详尽描述了世界，涵盖了河流、山脉、气候、民族、商业活动和地方间的距离，是"第一次认真尝试将希腊、拉丁和阿拉伯的

巴勒莫诺曼宫殿的雄伟外观

学术研究的古典地中海传统，融合在对已知世界的一个概述中”[11]。在这本书中，伊德里斯从东西方获取地理知识，以托勒密的七个气候带构成的宇宙学系统为基础。在序言中，他解释说罗杰委托他做这项工作的原因是罗杰有兴趣了解这个世界，但也有更为实际的原因，“他想以宏观而确切的方式了解他的土地”[12]。罗杰二世一直是位实用主义者，意在收集信息以帮助他更有效地实行统治。只是他在这本著作完成之前就去世了。不过，他的继承者威廉一世正好可以利用伊德里斯的书。这本书中有70幅区域地图和一幅壮观的星座图——世界地图，由纯银制成。在柏拉图《斐多篇》的译著引言部分，亨里克斯·亚里斯提卜声称威廉是无与伦比的国王，“他的宫廷是一座学校，他的随从是大学预科的学生，他自己的话是哲学声明，他的问题让人无法回答，他的方法没什么可讨论的，他的研究也没什么还未尝试的”[13]。

这是我们之前遇到的不知名的学者置身的世界。他最终找到了《天文学大成》，可能在劝说亨里克斯·亚里斯提卜将这本书交给他之后，他很快意识到他既不具备天文学知识，也不具备必要的希腊语水平，无法翻译这本书。于是，他全身心投入到研究欧几里得的《已知数》、《光学》和《反射光学》（*Catoptrica*）以及普罗克洛斯的《论运动》（*De motu*）中去。*在这方面，他的运气很好，遇到了精英团体中的另一位成员——尤金尼厄斯（Eugenius）。他是一位博学的讲希腊语的拜占庭人，也懂阿拉伯语和拉丁语。他是王室的高级成员，职责广泛，包括发布公告、监督账目和设定边界。在他漫长的职业生涯中，他为几位西西里君主服务过。1190年，坦克雷德国王提升他为埃米尔或海军将领。除了正式的职责以外，尤金尼厄斯还设法挤出时间从事相当多的学术活动，如将托勒密的《光学》从阿拉伯语翻译为拉丁语，并将两部东方著作从希腊语翻译为拉丁语。在尤金尼厄斯的帮助下，这位学者得以翻译《天文学大成》。一般认为，他们在12世纪60年代中期完成了手稿的翻译，比克雷莫纳的杰勒德的版本要早几年。这是科学史上的重大时刻，托勒密的巨著第一次可以用拉丁语完整阅读。不过，虽然西西里岛的翻译是开创性的，影响力却不及杰勒德的版本。目前仅有四本存世，其中只有一本是完整的。

这位不知名的《天文学大成》的翻译者在该著作的开头写了详细的序言，这是我们了解他的信息和他如何翻译的唯一来源。令人沮丧的是，他没有告诉我们他是谁、来自哪里，不过几乎可以确定

---

* 这是所谓的《中间选集》（《小天文学》）的一部分，在《几何原本》和《天文学大成》之间研究。

的是，他不是意大利南部的本地人。我们对大约同一时间在西西里岛完成的从希腊语《几何原本》翻译过来的译著知道得更少，但可能是同一个人翻译，因为在翻译风格和词汇方面有很多相似之处。正如我们所知，任何人研究《天文学大成》都必须先阅读《几何原本》，所以这位翻译者先从《几何原本》开始或已经致力于翻译《几何原本》是说得通的。

在11世纪中叶的西西里岛，必定有一本希腊语的《几何原本》手稿抄写本，自然会有人问它来自哪里。最可能的来源是君士坦丁堡。我们知道亨里克斯·亚里斯提卜在那里获赠《天文学大成》抄写本，认为拜占庭人也赠予他《几何原本》的抄写本，似乎并没有不合理的地方。此外，西西里拉丁译著的现存手抄本与拜占庭制作的阿雷萨斯希腊语手抄本相似，后者现在保存在牛津的博德利图书馆。一些学者因此认为，亨里克斯·亚里斯提卜找到了这本书，并将它带到西西里岛，在那里把它翻译为拉丁语，并在几个世纪以后最终传入英国。这些手稿的传播网络极为复杂，但追踪明确而微妙的联系还是可行的。正如我们看到的，《几何原本》的译著比同一翻译者的《天文学大成》更有影响力。这是12世纪唯一从希腊语翻译过来的译著，与我们已经看到过的克雷莫纳的杰勒德和卡林西亚的赫尔曼从阿拉伯语翻译为拉丁语的译著并列。不过，在这一时期，在欧几里得著作的传播中占主导地位的是巴斯的阿德拉德从阿拉伯语翻译过来的译著。

阿德拉德是中世纪科学史上的一位传奇人物。当克雷莫纳的杰勒德在托莱多大教堂地区孜孜不倦地奋笔疾书时，这位巴斯人在意大利南部和中东地区昂首阔步，陪伴着国王。他在地震中幸存，总的来说生活得很充实。毫无疑问，杰勒德对学术研究的贡献更大也更加重要，但作为个体，他已经消失在历史中。而阿德拉德在过去的八个世纪中仍然为人所铭记。他看起来非常活跃，我们了解他的生平都是基于零零散散的信息、抄写在手稿上的褪色的题词和序言中间接提及的话。他显然是一个有天赋又有点古怪的人，也是一位有才能的音乐家（其实是非常有才能，有人请他为法国皇后演奏）。他还喜欢狩猎，就像喜欢天文学一样。他雄心勃勃，富有冒险精神，还有点喜欢炫耀。他出生于英国，是诺曼征服之后的第一代人，这是一个充满巨变的时代，对有些人来说，这是机会。他很幸运地出生在一个富裕的家庭中，他们与当地权力显赫的主教威尔斯的吉索（Giso of Wells）有来往。他在巴斯接受教育，当时教区中心由吉索的继任者图尔的约翰（John of Tours）从威尔斯搬到巴斯，并很快开始重建和振兴这座城市。

聪明而年轻的阿德拉德一定因此受益，但他已经用尽了家乡提供的教育机会，可能受到约翰主教的推荐，随后被送到位于卢瓦尔河谷的图尔的教会学校学习。他有可能在英国时就已经开始学习科学，到了法国继续研究工作。他通过波爱修斯译著的部分片段接触到欧几里得的《几何原本》，这是当时数学课程的基础。

阿德拉德是一位才华横溢的学者，但也是个时髦的人，穿着鲜绿色的斗篷，带着祖母绿戒指。在大约1400年，于巴黎完成的他的《算盘法则》（*Regule abaci*）手稿中，有一张他教授阿拉伯数字和十二进位制的图片。虽然那不是忠实的肖像画，但它仍画出了他留着长发和浓密的胡须，穿着优雅的红色斗篷和天青石色汗衫，戴着彩色的条纹帽子。他的著作反映出两种风格。一半是文雅的富有文学色彩的论述，旨在教育年轻的贵族，以优雅的拉丁文呈现，形式是阿德拉德与他的侄子之间的对话，这种文学方法几乎肯定是从柏拉图那里借鉴来的。他将他关于星盘的著作《天文学概述》（*De opere astrolapsus*）献给他的学生亨利·普兰泰吉奈特（Henry Plantagenet），未来的国王亨利二世。《概述》包括一些科学材料，阿德拉德在他的《数学大全》(*De eodem et diverso*)中包含了对算盘的介绍，这是对七门人文学科的寓言式的讨论。同样，《自然问题》（*Quaestiones naturales*）是对自然现象产生原因的一些技术性的考察。他擅长表达复杂的科学思想，让外行但又对科学感兴趣的读者能够理解。这三本书巩固了阿德拉德的专业地位，他也赚了些钱，可以花时间追求他的严肃学术，这构成他著作的另一半。其中最重要的著作是将花拉子密的《图表》、阿布·马沙尔（Abu Mashar）的《占星学入门》和《几何原本》从阿拉伯语翻译过来。这些著作简洁科学，内容翔实而没有华丽的辞藻，不是献给任何人的，而是为他自己和他的学生们翻译这些著作，是为了严肃的研究。和以往一样，重要的问题是：他从哪里找到了这些著作？

有各种各样的可能。阿德拉德游历广泛，带着书和思想到处旅行，与学者见面，把他们引入更为广阔的关系网。他在中世纪学术研究的重要中心之间搭建了桥梁。在12世纪初，阿德拉德开始了他的伟大旅行，与他的侄子和其他一些学生在法国拉昂（Laon）分别，因为他对北欧的学术大失所望，认为法国学者关注的争论和思想似乎毫无意义。阿德拉德直言不讳地说，他们只是“在用知识的沙子制作绳索”[14]。世界正在展开怀抱，商人们带着激动人心的故事和异国的货物来到这里，诺曼人征服了西西里岛和意大利南部，第一次十字军东征已经打响。阿德拉德充满好奇、冒险精神和勇气，按捺不住到外面看看的决心。正如他后来在他的论著《自然问题》中所解释的那样，他旅行到南方，决心“在阿拉伯人中”拓展他的视野和知识。[15] 据我们所知，他在接下来的七年时间一直在路上，访问了罗马、萨勒诺、西西里岛、希腊和小亚细亚。

我们不知道阿德拉德具体去了什么地方，但他走的一定是从北欧到罗马的主要陆路路线——法兰契杰纳朝圣之路（Via Francigena）。这条路颇受朝圣者欢迎，它经过拉昂，然后通往兰斯。从那里，它向南到达今天的瑞士（Switzerland），在圣贝纳迪诺山口（San Bernardino Pass）通过阿尔卑斯山。有商业头脑的当地人在该山口建立了收费站，向要通过的旅行者收费。（这是利润丰厚的收入来源，只有诺曼人拒绝交费，他们砸碎了障碍，刺伤了收费员，继续向意大利进军——正常的规则根本不适用。）一旦过了阿尔卑斯山，这条路就会带领阿德拉德向下走入意大利北部的大平原，穿越帕维亚（Pavia）的繁忙市场。从那里开始，它沿着海岸向下穿越卢卡（Lucca）、锡耶纳（Siena）和维泰博（Viterbo），最后是罗马。阿德拉德很可能在拉昂加入了一群朝圣者或商人的队伍，与他们一起向南旅行。正如我们在前一章所看到的那样，从罗马到萨勒诺的路已经建好，可能会带着阿德拉德穿越卡西诺山。实际上，他很可能在那里过夜，特别是如果他和一群朝圣者一起旅行的话。多数大型修道院会向旅行者提供食宿，尤其是对负有任何一种宗教使命的人来说，他们提供简单食物和基本设施，只收取少量费用。然而，因为阿德拉德没有使用任何康斯坦丁的译著，所以没有任何确定的知识联系。但他明确受到萨勒诺著作和盖伦的四种体液理论的影响，并在他的《自然问题》中引用了它们。不难想象，阿德拉德来到萨勒诺，向这座城市的著名医生学习的时候是多么激动。《自然问题》借鉴了阿尔法诺翻译的尼梅希所著的《论人类本性》，萨勒诺可能也有这本书，使得阿德拉德成为从意大利南部到北欧的明确传播渠道。他在书中记录了自己离开萨勒诺并与一位希腊人见面，他们讨论了医学和其他科学问题（比如磁学）的情形。虽然他只是在多年后才写到这件事，但可见他乐于遇到对科学感兴趣的知识渊博的人。

已知的资料显示，阿德拉德的下一站是西西里岛，在那里他为埃特纳火山而惊叹，并可能去过锡拉库萨。他将一篇论著献给这座古城的主教，一位名叫威廉的人，他是“在所有数学艺术中学识最为渊博的人”[16]。这表明他们曾讨论过数学，至少威廉要么送给阿德拉德一本《几何原本》，要么鼓励他去安提阿和小亚细亚寻找。他回到英国的时候肯定有一本阿拉伯语版的《几何原本》，因为他以其为翻译基础。

第一次十字军东征开辟了从意大利南部到东地中海海岸的航线。当阿德拉德在安提阿时，这座城市由罗伯特·圭斯卡德的孙子坦克雷德统治，因此它与西西里岛有着密切的联系。这使该地区更容易进入，但它也充满动荡和危险。十字军国家经常彼此交战，也和土耳其人交战，像阿德拉德这样的旅行者必须小心。偶尔，暴力也会产生积极的作用。1109年，《大马士革记事》记录：“法兰克人进攻了这座城市（的黎波里）……商品和仓库的数量以及大学里和私人所有者的图书馆里的藏书超出了计算范围……”[17] 其中许多书落到领导此次进攻的热那亚人的手中，至少有一些最后被出售或被学者抄写，然后被运往意大利、法国、德国和英国。

阿德拉德于1116年返回英国。他成为亨利一世的政府中的官员，但他也开始翻译他在旅行中遇到的书籍，包括颇具影响力的将阿拉伯语的欧几里得《几何原本》翻译为拉丁语的译著。令人困惑的是，这本译著有三个不同版本，最初都归于阿德拉德，因此被称为阿德拉德一、二和三版。一版是基础的翻译，二版是建立在一版和其他不同翻译的基础上，三版是对二版的评注。最近的调查表明，阿德拉德二版可能是由切斯特的罗伯特在西班牙出版，沙特尔的蒂埃里的《七艺》包括了这一版本，使其在这三种版本中最有影响力。在13世纪，意大利学者诺瓦拉的坎帕努斯在第二版和第三版基础上做了另一个版本，成为第一本印刷版的基础。厘清一部作品的不同版本之间的关联是极其困难的，有时会让人非常困惑。但看到手稿频繁地从一个地方转到另一个地方，这着实令人着迷。学者也设法找到不同的手抄本，以制作他们自己的版本。这显然需要联系广泛的知识分子社区，跨越很远的距离去交流。正如我们所见，本笃会教堂和修道院的关系支撑着这一互动网络，将西班牙北部和法国、英国、德国、意大利联系起来，神职人员带着新闻、信件当然还有书籍不停地往返其间。

当阿德拉德回到英国，他将花拉子密的《图表》（天文图表）翻译出来，尤其是马斯拉玛·迈季里提（将坐标调整为科尔多瓦）的版本。这增加了他在某个时间到西班牙旅行的可能性，但没有证据支持这种推测。在这种情况下，阿德拉德必定从在西班牙待过或和那里有联系的某个人那里找到了这本书。这个人最可能是佩特鲁斯·阿方西（Petrus Alfonsi），一位有趣的人物，出生于西班牙北部的韦斯卡（Huesca）的一个信仰犹太教的家庭，但在1106年皈依基督教。阿拉贡的阿方索一世是他的教父。他后来在皈依前后用他的两个自我对话的形式写下对犹太教信仰的批驳。阿方西受益于优秀的语言教育，他会讲流利的阿拉伯语、希伯来语和罗曼语，一定也懂拉丁语，无疑在英国期间也学习过英语。韦斯卡也在萨拉戈萨的影响范围内，其卓越的数学和科学研究的传统也让阿方西受益颇丰。

有证据表明，他作为医生曾为英国国王亨利一世工作，当然也是英国西南部一个天文学家和哲学家的圈子的一员。实际上，很可能因为他的鼓励以及将书带到英格兰，当时天文学研究开始在这个国家蓬勃发展。也可能他在巴斯附近遇到阿德拉德，他们很快一起工作，翻译《图表》和《几何原本》。

阿德拉德的著作，包括他自己的著作和译著，都得到了广泛传播。西西里岛那位不知名的学者在他的《天文学大成》的序言中引用了《自然问题》中的话，表明他至少读过这本书。阿德拉德的《几何原本》的一些注解包含一些细枝末节，可由此窥得他的圈子：有人说"只有阿德拉德能够理解这一问题"，另一人打趣说"没有约翰的任何帮助，我们的这个命题被证明是正确的"，最好的说法是"再见，雷格内鲁斯（Reginerus）。任何人不知道如何回答你，应该给你一个香草冰激凌"[18]！我们不能假设我们遇到的所有学者都在同样幽默合作的氛围中工作。阿德拉德似乎具备不同寻常的机智和教养，在他的研究中听到他的声音令人兴奋，穿越时空与我们呼应，生动活泼。这些评论告诉我们合作性项目翻译是什么，这是我们在穿越中世纪的旅程中的每个阶段都怀疑过的一些事情最初的确凿证据。在这里，我们最终可以瞥见其中一个智慧宫，能够听到翻译室的闲聊声，虽然这很短暂。

阿德拉德是否真的学过阿拉伯语，这个问题很复杂。他很可能在旅行中学过一定程度的阿拉伯语口语，但学着用这种语言阅读和写作是另一回事。鉴于当时的政治局势，他在东部地区旅行的时候很难接触到穆斯林学者。看起来阿德拉德对阿拉伯科学感到着迷且印象深刻，但并不像他想表现出来的那样了解它。现代学者指出他的著作缺乏具体的阿拉伯来源，由此断定他对阿拉伯科学和语言的了解来自口头，而没有通过阅读。例如，当阿德拉德去奇里乞亚（Cilicia）的塔尔苏斯（Tarsus），他从一位老人那里学到了人体解剖学，这位老人通过将尸体悬在流水中向他展示了肌腱的功能。他还描述了在地震发生时躲在安提阿附近的桥下，日期是1114年。安提阿在公元前4世纪由亚历山大的一位将领建立，位于奥伦提斯河（Orontes River）河畔。安提阿坐拥地中海海港塞琉西亚佩里亚，是丝绸之路的主要枢纽，因此逐渐变得繁荣，一度可以与亚历山大城相匹敌。犹太人在那里居住了几个世纪，最早的一些基督徒也是如此。十字军在1098年占领这座城市时，它曾经经历了阿拉伯帝国和拜占庭人的统治，以及土耳其塞尔柱王朝（Seljuk Turks）的短暂统治。这就形成了强有力的文化融合，为思想的交流制造了充分的机会。阿拉伯语是安提阿的主要语言。这座城市很快成为西欧在中东地区的重要基地。比萨人最先利用了这一机会，紧接着是威尼斯人和热那亚人。比萨人支持十字军，为他们提供船只和海军后援。他们的回报是获得安提阿城中的一个地区，他们于1108年搬到那里定居，在海岸沿线建立贸易站和组织商船队，将大量的香料、糖、棉花、葡萄酒和贵重布料运回意大利。在君士坦丁堡也有比萨人和威尼斯人的地盘，这是在黎凡特（Levant）和地中海东部不断发展的欧洲影响力网络的一部分。

在整个故事中，我们已经看到贸易如何开辟路线，知识和思想通过这些路线传播，这必然受到商人和外交家的推动，通常他们本身也是学者。几个比萨人就属于这一类人。在12世纪初，安提阿的斯蒂芬（Stephen of Antioch）离开比萨，前往叙利亚，在那里学习阿拉伯语，并修订了阿里·伊本·阿巴斯的《医学全书》的新译著，因为他认为康斯坦丁·阿弗里卡纳斯（Constantine Africanus）的

《疾病》版本不够全也不够准确。斯蒂芬可能和阿德拉德同时在安提阿，如果是这样的话，猜想他们的相遇就很有意思。学者圈子可能非常小，所以也是很有可能的。阿德拉德无论走到哪里肯定都会寻找志同道合的人。斯蒂芬甚至可能启发了阿德拉德之后的翻译活动，帮助他获得手稿。

有一条证据表明，阿德拉德在安提阿获得书籍，这将我们暂时带回西班牙。塞维利亚的约翰在他对泰比特·伊本·奎拉的《法宝之书》（*Book of Talismans*）的译著序言中写道，他翻译的这本书的所有者是安提阿的一个人。如今研究这个时期的最前沿的学者查尔斯·伯内特教授表明，这个人可能就是阿德拉德。他在返回英国之后，自己翻译了《法宝之书》，将巴格达换成巴斯，以施咒消除这个城市的蝎子，这很可笑。[19]完成了他的东方之旅后，他自然而然地在提尔（Tyre）或安提阿港口登上商船，向西驶往意大利或西西里岛，从那里他可以慢慢回到英国。

阿德拉德访问西西里岛的时候，拉丁文化开始占上风。该岛的穆斯林人口或是皈依了基督教，或是移居北非的安达卢斯。罗杰二世的继承人威廉一世（“坏国王”）和威廉二世（“好国王”）对阿拉伯文化不太感兴趣，最重要的是，不善于控制局面，因此引发了骚乱，促使像罗杰二世的密友伊德里斯这样的穆斯林富人离开西西里岛，寻找更有益于和平和创造财富的地方。然而，虽然穆斯林人口减少，该岛仍是各种穿越地中海旅行的人们的重要停留地。1184年，一位名叫伊本·朱巴伊尔的安达卢斯朝圣者在从麦加回家的路上来到那里。他在12月的时候在西西里岛停留了一个月，为我们留下了对其所见的详细描述。他对那里的风景印象深刻，对该岛致以最高的敬意，称它“就其教养程度而言，它是西班牙的女儿”。他提到国王威廉二世时说：

“他非常关注他的（穆斯林）医生和占星师，也很关照他们。在听说医生或占星师要经过他的土地时，他甚至会下令挽留他们，然后向他们提供生活物品，以使他们忘记自己的家乡。”[20] 伊本·朱巴伊尔甚至声称，威廉能够用阿拉伯语阅读和写作，表明即使拉丁语重新占据优势地位，西西里岛仍是多语文化。

12世纪末，威廉二世去世，没有留下继承人。西西里岛的王位传给了他的姑姑康斯坦斯——她嫁给了霍亨斯陶芬神圣罗马皇帝亨利六世。西西里岛即将被德国王朝统治，并被包括在神圣罗马帝国之内，让西西里岛人大为不悦。他们随后展开了四年的斗争。后来亨利六世坚称自己已经控制西西里岛全境，并于1194年圣诞节在巴勒莫大教堂加冕，这是对他妻子的父亲罗杰二世的纪念。康斯坦斯没有在他身边，她在安科纳（Ancona）附近的大陆上生下了他们唯一的孩子腓特烈二世（Frederick II）。仅三年之后，亨利就去世了。康斯坦斯明智地让她的儿子加冕，以确保他的继承权，但她第二年就去世了，她的儿子成为孤儿。

据传，腓特烈二世在巴勒莫的街头长大，学会了六种语言，被他的臣民悉心照顾。当他成年后，1208年立即收回在他年幼时执掌权力的贵族们的控制权。这位年轻的皇帝从小就是一位神话般的人物，机智过人，才华横溢，格外耀眼，以至于他被称为“*Stupor Mundi*”（世界的奇迹）。*欧特维尔的名字可能已经消失，但罗杰二世对知识的好奇心传给了他的外孙腓特烈二世，并得到了传承和发扬，他赞助学术研究并鼓励翻译。他在霍亨斯陶芬家族的祖父弗雷德里克·巴巴罗萨同样热情地支持学术研究，于1158年为“所有在

---

* 其他的绰号不怎么让人高兴。教皇开除他的教籍不下四次，称他为“反基督”和“世界的惩罚者”。

海军元帅圣母教堂（墙板）和帕拉丁圣堂（廊柱）的镶嵌画图纸

国外旅行追求知识、通过他们的知识让世界受到启发、公民的生活得到充实的学者”提供特权。[21] 腓特烈二世继续拓展这些保护措施，促进学术研究的发展，并扩大大学的范围。正因他的持续推动，“到了中世纪晚期，数千名学生上路求学”，这引起了思想传播的巨大扩展。[22]

皇室宫廷也在不断移动。虽然巴勒莫仍是腓特烈二世的帝国的首都，但他成年以后很少待在那里。他有大片的领土需要关注，而且当他在南方的时候，他更愿意待在普利亚。他也喜欢那不勒斯，他在那里建立的大学使萨勒诺的医学院黯然失色。腓特烈二世的宫廷吸引了那个时代最有才能和雄心的人。围绕在他周围的众多学者中，有两位脱颖而出：迈克尔·斯科特（Michael Scot）和被称为斐波那契（Fibonacci）的比萨的莱昂纳多（Leonard of Pisa）。

像一个世纪前的阿德拉德一样，斯科特游历广泛，他离开在苏格兰的家去求学，一般认为，他在达拉谟学习过，后来又去了牛津和巴黎学习。不可避免的是，他的旅程中有很多地方没有记录可寻，但他在1217年8月18日一定是在托莱多，因为在那一天他开始计算他翻译比特鲁基（al-Bitruji）的《论球体》(*On the Sphere*）需要的时间。这本书和斯科特对亚里士多德的《论动物》(*De animalibus*）以及阿威罗伊对亚里士多德主要宇宙学著作《论天》(*De caelo et mundo*）的评注的译著都在那座城市完成，那里仍然保存着它们的复本。斯科特后来到意大利旅行，随身带着他著作的手抄本，它们也很快在那里流传开来。到那个时候，斯科特已经掌握了阿拉伯语，这表明他在西班牙已待了一段时间，学习语言并和当地的莫扎勒布一起研究。为了翻译这些书籍，他一定具备了相当的数学和科学能力，并借鉴了几十年前克雷莫纳的杰勒德和其他托莱多翻译者翻译成拉丁文的许多著作。斯科特与托莱多大主教罗德里戈（Rodrigo）关系密切，可能也认识杰勒德圈子里的年轻成员，比如盖伦的伟大翻译者托莱多的马克（Mark of Toledo）。因此，迈克尔·斯科特是13世纪初书籍和思想从西班牙传入意大利的主要媒介，也是在托莱多接替杰勒德和他的同事们的一代翻译者中的重要成员。

据教皇格列高利九世所言，斯科特也懂希伯来语，他可能在托莱多从犹太学者那里学到了这种语言。后来，他也与在巴勒莫的一位犹太学者通信。迈克尔·斯科特身上有许多奇怪而精彩的故事，大多建立在他作为占星师的名声基础上。这个职业处于被认可的边缘，得到世俗统治者的尊重和依赖，有时却受到教会的指责和妖魔化。传说，他预测自己会被落下的石头砸到头部而死亡。为了避免这一命运，他制作了一个金属头盔，始终戴着它，但不幸的是，他在参加弥撒的时候，教堂的天花板掉下一块石头，头盔并没有保护到他，他因此而死亡。迈克尔的兴趣广泛，正如你能从这个时期的天才学者身上期待的那样。他是一位医生，熟悉萨勒诺的医学教学和像拉齐这样的阿拉伯医生。他在他最受欢迎的著作《医学大全》（*Physionomia*）中运用了这些知识，用梦和人体解剖研究生殖和预测疾病。他在一部关于天文学的著作中借鉴了《天文学大成》和托莱多天文表，不过他对亚里士多德的翻译才是他最重要的知识遗产，这是他第一次用拉丁语翻译。

斯科特于大约1220年抵达快速发展的大学城博洛尼亚。我们绝对可以肯定他的行李里放满了书，但除此之外，我们不知道他是如何旅行的。腓特烈二世那个时候也在博洛尼亚，很可能这个时候他们第一次见面，斯科特开始为他服务。他很快崭露头角，为皇室宫廷付出了他的余生，无论它在哪里，他就旅行到哪里。他和皇帝关系密切，他俩拥有许多共同的兴趣，两人经常讨论。他们还一起做实验，测量月亮在双子座时的放血效果，并试图用塔来测量天空。腓特烈二世对教会施加影响，从公元150年以来第一次允许尸体解剖，而斯科特在他的病人身上做了详细的案例研究。这里效仿了巴格达的智慧宫，虽然规模更小。像哈里发马蒙一样，腓特烈二世提出问题，对整个帝国和伊斯兰世界的学者和统治者发出调查问卷，因此而闻名。他收到的回答由阿拉伯哲学家伊本·萨宾（Ibn Sab'in）记录在《西西里问题》（*The Sicilian Questions*）中。这些是了解中世纪智慧的窗口，表明当时对知识的关注和知识的局限性。许多问题源于对自然世界的密切观察，比如，"为什么船桨、长矛或任何笔直的物体部分浸入清澈的水中时，从水面看会显得弯曲"？还有，"皇帝询问，为什么（船底星座的）老人星升起时看起来会比在近地点更大一些"？有些穆斯林写作者似乎认为这些问题是用来测试他们的，但腓特烈二世不知道答案，这些是激发知识对话的真正尝试。斯科特本人在他的一部著作中做出了回应，解释说，地球是圆的，就像球体，但被水环绕，就像鸡蛋里的蛋黄，又接着谈论火山活动。几个世纪以来，这一现象始终困扰着西西里岛的统治者、游客和学者。

在欧洲做学者，腓特烈二世的宫廷是最适合的地方。这里是知识的中心，也在不停地移动：从巴勒莫到那不勒斯，从博洛尼亚到比萨，从布雷西亚（Brescia）到帕多瓦，从维也纳到维罗纳，从法兰克福到康斯坦茨（Konstanz），从布林迪西到耶路撒冷，这一行程连最有经验的旅行者都会头晕脑眩。在这段历史中，学术生活的中心第一次被固定在一个地点，大大增加了知识传播的机会，为知识传播做好了准备。所有信仰和文化的学者都受到欢迎，只要他们能够跟上。其中最有才华的是比萨的莱昂纳多，被称为斐波那契。他来自贸易帝国比萨，在北非海岸的布日伊（Bougie，今天的贝贾亚[Béjaïa]）接受最优秀的数学家的教育。他的父亲为比萨商会（Pisan Chamber of Commerce）工作。这使他能够将花拉子密的天才代数理论、印度-阿拉伯数字和位值记数法体系与比萨商业的实际需求结合起来。像迈克尔·斯科特一样，这位才华横溢的年轻人来到了腓特烈二世的宫廷，在这里著书。这些书籍被称为西欧数学研究的基础。他的《计算之书》（*Liber de numero*，也被称为*Liber abaci*）最初写于1202年，陈述了计算原理，并在欧洲推广了印度-阿拉伯计数制。

在1227年或1228年，斐波那契写了这本书的新版本，将它献给迈克尔·斯科特，斯科特向他要了一本。在序言中，斐波那契也提到，他写了一本题为《几何实践》（*Practica geometriae*）的书。这本书建立在《几何原本》的基础上，尤其专注于第10册列出的无理数，特别是使用代数区分三次方程的根和二次无理数。这显然是腓特烈二世宫廷的另一位学者巴勒莫的约翰为他设定的任务，当宫廷在比萨的时候，这两个人经常与皇帝本人讨论这些数学问题。

这一时期，基督教和穆斯林学者之间的对话展现了他们如何在两个世界之间互动，相互挑战，一起工作，交流思想，突破知识边界。腓特烈二世的童年在巴勒莫度过，对阿拉伯世界产生了兴趣，尤其在1228年或1229年到圣地旅行时他自己有了体验，兴趣便更浓厚了。他为他们生活方式的奢侈而惊叹，他尝试在猎鹰训练术中创新，学习如何下国际象棋，称赞苏丹宫廷对学习的重视，把这些学到和看到的新奇事物都带回了欧洲。

西西里岛是地中海贸易的枢纽，但在其他方面发展得并不太好。被称为“世界的奇迹”的腓特烈二世努力统治他的庞大帝国，离开了他童年时的家。因为巴勒莫的文化活动大多集中在宫殿的围墙内和宫廷的领地，当宫廷搬走的时候，它就明显衰落了。他在那不勒斯建立的大学保证了意大利南部知识的延续，但代价是巴勒莫和萨勒诺的衰落。在接下来一个世纪里，那不勒斯成为西西里岛新国王安茹的查理（Charles of Anjou）的家，地位得到一定的提升。查理保持了他的前任的学术研究传统，虽然规模较小。他鼓励学者尼科洛·达·雷吉欧将盖伦的大量著作从希腊语翻译为拉丁语，延续西西里岛绕过阿拉伯语版本的传统，但前提是他们能够找到希腊语原著的手抄本。学术研究的这一方面预示着几个世纪以后的人文运动，正如我们在下一章会看到的那样。对回到希腊原著源头的痴迷将成为文艺复兴时期的知识世界的特征，损害了阿拉伯语学术研究的贡献。

欧特维尔的名字早已尘封在记忆中，但诺曼人从袭击牛群的人成为国王的非凡历程是中世纪的伟大故事之一。他们的影响范围从英国遥远的北方延伸到意大利南部海岸和其他地区，进入中东和耶路撒冷的中心，他们开辟了沟通路线，使思想交流达到前所未有的规模。漫游的学者启程进入未知的世界，寻找智慧和启发，在这个新的互相联系的世界学习、教授和传播思想，他们是知识传播和变革的关键人物。诺曼人使西西里岛成为一个大国，地中海世界的中心枢纽，在这里，思想在不同文化之间流动。在巴勒莫光彩夺目的宫廷里，自从基督教扎根以来，他们首次将欧洲的学术研究带到世俗领域，创造了一个在几个世纪里不断受到欧洲宫廷效仿的图景。拜占庭和穆斯林帝国的传统通过他们进入欧洲，深刻改变了宫廷文化和权力的表达方式。在著名的统治者中，诺曼人与倭马亚和阿拔斯的哈里发并列，他们的个人知识兴趣和才能扩展了科学的边界。

腓特烈二世在1250年去世时，世界正在发生改变。意大利的商业大国此时开始界定地中海地区的地缘政治。在意大利北部，独立城市国家的发展预示着一个新的时期的到来——文艺复兴。

VENICE

威尼斯

这个地方更像整个世界，而不是一座城市。

阿杜思·曼尼修斯（Aldus Manutius）

这是我见过的最长的街道，他们称之为大运河，它很宽，以至于大帆船经常交错而行。我经常看到400吨位或以上的船只停泊在房屋旁边。我认为，这是世界上最美丽、建造得最好的街道，它穿越整个城市。这里房屋高大，用石头建成。老房子都粉刷过，有一百年历史的房屋表面砌着白色的大理石，它们来自一百英里以外的伊斯的利亚半岛，斑岩和蛇纹石镶嵌其间。大多数房屋里面至少有两个房间，有镀金天花板、华丽的烟囱和金色的床架，它们的门也布置得非常漂亮。总之，这是我曾见过的最辉煌的城市，一视同仁地尊重四面八方的使节和陌生人，由最伟大的智慧统治，以最庄严的态度侍奉上帝。

法国使节菲利普·德·科米纳（Philip de Comines，约1447—1511年）
写于1495年在威尼斯的旅行中

威尼斯的故事开始于5世纪和6世纪。当时罗马世界内外交困。几个世纪以来，在整个帝国有效地运载罗马军团、商人和朝圣者的坚硬而笔直的道路成为恐怖之路，因为入侵的军队通过这些道路向罗马进军。在途中，他们经过意大利北部的大城市——阿奎莱亚（Aquileia）、阿尔蒂诺（Altino）和帕多瓦，停下来只为了用围攻、剑和火搞破坏。那些设法逃脱的人从海上逃亡，带走他们能够抢救的少量财产。他们到达水边时，发现自己来到一个奇怪的新世界。在意大利的东北角，陆地和海洋之间没有明确的界线，海湾和海滩上没有悬崖，在这两个领域之间没有岩石分界线。海岸线在亚得里亚海（Adriatic Sea）的海面弯曲，大海和陆地在宽阔而平坦的区域内交织在一起。水在起伏的沙滩上滑动，岛屿时隐时现，芦苇丛生长在沼泽地中，光线透过亿万蒸发的水滴闪耀，在地平线上形成有着珍珠光泽的超自然的魔术般的海市蜃楼。这种发光的薄雾将天空明亮的蓝色和海水暗淡的海蓝色区别开来。

几千年来，波（Po）河和皮亚韦（Piave）河这两条大河从山上冲下了大量的泥沙，沉积在海湾中。河流使泥沙形成沙洲的曲线，与海岸平行，在两者之间产生巨大的浅水湖，与开阔的大海相隔开，除了几个通道每天随着潮涨潮落而有水进出。这里是鸟类、鱼类和蚊子的安栖处，也是难民的避难所。他们设法乘坐小型平底船到达多变的长满野草的岛屿，也只有这种船只可以在无法预测的水中航行。这些顽强的人在这个平坦的水上世界建立自己的生活，大海与陆地隔开，从而保护了他们。但同时，他们也经常受到海浪的威胁，它们可以在任何时候淹没他们的家，直到今天偶尔还会淹没这座城市。他们被称为威尼斯人，这些人学会了生存，并最终兴旺发达。他们以潟湖中的丰富鱼类为生，将巨大的树干沉入水中作为房屋的地基，并回到大陆上被毁的城市寻找石头、大理石、砖和木材等任何能够找到和运输的建筑材料。

小社区开始在以潟湖为中心的小岛群上发展。这个社会有它自己独特的政府体系，由总督（*dux*，拉丁语，意为领导者，随着时间的推移变形为*doge*）实行统治。总督在697年首次选举产生，负责统治新建的威尼斯城市。威尼斯人足智多谋，意志坚定。他们在狭窄的水道上架设桥梁，修建水坝防御涨潮并排干土地的水，他们建造狭窄的平底船，可以在水面上顺利滑行。他们开发出许多有效的方法，充分利用潟湖中的大部分资源。海里不能长庄稼，但他们建造盐田赢利，这些地区位于浅水中，在太阳下会蒸发，留下数英亩闪亮的矿物质，最后他们将其用滚子碾碎，划船到大陆换取小麦和大麦。由于缺乏自给自足的生活条件，他们被迫贸易，不仅沿大河航行到克雷莫纳、帕维亚和维罗纳的市场，而且进入远海沿伊斯的利亚海岸航行。控制亚得里亚海是威尼斯人能够在地中海和东方交易的根本，他们很快在亚得里亚海岸建立了一系列贸易站，为居民提供保护，使他们免于遭受让该地区胆战心惊的邪恶海盗的侵害，以换取权力。998年，威尼斯总督增加了达尔马提亚（Dalmatia）总督的头衔。

从一开始，威尼斯人就是独立的。他们专注于贸易和外交，远离大陆政治，将他们的隔绝状态变成优势。从地理位置来看，他们不断发展的城市完全处于当时的两大政权之间：东方的拜占庭帝国和西方的法兰克王国。814年，威尼斯居民制定了一项条约，阐明了他们的独特位置。他们将成为拜占庭帝国的一个省，但同时将向法兰克人朝贡。这可能会让他们受到这两个世界最糟糕的对待，但实际上，它让威尼斯人处于这两个帝国之间的特权空间，最重要的是，它给予威尼斯人贸易权利和使用意大利港口的自由。1082年，拜占庭人拓展了威尼斯人的贸易权利，免除他们在帝国内的税赋和关税，标志着这座城市的商业发展的另一个关键时刻。到1099年，他们与埃及之间发生了利润丰厚的香料贸易，威尼斯正在创造世界上最成功的海洋帝国。

稳定而相对民主的政府管理、严格的组织和对这座城市的绝对忠诚是威尼斯取得非凡成就的核心所在。这种忠诚不仅表现在实际生活中，也表现在宗教上。威尼斯人相信他们的城市具有神圣的基础，他们崇拜它，形成了非常高的忠诚度和社会凝聚力。当欧洲其他地方还处于封建制度的统治下，贵族家庭在暴力的权力斗争中使他们和周围每个人之间的关系分崩离析，而威尼斯作为古典世界之后的第一个共和国却正在繁荣发展。它的居民围绕一项共同的事业热情地团结在一起，这项事业就是他们所热爱的城市——所谓的最宁静的共和国——的荣耀。这种团结源于在潟湖生活的挑战。威尼斯人被迫共同努力，只为了生存，为了克服不稳定的环境带来的各种问题。这种不确定的生存状况意味着他们重视稳定胜于其他所有方面，尤其是在城市的管理方面。组织、合作和控制对每个人的生存至关重要。于是一个有效率的管理机构很快形成，由总督和贵族们——这座城市的创始家族的成员——负责监督。

这座城市在发展，但并不像大陆城市一样随意而杂乱无序。每一排房屋、每一条运河和每一块草地都经过精心规划。像巴格达和科尔多瓦一样，威尼斯将不同的产业划分在不同的地区，其岛屿结构非常适合这种形式的城镇规划，这在当时的欧洲还比较新奇。这一想法很可能由访问过那些城市的人带回威尼斯，让他们对设计和组织产生了深刻的印象。13世纪，铸造厂搬到慕拉诺岛（island of Murano），这里成为玻璃制造的中心，以保护城市免受火灾——那些熔炼玻璃的咆哮的火炉会对鳞次栉比的木建筑造成危险。从12世纪开始，这座城市的东北角成为建造业的所在地。威尼斯造船厂成为建造工人的社区，有大约6000名到16000名工人，他们建造各种船只，这些船只在全球范围内出售和航行。这里是威尼斯帝国的发动机舱，它的海军和贸易船队的发源地，整个中世纪和文艺复兴时期，几个主要大国急切地从这里采购战舰。其建造业最大的挑战发生在1204年。当时威尼斯同意为第四次东征的整个十字军提供装备，这是一次巨大的财务冒险，不过结果很好。威尼斯人重新获得了对扎拉（Zara，现在称为扎达尔[Zadar]）的控制，并由十字军的领导者全额付款。他们甚至设法诱导十字军将矛头转向君士坦丁堡，洗劫了这座城市。这一行动的领导者是传说中的“盲总督”恩里科·丹多洛（Enrico Dandolo），为威尼斯带来了大量的金钱和成堆的无价文物，其中包括四匹青铜马，现在圣马可大教堂（Basilica di San Marco）的门口有复制品，原物保存在里面，保护它们免受天气影响。

威尼斯由流亡者建立，因此它有着欢迎陌生人的历史可能并不令人惊讶。从很早开始，它就成为朝圣者和游客的目的地。富有进取心的当地人开设了小旅馆，像龙虾旅馆、月神旅馆和小马旅馆，并提供到圣马可广场（Piazza San Marco）的导游服务。在那里有摊贩出售小吃和纪念品，就像他们今天一样。如今，旅游业是这座城市

12世纪威尼斯地图，上方为东

最大的产业（从许多方面来说，也是唯一的产业）。每年大约有3000万人来到这里，而这座城市只有5.4万居民，这使威尼斯赢得了意大利迪士尼的美誉。游客们惊奇地注视着这座漂浮的城市，欣赏着它的水路和令人心碎的美丽。置身学院美术馆（Accademia Gallery），面对着这座城市在文艺复兴时期的画作，你会发现这座城市的变化如此之少。建筑、桥和小船看起来还是和以前一样。除了精致的衣服以外，唯一能注意到的区别就是卫星电视天线取代了屋顶的许多烟囱。威尼斯看起来在时间中凝固，它像一座历史主题的公园，现代世界从未真正闯入。在这里，到处是美丽和古老的景象，甚至破旧的东西也闪耀着辉煌。许多现代旅行者只在白天到此旅行，乘着巨大的游轮抵达，停泊在潟湖上，这通常会引起争议。在中世纪，游客们停留的时间更长，经常定居数年，将威尼斯当成他们的家。当时这座城市接纳和进取的氛围欢迎人们这样做。在12世纪，源源不断的德国商人开始抵达，在里亚尔托桥（Rialto Bridge）附近的繁忙地区立足，并于1228年建立了他们的总部，威尼斯德国商馆（Fondaco dei Tedeschi）。这些富有冒险精神的北方人是移民潮的一部分，使威尼斯的人口膨胀。到1300年，威尼斯人口已达到12万人。[1]

另一个重要的外国人社区是希腊人社区，他们大批来到威尼斯生活和展开贸易活动。他们带来了古代的文化和语言，这很可能成为诗人和学者彼特拉克（Petrarch）于1351年来到威尼斯的原因。他想学习希腊语，以翻译他在旅行中收集的经典著作，这将为人们称之为人文主义的运动提供基础。彼特拉克是威尼斯总督安德烈亚·丹多洛（Andrea Dandolo，1306—1354年）的朋友。他本人通过清楚易懂、研究透彻的城市历史帮助威尼斯发起文艺复兴运动。这两人在知识方面保持活跃的联系。彼特拉克离开这座城市后，他们经常通信，丹多洛去世后，他的秘书继续与彼特拉克通信，他们热切地与意大利其他地方的学术发展保持同步。他们甚至劝说彼特拉克回到威尼斯，希望他去世时能将杰出的藏书留给这座城市。不幸的是，威尼斯的一些贵族与他争论亚里士多德的逻辑，破坏了这一计划。彼特拉克暴怒，将他的手稿装上船，驶回大陆，再没回来。

彼特拉克是意大利文艺复兴的一位创始人，激励下一代通过任何可能的方式收藏手稿，促进学习。他与一位名叫科卢乔·萨卢塔蒂（Coluccio Salutati，1331—1411年）的年轻学者通信并鼓励他，后者将他作为佛罗伦萨（Florence）校长的大部分收入用来收藏800部手稿，其中一本是我们在西西里岛遇见的《天文学大成》的拉丁语译本。萨卢塔蒂将佛罗伦萨建成14世纪的知识中心和古典书籍的主要市场。1396年，他邀请拜占庭外交官曼努埃尔·赫里索洛拉斯（Manuel Chrysoloras）来这座城市教授希腊语，这是一千年以来第一次将这门语言作为一门学科学习。*萨卢塔蒂也具有远见，他写信给赫里索洛拉斯，请求他从君士坦丁堡尽可能多带希腊语手稿过来。赫里索洛拉斯在佛罗伦萨只待了三年，但从他获得的称赞来看，他的教学非常优秀，不仅对他的学生，也对使用他的希腊语法教材的后代产生了革命性的影响。字典、语法和其他语言辅助设备是这一时期知识传播的重要手段，对任何努力学习新的语言或翻译手稿的人来说都是巨大的优势。以前，只有教师或口译者（在托莱多和西西里岛盛行）才能提供这种知识。赫里索洛拉斯的课程的第二部分专注于从希腊语到拉丁语的翻译，避开像克雷莫纳的杰勒德这样的早期翻译者所采取的逐字翻译方式，而更倾向于强调文本含义。

赫里索洛拉斯的学生是高产的翻译者，运用他们新近获得的语言技能译出古典著作新的改进版本，从希腊语原著直接翻译过来。与此同时，勇敢的学者们启程到意大利山区的偏远修道院，希望找到在它们图书馆里经过几个世纪尚存的古老的被忽视的著作。有些人，比如教廷抄写员波焦·布拉乔利尼（Poggio Bracciolini），走得更远，向北越过阿尔卑斯山前往德国和瑞士。历史学家斯蒂芬·格林

* 但是，正如我们在前一章看到的那样，在整个中世纪，西西里岛和意大利南部的部分地区居民一直讲希腊语。

布拉特在《大转向》（*The Swerve*）这本有趣的书中描述了“一流手稿猎人”波焦前往修道院（诸如圣加仑修道院和克吕尼修道院）的旅行。波焦也是一流的写作者，他与许多朋友和熟人交换的信件反映了他的个性。他是一位博学的学者，为几位教皇工作过，能够尽情引用西塞罗的话，但也写过下流的短篇故事集。在德国旅行的时候，他曾愉快地参观过公共浴室，他写信给他的朋友尼科洛·尼科利（Niccolò Niccoli）说：“看到老妇和年轻点儿的女人在男人眼前赤裸裸地进入水中，对旁观者展示她们的私处和臀部，这很滑稽。”[2]

波焦对康斯坦茨湖（Lake Constance）周围山区修道院图书馆的探索取得了一些有趣的成果。他发现了西塞罗的一些不知名的演讲稿和包括昆体良（Quintilian）全集的手稿。这些都得到了意大利人文主义者的好评。特别是他最后的发现使其他所有发现都黯然失色。1417年1月，在一座修道院图书馆深处的布满灰尘的架子上，他发现了罗马哲学家卢克莱修（Lucretius）所著的《物性论》（*De rerum natura*）。这本书消失了几个世纪，只留下传闻。这部复杂的抒情史诗包含着打破旧习的思想，对现有秩序存在威胁，一千多年来受到教会的谴责和压制，能够幸存下来真是奇迹。*

卢克莱修（前99—前55年）是一位伊壁鸠鲁派（Epicurean）学者，是公元前3世纪在希腊建立的这个哲学学派的追随者，其基础信仰（结果证明很有远见）是存在的一切都由微小的基础材料构成。伊壁鸠鲁派称这些基础材料为“原子”，这种物质非常小以至于不能进一步分割，也不能被创造或毁灭。在《物性论》中，卢克莱修热情地支持这一观点和由此产生的一系列思想：没有创造者或神的

---

* 4世纪基督教著作者圣杰罗姆对淫秽的细节有着特别的关注，他声称，卢克莱修在喝了春药之后发疯自杀，年仅44岁。

计划；创造中的一切都是进化而来，并在继续进化、调整和繁殖；人类只是这个星球上数百万生物体中的一种，在宇宙中没有核心或独特作用；没有必要害怕死亡，因为灵魂会死，没有来世。这些思想今天在世界上的一些地区仍然存在很大的争议。因此可以看出，在基督教教会完全控制和组织的社会，它们看起来会多么危险和强大。谈起宗教，《物性论》毫不留情："所有有组织的宗教都是迷信的妄想……（并且）总是残忍的。"对伊壁鸠鲁派来说，"人类生活的最高目标是增加快乐和减少痛苦"。这种观念与基督教理念直接抵触，后者认为今世的痛苦为你赢得来世的快乐。[3]基督教著作者曲解了这一点，将伊壁鸠鲁派描述为放荡、没有道德而只对自己的低级欲望感兴趣的一类人。从许多意义来说，这部诗歌读起来像是现代科学的宣言，它如此富有远见，我们现在都还没有充分理解或探索它所讨论的所有思想。波焦在修道院图书馆做了一本手抄本，寄给他的朋友尼科洛·尼科利，后者自己也制作了精美的手抄本，这个过程耗时14年。波焦还书的请求变得越来越强烈，最后他一收到这本书，它的手抄本就开始传播。卢克莱修迷人的诗歌开始在欧洲的知识网络内流传，在整个大陆重新露面：波提切利（Botticelli）的《维纳斯的诞生》（*Birth of Venus*）、米歇尔·德·蒙田（Michel de Montaigne）在《蒙田随笔》（*Essays*）中对性和死亡的处理与莎士比亚（Shakespeare）笔下在《罗密欧和朱丽叶》（*Romeo and Juliet*）中陪伴麦布女王（Queen Mab）的侍从[4]的超现实之美都有体现。《物性论》的50份手稿从15世纪保存至今，数量巨大，表明其受欢迎程度。当这一著作大约于1473年或1474年在布雷西亚首次印刷时，更让它备受欢迎，随后于1486年和1495年分别在维罗纳和威尼斯出现了其他版本。这本书所有的版本中最成功的是1500年由阿尔丁出版社出版的版本。

《物性论》是包含科学思想的拉丁语著作的罕见例子，但对数学、天文学或医学感兴趣的学者知道，他们需要专注于寻找希腊语手稿。对于这些人，他们看向东方，而威尼斯是广阔的贸易帝国，包括爱琴海的大部分岛屿、中东的港口以及在君士坦丁堡的活跃社区，处于对他们有帮助的无与伦比的位置。威尼斯的官员驻扎在这些岛屿上，担任地方法官和管理者，他们亲身体验了希腊教育的价值。这种教育的基础是对希腊原文古典文学、哲学和科学著作的研究。他们购买手稿并带回威尼斯，在这座城市的人文主义学校中开设语言课，作为课程的一部分。他们撰写评注，抄写手稿，建立希腊语著作的经典。1463年，他们在帕多瓦大学设立了希腊语教授的职位，这里是威尼斯境内唯一的高等教育中心，贵族们将他们的儿子送到这里完成学业。在这个世纪里，随着时间的推移，威尼斯贵族逐渐受到良好的教育，对古典思想也慢慢感兴趣。

背景不那么显赫的学者，包括威尼斯本地人和游客，加入并丰富了精英的知识圈子。1453年，土耳其人占领君士坦丁堡，在此之前的几十年和随后的几个月，希腊人大批抵达。这座古城对其基督教居民来说不再安全。当他们向西逃离时，威尼斯与希腊近东地区近在咫尺，成为众人皆知的目的地。在这里，他们发现了希腊人和讲希腊语的意大利人，这里对他们的祖国持开放态度。他们在离开君士坦丁堡的时候，带着最宝贵的财产：黄金和珠宝，当然还有艺术品、金钱、灵修物品和书。这是历史上最重要的一次手稿散布。位于金角湾的这座城市的古老图书馆中安全保存的数千本书从架子上被取下，装在木箱里，用车运送到港口，装上逃往欧洲的船只。当它们抵达意大利时，人文主义学者正在焦急等待。他们手持羽毛笔，准备抄写、翻译和编辑这些书籍，要制作最好、最准确的版本，以重新发现古代希腊人未受后来的世纪污染的纯朴智慧。

在这一时期从东方到来的所有伟大的学者中，最著名的是来自黑海沿岸的特拉布宗（Trebizond）的巴西雷奥·贝萨里翁（Basilios Bessarion，1403—1472年）。贝萨里翁在君士坦丁堡接受了良好的教育，后来又在伯罗奔尼撒半岛（Peloponnese）师从著名的格弥斯托士·卜列东（Gemistus Pletho）研究新柏拉图（Neoplatonic）哲学。作为具有外交才能的天才学者，贝萨里翁在东正教的等级制度中很快得到提升。15世纪30年代，他作为代表团的一员被派往意大利，协商东西教会的统一。他的漫长而引人注目的职业生涯全方位地展现了重新统一希腊和拉丁世界的愿望。从拜占庭到意大利，从希腊语到拉丁语，他是人、思想和书籍流通的枢纽。在这一过程中，他拯救了大范围的希腊文化，否则这一文化会被入侵的奥斯曼土耳其人（Ottoman Turk）毁灭。贝萨里翁给意大利人留下了如此深刻的印象，以至于教皇尤金四世（Pope Eugene IV）任命他为红衣主教。这对于东正教神职人员来说是闻所未闻的荣誉，这一任命标志着他正式进入意大利生活。他搬进了罗马亚壁古道（Appian Way）的一座优雅的房子里，它通风良好的房间里和荫凉的凉廊里挤满了刚从君士坦丁堡过来的希腊移民，他们是聪明的年轻学者，伟大、善良而又博学。在他的慷慨而鼓舞人心的赞助下，这里成为人文主义的非官方学院，是欧洲最大而又最有价值的藏书地点之一。红衣主教在他的房子里设立了缮写室，为他自己的藏书和拜访他的人提供抄写本。他与学者一起工作，许多手稿的页边写满了他亲手写的笔记。他有自己的译著，并根据他对统一的愿望，写了一篇论著，试图将亚里士多德的哲学和柏拉图的哲学协调起来。然而，他最伟大的财富是他的图书馆，这是“文艺复兴时期形成的所有图书馆中藏书最丰富的一个”[5]，收藏了保存至今的最稀有、最宝贵的一些手稿。

贝萨里翁作为教皇的特使的职位意味着他游历广泛，无论他去哪里，他都在寻找志同道合的学者和有趣的书。1460年，他在维也纳遇见了两位富有天赋的天文学家，乔治·冯·佩尔巴赫（Georg von Peurbach[或Peuerbach]）和约翰·缪勒（Johann Müller，被称为雷吉奥蒙塔努斯[Regiomontanus]）。这次会面不仅对当事人具有深远意义，对科学的整体发展也具有深远影响。佩尔巴赫是雷吉奥蒙塔努斯的老师，他是一位杰出的学者，年轻时在意大利学习过，还曾拒绝过博洛尼亚大学和帕多瓦大学的工作机会，而是回到他的家乡奥地利（Austria）教授和研究星辰。他的《阿方索星表》的不朽版本根据他自己的观察更新了内容，是我们所遇到的一连串的星表中最新的一个。这是佩尔巴赫的代表作。雷吉奥蒙塔努斯在十三岁的小小年纪就跟随佩尔巴赫学习，毫无疑问是佩尔巴赫最聪明也最早熟的学生，很快成为他的学术伙伴。他们一起观测，于1456年6月注意到哈雷彗星（Halley's Comet）的出现，并无休止地讨论起他们和其他天文学家的工作。贝萨里翁委托他俩制作托勒密《天文学大成》的简明的新版本，用于教学。他们立即开始工作，但翌年佩尔巴赫猝然离世，年仅37岁。雷吉奥蒙塔努斯只得继续独自工作，于1462年完成。

《概论》（*The Epitome*）是《天文学大成》传播的里程碑。这本书由于其长度（仅为原著的一半）而更易使用，文本清楚，结构严谨，本身“使天文学家获得他们之前未能实现的对托勒密的理解”[6]。它包括其他学者的广泛理论，其中有泰比特·伊本·奎拉、宰尔嘎里和《托莱多天文表》的作者们，并建立在克雷莫纳的杰勒德对托勒密巨著的拉丁语译著的基础上，还添加了贝萨里翁所拥有的希腊原著手稿细节的补充。*这是亨里克斯·亚里斯提卜从君士坦丁堡带回西西里岛的手稿，现保存于威尼斯的圣马可国家图书馆（Biblioteca Nazionale Marciana）。1496年，雷吉奥蒙塔努斯完成工作以后30年，《概论》在威尼斯得到印刷。它成为大学课程的标准教材，向未来的天文学家——哥白尼、布拉赫、开普勒和伽利略——介绍了托勒密体系的杰出之处，最重要的是，也介绍了它的缺点。在解决这些具体问题时，他们提出了创新的解决方法，将天文学推进到认知的新时代。

贝萨里翁说服雷吉奥蒙塔努斯和他一起回意大利，以便他们可以继续一起工作。他们的关系是当时最重要、最充实的学术关系之一。贝萨里翁教雷吉奥蒙塔努斯希腊语，雷吉奥蒙塔努斯与他的赞助人分享他对于数学和天文学的广泛理解，在《几何原本》和《天文学大成》的手稿上做笔记，解释欧几里得的公理和托勒密的行星模型。他们于1461年11月20日来到罗马红衣主教的家，雷吉奥蒙塔努斯第一次看到他的赞助人那令人难以置信的图书馆，“除了帕普斯（Pappus），包含了数学复兴的每一个主要的古典来源”[7]。在这位年轻的天文学家的生活中，这一定是一个重大事件。作为年轻人，雷吉奥蒙塔努斯很幸运能够跟随佩尔巴赫研究，佩尔巴赫不仅分享了他对科学的热情，也去过意大利，当然也带回了在奥地利其他地方找不到的书籍。第一次来到罗马肯定是一个非凡的经历，能够看到古典废墟随意散落在整个城市，感受到古老的过去在各个地方的回声。贝萨里翁的家也不会让人失望：空气中充斥着学者们用希腊

* 这一手稿被当作希腊语《天文学大成》的第一个印刷版本的典范使用，于16世纪中叶在巴塞尔印刷。

语、意大利语和拉丁语展开的激烈讨论；缮写室放着一排又一排的桌子，抄写员在羊皮纸和纸张上奋笔疾书；还有数百本书，填满了墙上的柜子，有些是崭新的，有的很旧。这一定令雷吉奥蒙塔努斯心驰神往。

在那个时候，贝萨里翁图书馆不是罗马唯一引人注目的藏书之所。在1447年到1455年之间，梵蒂冈图书馆经过了人文主义者教皇尼古拉五世（Pope Nicholas V）的改造，他是充满热情的古典知识的崇拜者，也是赫里索洛拉斯（Chrysoloras）以前的学生。他吸引了来自整个意大利的藏书家和学者来教廷做研究，并派遣代理人到丹麦（Denmark）、德国和希腊寻找新的书籍。该图书馆起初藏书仅340册，到他去世的时候增加到1160册。*希腊著作由一个团队系统地翻译，其中包括波焦和他以前寻找手稿的合作伙伴乔瓦尼·奥里斯帕（Giovanni Aurispa）、洛伦佐·瓦拉（Lorenzo Valla）和一群刚从君士坦丁堡到来的希腊学者。在尼古拉五世的指导下，梵蒂冈图书馆成为世界上令人印象最深刻和最有价值的图书储藏地，今天它收藏了6万部手稿和8000本古版书。贝萨里翁密切参与了这项工作，向他的朋友提供建议和鼓励。教皇和红衣主教非常了解彼此，把他们联系在一起的不仅是他们在教会中的职位，而且是他们对于知识的热情，尤其是数学。**

在接下来的几年里，雷吉奥蒙塔努斯在意大利到处旅行，通常

---

* 到1475年，它包含了欧几里得的《几何原本》和托勒密的《天文学大成》的复本。

** 1450年，贝萨里翁在博洛尼亚大学代表教皇资助了四个新的数学教授职位，这两个人也委托了很多人翻译丢番图（Diophantus）、阿波罗尼乌斯、普罗克鲁斯（Proclus）、希罗，最重要的是阿基米德等古典数学家的作品，这些古典数学家的著作很少为人所知，他们与欧几里得相比黯然失色。尼古拉将阿基米德的这些译著中的一本借给贝萨里翁。这本书一直没有被归还，现仍存于威尼斯的圣马可国家图书馆。

在贝萨里翁的陪同下，与当时最伟大的人文主义者会面。其中包括列奥那多·布鲁尼（Leonardo Bruni）、莱昂·巴蒂斯塔·阿尔伯蒂（Leon Battista Alberti）和托斯卡内利（Toscanelli）。他在帕多瓦举办了一系列关于“所有数学学科”的讲座，包括阿拉伯天文学、他对研究阿基米德所做的工作和其他更多的主题。他和贝萨里翁一起访问了威尼斯，当时红衣主教作为教廷使节被派到那里，以及维泰博（他在那里做过天文学观测）、费拉拉（Ferrara），可能还有佛罗伦萨。他还找时间撰写关于三角学的开创性著作。然而，到1467年，他向红衣主教道别，回到奥地利，也许是为了和他的同胞分享他所获得的知识，就像他的导师佩尔巴赫所做的一样。

贝萨里翁多次访问威尼斯，对潟湖上的这座城市着了迷。作为使节，他住在圣乔治·马焦雷岛（the island of San Giorgio Maggiore）的本笃会修道院里，在那里他能够凝视潟湖的苍白水面，看到在阳光下熠熠生辉的广场和公爵宫殿的崭新外观。但他所欣赏的不只是威尼斯的美。这个宁静的共和国的独特政府制度给他留下了深刻的印象，他为它和他的祖国的亲密关系而高兴。1468年，红衣主教年已65岁，他开始考虑去世后，他那些日益增多的藏书该怎么办。梵蒂冈如此靠近他在罗马的房子，是一个显而易见的选择。他也考虑过佛罗伦萨，那里住着文艺复兴的许多重要人物，他们在艺术中开创性地运用数学。布鲁内莱斯基（Brunelleschi）的八角穹顶刚刚竣工，受到古典建筑的启发，应用几何和起重机得到尝试。而他对直线透视图的再发现改变了艺术家描绘世界的方式。佛罗伦萨已经拥有极好的藏书，其中最著名的是由统治这座城市的美第奇家族建立的圣马可修道院公共图书馆和他们家中的私人图书馆。威尼斯却没有类似的藏书，因此贝萨里翁决定将他的宝贵收藏赠予这座城市，他写信给总督克里斯托福罗·莫罗（Cristoforo Moro）说：

> 几乎整个世界的所有民族都聚集在您的城市，尤其是希腊人。他们从家乡飘洋过海，首先在威尼斯下船，迫不得已来到您的城市，在你们之间生活，他们似乎进入了另一个拜占庭。有鉴于此，还有什么会比我将这一遗赠赋予威尼斯人更适合的事情呢？因为他们对我众所周知的恩惠，我本人深为感激，并对他们的城市负有义务。我在希腊被征服以后选择威尼斯为我的国家，非常荣幸地得到接纳和认可。[8]

协议条款一达成，他就签署了《捐赠协议》（Act of Donation）。作为对“价值1.5万达克特的900册希腊语和拉丁语书籍”[9]的回报，威尼斯共和国将提供一座合适的图书馆建筑，来放置这些书籍，使“所有国家的学生”[10]都能接触到它们，并确保它们不会被带出这座城市。

在15世纪末，威尼斯处于商业霸权的顶峰。据说，你所梦想的一切都能在那里买到。据一位游客所言，圣马可广场是“全世界的市场”[11]。来自北欧的旅行者受到摊贩、向导、江湖骗子和乞丐们的攻击，闻着运河的臭气和香料的香味，听着船夫的哀叹和流水持续拍打石头的声音，这种情景一定让人陶醉。每年都会在这个广场上举行一次愉快的集市，度过欢腾的两个星期。数千人蜂拥而至，观看来自全球各地的商人展示他们的奇异物品和当地的工匠出售发光的镜子、褶皱花边和闪耀着彩虹颜色的精致玻璃器具。这座城市是全世界的奢侈品之都、时尚供应商和商业女王。圣马可广场总是挤满了商人，但这座城市真正的商业中心是里亚尔托（Rialto）。在11世纪，政府设立了管理经济事务的职位，市场得以扩大。一百年后，这里发展成为一个庞大的市场，包括边上设有特种商品商店的廊柱、私人银行、仓库和运河上的码头，货物在码头不断地被装卸。

威尼斯的商业成功获得了令人难以置信的财富。这一财富用来建设大运河沿岸的精心建置的宫殿，它们被称为casa（房屋，在威尼斯方言中被简化为“ca' ”）。这些地方是贵族世家的私人住宅和公共办公室，他们在这里与孩子们一起进餐，并与国外的商人签订协议。外观决定一切，没有必要在一个被水环绕的城市建造坚固的城堡和挖掘护城河。这使威尼斯建筑师和建造者可以自由地完全专注于美感和形式。贵族家庭竞相通过豪华的凉廊和精心的雕刻建造最为辉煌的外观。邦家族将他们的宫殿外墙镀金并装饰珠宝，凭借浮华终止了这场攀比，他们的宫殿被称为Ca'd'Oro——金色的房屋。

颓废和奢侈已经成为贵族生活的标志，但文化和学术研究也是如此，他们公然追求文化和学术研究，邀请最聪明的学者来这座城市工作。年轻的威尼斯贵族在家里跟随私人教师学习，在新近建立的学校学习。学校采用人文主义课程，教授希腊语和更传统的学科，比如修辞学和逻辑学。1397年，一所哲学学校在里亚尔托成立，数学成为不可或缺的课程。这些学校帮助它们的学生做好准备去帕多瓦大学学习，这所大学到15世纪中期已经因为教授文科和医学而著名。学者们在整个欧洲旅行，学习亚里士多德的自然哲学、欧几里得《几何原本》的前几卷和部分《天文学大成》。在医学方面，主要教材是盖伦和希波克拉底的著作，还有克雷莫纳的杰勒德翻译的阿维森纳的《医典》和拉齐的《医学集成》。

帕多瓦在1405年处于威尼斯的统治下，从1407年起，威尼斯的年轻人被禁止在意大利的其他地方学习，这是这个国家需要控制的典型例子。但这样做也有积极的效果，确保这两个地方之间能不断思想交流。帕多瓦的影响力鼓励威尼斯知识分子专注于科学，与佛罗伦萨和罗马的其他文艺复兴之都形成对比，在那些地方，建筑、哲学和文学占有最重要的位置。作为商人和航海家，威尼斯人是实用主义者，有兴趣将科学思想应用于在航海、会计、船只建造和技术中遇到的实际问题。随着贸易的增长和交易的复杂化，商人们需要越来越复杂的数学知识。斐波那契的算术理论是数学理论在日常生活中的最广泛的应用，正如他在《计算之书》中所说的那样。这本书在整个意大利北部的学校被使用，为年轻人提供会计技能、基础代数和几何知识。根据著作者吉罗拉莫·卡尔达诺（Giorlamo Cardano）所言，斐波那契更具有挑战性的思想——复杂的代数和著名的序列数论——蛰伏了三个世纪，直到一位名叫卢卡·帕西奥利（Luca Pacioli，1445—1517年）的年轻的佩鲁贾（Perugian）学者在威尼斯卡斯特洛圣安东尼奥图书馆（the library of San Antonio di Castello）偶然发现《计算之书》的手稿手抄本。帕西奥利接受了这些想法，并将其列入在他所收集的数学纲要巨著《数学大全》（*Summa de arithmetica*）中，引发后来几代学者的关注。

帕西奥利在这座城市担任一个威尼斯贵族家庭的私人教师，闲暇时参加里亚尔托学校的讲座。大约在1470年，他去了罗马，最终成为方济各（Franciscan）修士，致力于四处奔走的生活。但他似乎花了很多时间教授数学，和传上帝之道的时间一样多。彼特拉克、薄伽丘（Boccaccio）和其他早期人文主义者推广了意大利语，帕西奥利继续这样做，呼吁将拉丁语翻译为意大利语和用本国语写作新作品。他认为每个人都应该有机会学习几何学和算术学，并支持采用印度-阿拉伯数字。因此，他在文艺复兴时期的数学思想传播中占有独特的地位。帕西奥利是漫游最多的学者。他那流动的生活方式使他成为当时与外界联系最多的人，在意大利北部的每个贵族的宫廷和大学里都像在家一样。他在罗马与建筑师莱昂·巴蒂斯塔·阿尔伯蒂待在一起，拜访过那不勒斯。在佛罗伦萨与列奥纳多·达·芬奇一起住过一段时间。由于他对几代商人所使用的“威尼斯方法”（现称为复式记账）的清楚解释，他被称为“会计之父”，这个称号很重要（如果并不令人兴奋的话）。帕西奥利的数学兴趣尤其广泛，他撰写算术著作，是研究欧几里得的专家，经常讲授《几何原本》，出版拉丁语和意大利语的新版本。他将他所有的知识汇集到代表作《数学大全》中，用意大利语写成，以便能让尽可能多的人读到，这本书1494年在威尼斯出版。它精湛地编辑了实用主题，比如重量和尺寸，也体现了更多的理论领域，比如代数和几何。这不是原创著作，但通过为学者提供欧几里得、花拉子密和斐波那契的理论的有效总结，对下一个世纪产生了巨大的影响。帕西奥利强调了数学的研究和应用对像勘测员、木匠、雕刻师和建筑师这样的专业人员的重要性，将数学的实用和理论要素结合在一起，使所有人受益匪浅。

印刷机的发明使帕西奥利所设想的这种规模的知识传播开始成为可能，使社会中更大部分的人能够接触图书并能负担得起（相对而言）。在15世纪30年代中期，约翰内斯·谷登堡（Johannes Gutenberg，1400—1468年），斯特拉斯堡（Strasbourg）的一位年轻的宝石切割者设计了一种创新的图书生产方法，这一技术将改变历史的进程。他运用金属加工技巧，用锡、铜和锑的特殊合金铸造了几百个字母，然后将它们在框架内排列成文字和段落。他根据苹果榨汁器的标准设计，将油墨涂在字母的表面，将框架正面向下固定在木制印刷机里。将一张纸放到印刷机里面后，他将操作杆下压，将字母上的油墨印到页面上，创造了西方世界的第一页印刷文件。*谷登堡花费了几年时间完善他的设计。但到1450年，他回到他的出生地美因茨（Mainz），开办了第一家印刷厂。五年以后，他在仅仅几周内印刷了180本《谷登堡圣经》——这是他印刷的最著名的著作。抄写员可能需要数年时间才能完成同样的任务。生产速度的大幅提升使印刷机变得如此重要。这一发明带来的突破性结果对谷登堡和他同时代的人产生影响。这个消息不胫而走，未来的教皇庇护二世（Pope Pius II）对法兰克福的一本印刷版《圣经》极为赞赏，写信给在意大利的朋友们，吃惊地描述这种印刷是多么清晰。人们接受培训，开始制造和操作印刷机。这种技能很快传播开来，起初是在德国境内，后来传播到其他国家，尤其是意大利。**

威尼斯人总是在寻找机会，他们立即看到了印刷机的潜能。1469年，授予施派尔的约翰尼斯（Johannes of Speyer）在威尼斯印书的特权（垄断权），宣布"我们时代的这一特殊发明虽然不为之前的时代所知，但将在各方面得到促进"[12]。约翰尼斯翌年去世，他的垄断权也随之消失，包括他的兄弟文德林（Wendelin）在内的其他人就在这座城市建立起印刷厂。在三年之内，超过130本书被印刷，其中一半以上是古典文学或语法，其次是宗教书籍，然后是法律、哲学或科学书籍。毫无疑问，他们支持了胜利者。事实上，这座城市拥有印刷蓬勃发展所必需的所有条件：庞大的受过教育的阅读人群，提供资金支持的组织良好的银行部门，有进取心的政府，成熟的贸

---

* 中国人在13世纪初发明了自己的印刷机。

** 在15世纪，意大利有印刷厂的地方有80个，德国有64个，法国有45个。参见Leonardas Vytautas Gerulaitis, *Printing and Publishing in Fifteenth Century Venice*, Chicago: American Library Association, 1976, p.63。

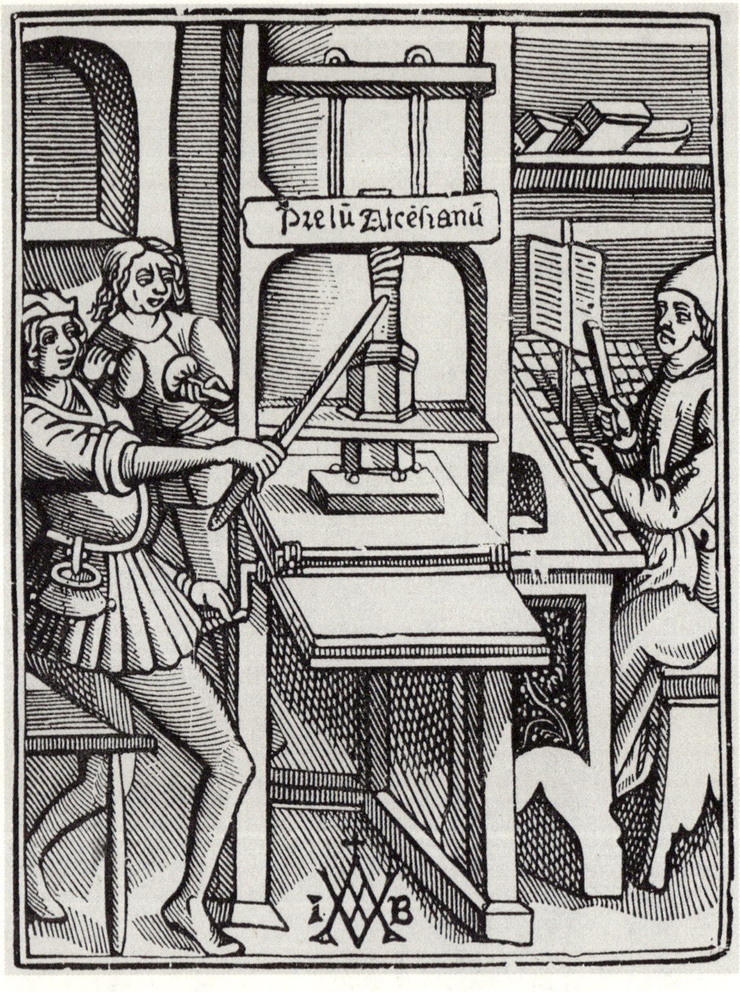

图为早期印刷厂做木刻的场景

易网络；最重要的是，来自大陆的威尼斯各省的稳定的纸张供应。当时造纸业在欧洲已发展起来，从巴格达经过西班牙到意大利，这一旅程花费了几个世纪。最重要的是，这座城市不仅欢迎外国人，而且积极邀请他们过来。第一代印刷业从业人员全部来自德国，他们加入威尼斯德国商馆的蓬勃发展的商人社区。因此，威尼斯很快成为印刷业的佼佼者。到1500年，这座城市有大约30家印刷厂在运营，1500年之前印刷的书籍总数的35%～41%来自威尼斯的印刷厂。

印刷业在威尼斯快速起飞，这肯定不是胆小鬼能做的工作。印刷者需要一系列望而却步的技能和专业知识：木工手艺、化学、语言和冶金术。他必须同时是艺术家、商人和学者。印刷厂是个喧闹而危险的地方，成桶的油墨沸腾冒泡，处理腐蚀性的化学物质和燃烧的沥青（为了使油墨变黑）是日常工作，更不用说操作印刷机本身的沉重木框架。许多早期的印刷商无法应对这一过程中的巨大技术挑战和生产图书所必需的财务支出。竞争很激烈，许多人破产，失去一切，只有25%的印刷商能设法经营五年以上。威尼斯的印刷厂集中在默瑟里亚（Merceria），这些喧闹而狭窄的街道将圣马可广场和里亚尔托连接起来，展现每家印刷厂的设备的标志在每家印刷厂外摇摆，桌子上放着书，供顾客浏览，印刷机在后面的车间里叮当作响。

这些印刷厂印刷了很多不同类别的书：古典文学、占星术指南、学校教科书、《圣经》、实用手册和数量惊人的科学著作。谈到15世纪末威尼斯的科学出版，最重要的人物是名不见经传的埃哈德·拉特多尔特（Erhard Ratdolt）。拉特多尔特于1475年从他的祖国德国来到威尼斯。当时第一家印刷厂刚开业几年。他与另外两位德国人合作，开办了一家印刷厂。他们印刷的第一本书是雷吉奥蒙塔努斯的《星历表》（*Calendarium*）*。史学家们因此猜测，拉特多尔

* 这是包含天文学数据以及节日和斋戒日期的日志，表明太阳何时进入不同的黄道十二宫（signs of the zodiac）。拉特多尔特印刷了意大利语和拉丁语的《星历表》。

15世纪威尼斯地图

特在纽伦堡（Nuremberg）时为这位天文学家工作过，直接从他那里获得了手稿。雷吉奥蒙塔努斯1467年时返回德国，四年以后，决定自己印刷他所有的数学著作目录，以期建立科学标准和一致性。获得纽伦堡一位富商的支持后，他建立了独立的研究机构，拥有自己的图书馆、印刷厂、观测台和生产书籍的车间。这标志着西欧科学家的角色出现了转折。雷吉奥蒙塔努斯不再是漂泊的学者，需要依赖贵族和教会的赞助，他现在完全独立，成为天文学家印刷商中的第一个，他将在以后几年主导这一学科。他印刷的第一本书是乔治·佩尔巴赫的《行星的新理论》（*Theoricae novae planetarum*），向他的导师致敬。

1474年，雷吉奥蒙塔努斯将他的出版项目扩展到47部著作，包括《天文学大成》、《几何原本》、托勒密和欧几里得的其他著作，阿基米德的其他著作，阿波罗尼乌斯的《圆锥曲线论》和其他来自《小天文学》的文本，以及他自己的一些著作，比如《概论》。换句话说，就是数学和天文学的全部经典。他还着手出版列出一年里的每一天的恒星和行星位置并提供其他天体信息的星历表（天文图表）。星历表自问世后一直供不应求。它们被用于航海、占星和天文学研究。如今，它们由美国国家航空航天局（NASA）运用特别设计的软件生成，主要用于航天器的导航。

这样一个雄心勃勃的企业需要相当多的劳动力。虽然我们不能十分确定，似乎拉特多尔特是雷吉奥蒙塔努斯为帮助印刷而雇用的年轻人之一。在这个时候，掌握这项新技术的人并不多，我们从拉特多尔特后来的印刷事业得知，他对天文学和数学感兴趣，这使他成为雷吉奥蒙塔努斯项目的完美人选。假设他们一起工作，雷吉奥蒙塔努斯可能告诉拉特多尔特意大利的奇观，并将威尼斯作为建立印刷厂的极佳地点推荐。最重要的是，这解释了为什么拉特多尔特在威尼斯印刷的第一本书是《星历表》，可能根据的是他从纽伦堡带给他的手稿。

《星历表》是拉特多尔特出版的许多天文学和数学著作中的第一本。1482年，他根据阿德拉德/坎帕努斯版本发行了《几何原本》的第一个印刷版。这是欧几里得这部伟大著作历史上的里程碑，标志着它从古亚历山大城的脆弱卷轴到文艺复兴中威尼斯的印刷书籍的漫长历程的结束，也是数学史和印刷史上的关键时刻。由于拉特多尔特的独创性，这是第一次将图解印刷在纸上。他找了两本书特别展示，印刷在牛皮纸上，并用金色的墨致信总督。在这封信中，他解释说，他不明白为什么这样一本开创性的书之前没有得到印刷，直到他意识到制作图表的任务多么有挑战性。他通过制作420个单独的木刻解决了这一问题，他在书中特别设计的超宽边缘上印刷，保留扉页的花边并装饰手稿的每一章开头的大型首字母。印刷书籍尚未发展出自己的风格，仍然尽可能设计成像手稿的样子。拉特多尔

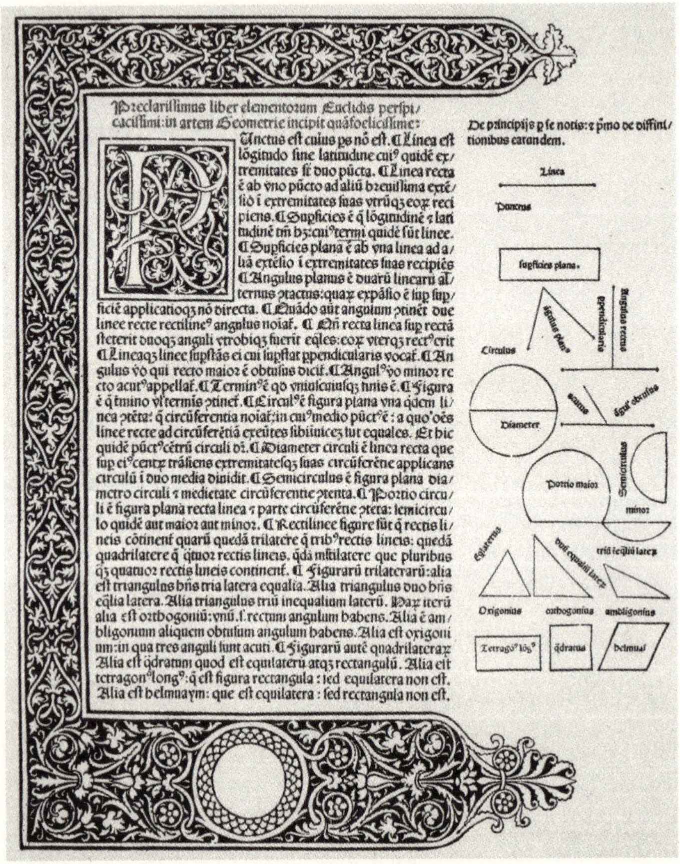

拉特多尔特《几何原本》1582年印刷版第一页，说明几何图形和它们的名称

特版的《几何原本》和这本书的其他开创性复本可以相提并论，后者包括在俄克喜林库斯发现的莎草纸碎片和阿雷萨斯主教（Bishop Arethas）于888年购买的精美手抄本。这对威尼斯的印刷、数学知识的传播和拉特多尔特来说都很重要。

在接下来的几十年里，《几何原本》被重新发行和多次印刷。1505年，在威尼斯出版了以希腊手稿为基础的新的拉丁译著。三年以后，帕西奥利返回这座城市，着手准备出版以阿德拉德/坎帕努斯译著为基础，但经过修改和更正的新拉丁语译著。1533年，第一版在希腊被印刷，十年以后出现了意大利语版本，随后几年出现了欧洲其他语言的版本。拉特多尔特成为威尼斯最成功也最受人尊敬的印刷商之一。1485年，他印刷了11本书，并在印刷图形和图表方面取得了开创性的成就。他发明了一种方法，能够在同一页面同时使用三种不同颜色的油墨。他在一系列天文学书籍中展示了这一新技术，用图解显示了月食变化的不同阶段，精美地描述了月食。拉特多尔特还设计了第一个“现代”扉页，使用阿拉伯数字注明他的出版日期，还发行了模式样本页和勘误表。拉特多尔特成功的消息肯定传到了他的家乡奥格斯堡，因为主教请他回去用他的专业知识为他的同乡们服务。因此，拉特多尔特收拾了他的铅字和木刻，带着他的妻子和孩子回到了奥格斯堡，在那里度过他余下的职业生活——主要是印刷宗教书籍。但由于他的许多非凡创新没有赢得多少声誉，他在很大程度上被遗忘，与威尼斯首个印刷时代的另一位伟大的创新者阿杜思·曼尼修斯（Aldus Manutius）相比，完全相形见绌。*

---

* 对阿杜思·曼尼修斯和阿尔丁出版社的研究有很多，但关注拉特多尔特的研究只有两项。

阿杜思和其他印刷商之间的主要区别是，他本身是严肃的学者，而其他人通常都是工匠，虽然他们对知识也有兴趣。这点很重要，因为印刷的每一本书都要用至少一份手稿（被称为样本）来制作（如果书是单本的话）。制作手稿的定本需要专业的技能和知识。手稿准备好以后，由排字工人设置铅字，他们坐在高高的凳子上，前面放着手稿。这个过程很耗费时间，也很复杂。手稿通常很难阅读，拼写或字体也没有标准化。因此，排字工人必须既聪明，又受过良好的教育。如果他们犯了错误，就会影响最终书籍的质量。确定印刷商用的创造新的印刷版本的最初手稿是极其困难的。许多手稿肯定都被扔掉了，在印刷了几百本书之后就用不着了。在印刷厂的繁忙而肮脏的环境中用个几周，它们很可能已经被损坏并溅满了油墨。

威尼斯当然不乏藏书，以供应手稿给印刷商。藏书家、学者和印刷商通常一起努力生产印刷书籍。阿杜思·曼尼修斯凭借其语言技能和广泛的知识，能够将这些方面融合在一起。他是威尼斯印刷业举足轻重的人物，创造了斜体字、小开本书、清晰易读的希腊字体、分号和许多其他发明。很多人认为他发明了我们今天的书。

曼尼修斯在罗马大学（University of Rome）学习过，后来前往费拉拉学习希腊语，并做过年轻贵族的私人教师。他看起来追随了意大利文艺复兴学者的传统道路。但在1489年，他突然改变了路线，移居威尼斯。五年以后，他建立了阿尔丁出版社（Aldine Press）。

阿杜思在威尼斯的生活很快步入正轨，他知道自己的价值，并且可以毫不费力地做到这一点。[13]凭借其强大的智力、挥洒自如的魅力和对学术研究的无限兴趣，他很快成为这个圈子的关键成员。这个圈子以乔治·瓦拉（Giorgio Valla）为中心，他是当时威尼斯最伟大的数学家，他的手稿收藏是最重要的收藏之一。瓦拉在被他称为

《首批文艺复兴时期百科全书》（*De expetendis et fugiendis*）的手稿中编辑了古典数学和哲学的来源，这是他对科学思想传播做出的主要贡献。曼尼修斯在1502年出版了这本书，但当时瓦拉已经去世两年，他的图书馆已经不在威尼斯。*这本书极其具有影响力，为下一代学者提供了广泛的结构严谨、翻译清楚并容易获取的科学材料，经常作为参考指南使用，在很多情况下，是唯一的印刷版源文本。瓦拉是公共数学教师，但他也曾主持过一个希腊抄写员的圈子，并教授建筑学和诗歌。他的两个学生去了西西里岛的墨西拿进修希腊语。1494年，他们回到威尼斯，带回一本希腊语语言指南。阿杜思将它和赫里索洛拉斯的语法书合并起来，创作了他早期出版的一本书，明确表明了他促进希腊语研究的意图。

埃尔莫劳·巴尔巴罗（Ermolao Barbaro）是瓦拉的一位密友，实际上也是带他到威尼斯的人。埃尔莫劳会讲希腊语和拉丁语，这使他能以从他的祖父和父亲那里继承的书籍作为基础。这些书放在大运河沿岸，从黄金宫（Ca'd'Oro）开始的豪华家族宫殿中。他让我们深入洞察到一位富裕知识分子田园诗般的夏日日常生活："上午集中研究亚里士多德和希腊演讲家或诗人，然后吃一顿清淡的午餐，有肉汤、鸡蛋和水果；饭后是更轻松的阅读和抄写，之后与任何想讨论文学或哲学的朋友交谈；最后，吃一顿野味烧烤，在植物园里散步，思考迪奥斯科里德斯的本草学，再上床睡觉。"[14] 这些思考使巴尔巴罗开始出版自己的《药物学》译著，但他最著名的是对普林尼的《博物志》（*Natural History*）中的不准确说法的严厉攻击。

与15世纪末威尼斯的许多印刷商不同的是，阿杜思·曼尼修斯

---

* 他的大部分藏书今天保存在摩德纳（Modena）的埃斯特图书馆（Estense Library）。

既不是德国人，也不是法国人，而是意大利人。他于1494年至1495年建立了阿尔丁出版社，当时法国军队入侵意大利，致命的瘟疫暴发，混乱席卷意大利大陆。威尼斯未能逃脱瘟疫，几千人丧命，但它确实避开了法国人，因为他们没有装备驶过潟湖攻击这座城市。这一非凡的运气使威尼斯超越佛罗伦萨，成为意大利的知识之都。佛罗伦萨陷入动乱，在狂热的修道士萨佛纳罗拉（Savonarola）的影响下受到镇压。他压制了这座城市的求知欲，许多学者逃亡，其中有些人去了威尼斯。作为这座城市最杰出的印刷商，阿杜思在威尼斯的崛起中发挥了主导作用。他的成功取决于几个因素。首先，他是一个有天赋的人，无论是作为学者还是作为企业家；另外，他很幸运，他的到来恰逢其时，发现了市场的一个空白——用希腊语印刷。在他的合作者的帮助下，他设计了一系列优雅的希腊字体（其中一种字体建立在赫里索洛拉斯的笔迹的基础上），开始用原来的语言印刷古典书籍。这样做，他实现了人文主义的最终理想，就是让现代读者接触到古代人的原始知识而不受翻译的破坏。他的出版社起初建立在圣阿戈斯蒂诺（San Agostino），后来搬到墨瑟里亚，成为这座城市的知识中心。每天，络绎不绝的学者来到这里，用希腊语辩论最新的问题（讲其他任何语言会被罚款），并为印刷准备文本。欧洲“文人共和国”（Republic of Letters）的主要人物都来此表达他们的敬意：伊拉斯谟于1508年1月抵达，监督他的《格言》（*Adages*）的出版；德国人文主义者约翰内斯·罗伊希林（Johann Reuchlin）比他早几年访问威尼斯；而托马斯·林纳克（Thomas Linacre）也从英国远道而来。这并没有让阿尔丁出版社成为一个容易工作的地方。1514年，在阿杜思去世前一年，他写道：“除了其他六百个人，还有两件事尤其打扰我的工作。首先是世界各地博学的人经常写给我的信……还有访客，他们坐在那里，一直在讲话。”[15] 看来处于知识世界的中心也有困扰。

很长时间以来，史学家认为，曼尼修斯的出版社出版的版本采用的是贝萨里翁二十年前捐赠给威尼斯的手稿选集，但事实似乎并非如此。这些书分两批抵达。第一批于1469年来自罗马，有30箱，由一队骡子运载，翻过亚平宁山脉。其余的书从乌尔比诺寄过来，在那里，贝萨里翁将它们交给费德里科·达·蒙特费尔特罗（Federico da Montefeltro）公爵照管。这位公爵是一位热情的数学家和教育的赞助者。这些书到达威尼斯以后，被存放在总督宫中的一个房间，仍放在包装箱里。它们一直放在那里，悄悄地腐烂，直到1531年总算从箱子里取出，放在大教堂门上面的一个房间的架子上。又过了三十年，为得到贝萨里翁的赠书而向他许诺的图书馆建筑总算竣工，赫赫有名的圣马可国家图书馆终于诞生。因此，这是印刷史上的一个悲哀的讽刺——曼尼修斯在出版亚里士多德、阿里斯托芬（Aristophanes）和其他人的著作的希腊原文版本，他们的著作的希腊原文手抄范本就放在这座城市的另一边的箱子里，但他却接触不到。

曼尼修斯最重要的才能是推销自己的书：他是第一个预测15世纪最后二十五年书籍世界变化的人，并考虑到这些变化，设计营销和宣传战略[16]，他在这一领域发挥了领导作用。从1502年起，阿尔丁的标志“海豚与锚”的策略是这一战略的核心，标记于所有版本的扉页上，是阿尔丁质量的保证，充满了权威感和卓越感，这可能是成功品牌的第一个案例。其他出版商在很大程度上仿造了这一标志，显然证明了它的成功。

阿尔丁出版社最引人注目的出版物是希腊语的亚里士多德全集，

来自整个欧洲的学者参与了这项包含五卷巨著的事业，他们寻求手稿来源，并对最后的版本编辑加工。英国人文主义学者托马斯·林纳克发挥了重要作用。他于15世纪90年代在威尼斯逗留期间，帮助阿杜思编辑版本。他带回家的复本印在牛皮纸上，今天仍保存在牛津的新学院图书馆（New College Library）中。每一卷都工整地题写着他的名字："托马斯·林纳克"。对那些能负担得起又懂希腊语的人来说，从古至今，这是亚里士多德哲学的全部著作首次能被买到。但是这一雄心勃勃的出版物制作成本昂贵，赚不到什么钱。阿杜思很快意识到，他必须将他的印刷项目多样化，包括对更广泛的读者更有吸引力的书；而且，因为很少有人能读懂希腊语，它们必须用拉丁语和意大利语印刷。人文主义的理想很好，但他必须让出版社能够维持下去。

15世纪的最后几年和16世纪的上半叶，有很多希腊语的哲学书和文学书出版。医学则并非如此。印刷商们根本找不到手稿，也很少有医生能读懂希腊语。因此，医学书的出版能否成功尚不确定，更不必说，贝萨里翁的藏书包括盖伦论著的选集。但正如我们所看到的那样，它们在总督宫中无人问津。大学课程根据《西方医学基础》已建立起医学教学。许多人认为，这些书已经足够，但在幕后，确切地说，在私人藏书的围墙内，事情正在悄然发生变化。在寻找手稿的过程中，人文主义学者不可避免地发现了以前未知的盖伦著作（他的著作看起来几乎取之不尽，甚至在被写成将近2000年后的今天，偶尔还会发现他的新著作）。*学者们在考察这些新著作的时候意识到，盖伦医学涉及的各方面在阿拉伯和中世纪传统中不存

* 在2005年初，一名法国研究生在塞萨洛尼基（Thessaloniki）的一座修道院发现了盖伦题为《论避免悲伤》的论著。

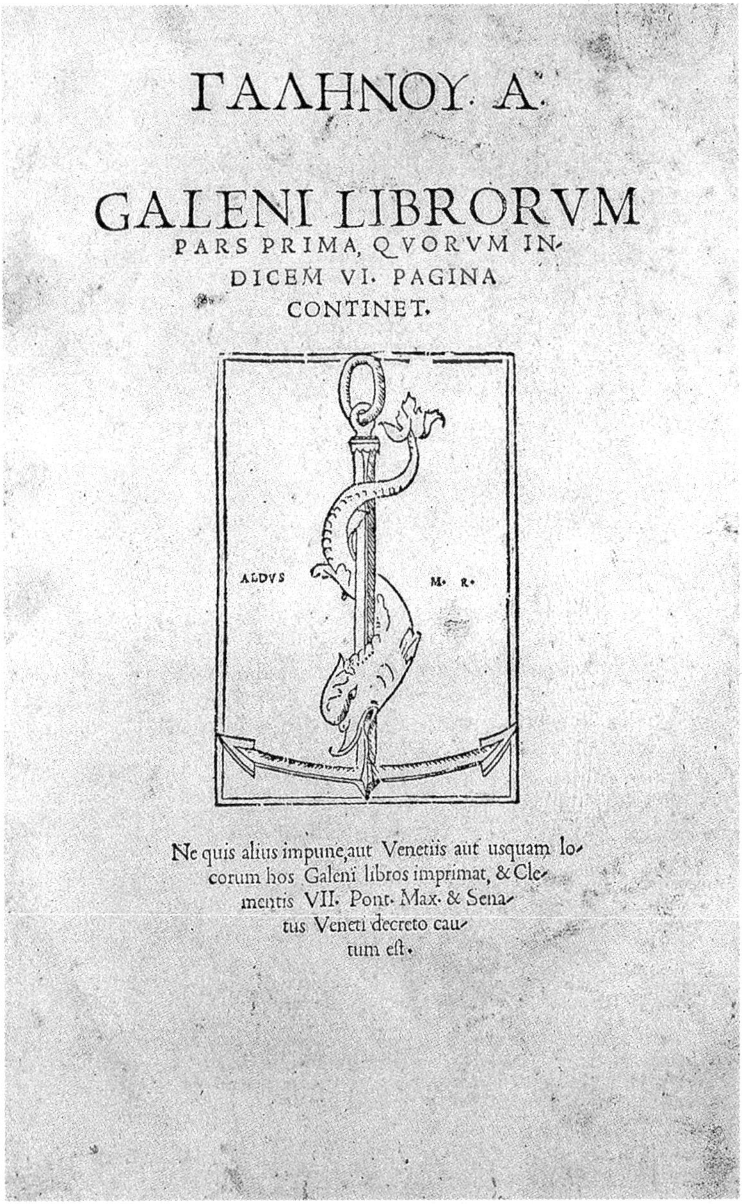
ΓΑΛΗΝΟΥ Α.

GALENI LIBRORVM
PARS PRIMA, QVORVM IN-
DICEM VI. PAGINA
CONTINET.

ALDVS M. R.

Ne quis alius impune, aut Venetiis aut usquam lo-
corum hos Galeni libros imprimat, & Cle-
mentis VII. Pont. Max. & Sena-
tus Veneti decreto cau-
tum est.

盖伦的1525年版《全集》扉页上的阿尔丁“海豚和锚”标志

在，这就激发了新的研究途径，突出强调了那些传统的不一致性。当他们确实遇到明显错误的理论时，因为他们如此敬畏盖伦，以致他们只会抱怨抄写手稿的抄写员。在这一点上，任何他可能出错的想法都是不能想象的。具有讽刺意味的是，这些新的著作和现存著作的翻译最终不仅迫使学者们接受了盖伦犯了很多根本性错误的事实，而且还迫使他们用自己的新理论取代他的理论。

然而，在16世纪初，希腊思想尤其是盖伦和迪奥斯科里德斯的著作仍然受到推崇和大力推广，特别是受到一位医生藏书家的崇拜和推广，这位医生曾在帕多瓦、博洛尼亚和费拉拉教学和研究。在尼科洛·列奥尼切罗（Niccolò Leoniceno，1428—1524年）漫长的职业生涯中，他收集了非凡的希腊语医学和科学手稿的藏书。根据维维安·努顿教授所言，它“比之前或之后的任何其他已知藏书都更为广泛，其突出的地方不仅在于规模，而且在于内容的稀有性”[17]。他利用他的收藏为跳板，对几个世纪以来医学传播中的谬误、曲解和抄写错误发起了攻击，尤其是关于疾病和药物的著作。他的指责对象包括罗马著作者，尤其是老普林尼。他声称，老普林尼认错植物，充满纰漏，从而破坏了迪奥斯科里德斯的《药物学》。这样做的结果是对希腊原著重新产生敬意。1499年，列奥尼切罗的熟人曼尼修斯出版了《药物学》的第一个希腊语版本。迪奥斯科里德斯的读者群因此在当时比盖伦的读者群要广泛得多。药剂师——实际上任何对植物学和绘制植物插图感兴趣的人——都很想拥有一本。尽管制作植物插图的木刻很复杂，但阿尔丁的版本取得了巨大的商业成功。

列奥尼切罗不仅借给曼尼修斯手稿，也借给其他的印刷商。然而，直到他在96岁高龄去世时，他的希腊语版本的盖伦选集才全部公之于众。1525年，阿尔丁出版社出版了希腊语的《全集》(*Opera omnia*)，这是一项巨大而昂贵的任务，因为威尼斯没有处于战争中，所以“大量供应的金属本来会被军械库用来制造大炮”[18]，现在可以被购买用来铸造生产所必需的大量铅字。这自然反映在高昂的零售价格上——在德国是30弗罗林或基尔德（相当于纽伦堡医生年薪的三分之一），在罗马是14斯库多，只有富人才能支付得起。像往常一样，盖伦的极度啰唆对他很不利，甚至尝试出版他的一小部分作品也有风险。1500年，威尼斯的一家印刷厂因为印刷《西方医学基础》中的两部盖伦论著的拉丁语版而破产。阿尔丁的《全集》版本并不算特别突出，但它的确为医学界提供了盖伦著作的许多新视角，尤其是在基于印刷出版的希腊语版本的拉丁语译著出现以后。哲学和医学之间的相互作用以及盖伦的药物学和他对希波克拉底的借鉴都变得更为明确，同样变得明确的还有他的道德标准和对正确医疗实践的看法。因此，医学开始以更有趣的方式变化和发展。在帕多瓦，教师将理论和实践研究结合起来，将讲堂和病室密切联系起来，同时，受到盖伦关于静脉、动脉和神经的著作出版的鼓励，解剖和解剖学变得越来越重要。这为伟大的弗拉芒（Flemish）解剖学家维萨里在16世纪40年代的发现铺平道路。

威尼斯印刷的书籍在墨瑟里亚被卖给络绎不绝的本地人和游客，也被包装起来装上船，运到波河，这是它们被运往意大利其他城市和德国、法国、西班牙与英国的第一站。这个庞大的发行网络将书籍运到整个大陆，走进书店和家庭，人们比以往任何时候都更容易获得书籍。随着印刷技术的标准化，信息来源变得更加统一和准确，只要印刷机正确完成工作。随着产量的增加，书籍价格显著下降，市场获得了发展。较小的八开本书籍对于降低价格起了重要

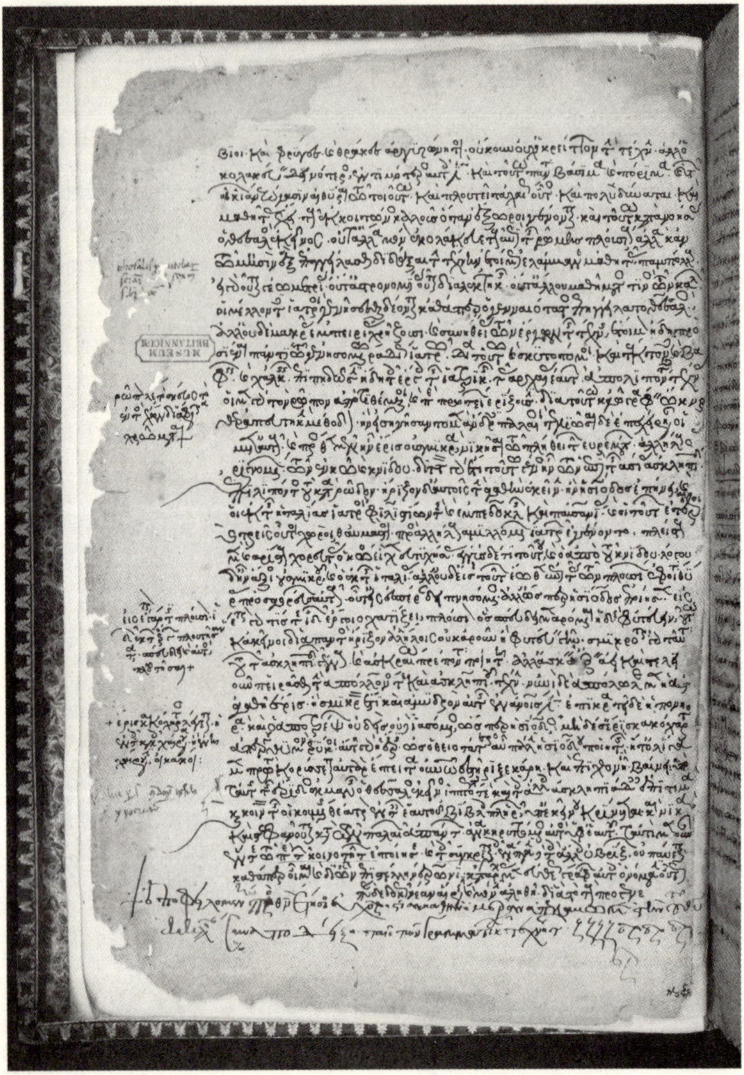

盖伦的《论治疗方法》(*De methodus methendi*)14世纪希腊语手稿，为巴尔巴罗家族所有，他们在15世纪下半叶从一位塞浦路斯医生那里购得。1517年，英国学者托马斯·林纳克将这一文本翻译为拉丁语，在巴黎出版

作用，它们用纸更少，生产成本更低，而纸张昂贵，占印制成本的50%。起初，八开本书籍专门用于灵修书籍，直到阿杜思开始用这种开本印刷古典书籍。虽然他的书籍总是很贵，但其他印刷商采纳了这种创新，并以更低价格销售书籍。到16世纪末，甚至有文化的工匠也能买得起书，那时，有了更多的本国语言的书籍。

到1500年，前一个世纪的“紧凑、有界而有序的”宇宙开始分裂。[19] 世界正在扩展，知识边界在拓宽，迫使人类重新想象他们在其中的位置。人们再也不可能相信古典思想家掌握了一切事物的关键，或认为古典书籍能够提供所有的答案。欧几里得、盖伦和托勒密的新印本对传播他们的思想很重要，但同时也突出了他们的缺陷。在16世纪，科学家们专注于更正这些错误，并在详细调查自然世界的基础上，建立新的理论来代替它们，为17世纪科学革命的惊艳发现铺平道路。

在15世纪末，我们从古代就开始研究的伟大著作都已经付梓，它们的遗产有了安全的保障。接下来是一个吸收、更正、再发现和拯救的时期。通过重新评估的重要工作，下一代科学家将能够在欧几里得、盖伦和托勒密以及一千年来保存这些著作的所有人的思想基础上彻底改变天文学、数学和医学。

1500 AND BEYOND

1500年及以后

俯瞰1500年的知识地图，情况发生了显著变化。城市兴起并衰落，新社会在整个地中海地区获得发展。500年时，知识中心关闭，知识生活减少。一千年以后，情况恰好相反。在欧洲，教育再次广泛存在，虽然并非针对每个人，但有学校（schools）、私人教师和大学，向富有的年轻男性和一些女性教授新兴的知识。他们有机会成为不断发展的“文人共和国”的成员，并为知识发展做出贡献。

一个世纪以来，欧洲发生了深刻的变化。新的世界被发现，出现了更多充满了异国情调的植物和动物。装满金银的大帆船穿越大西洋归来，为欧洲带来了无尽的财富。旧的边界被抹去，地图被重新描绘。印刷机改变了知识的传播。到1500年，欧洲有280个城镇出现了印刷机，在该地区生产了“2000万本书”[1]。知识比以往任何时候都更便宜，更容易获取，存在也更为普遍。在未来几十年，印刷机将促进宗教革命和加快科学进步。*

当基督教欧洲蓬勃发展时，穆斯林帝国分崩离析，疆域收缩。到16世纪中叶，它分裂为三个单独的政治实体。在随后的动荡中，既没有时间也没有金钱去支持雄心勃勃的数学探索、天文学观测和医学研究项目。15世纪的两个伟大发现——新世界和印刷机，对伊斯兰的命运造成了灾难性影响。欧洲的发现之旅绕过中东，开辟了

---

* 不过，值得一提的是，在这一时期，许多科学著作仍在以手稿的形式传播。

新的海上贸易路线，夺走了它的商业机会。古代丝绸之路在几个世纪里输送了巨大的财富，如今变得寂静而荒凉。当印刷厂在遍及德国、法国、意大利和英国的城镇开业时，穆斯林世界的人们对这项新技术充满怀疑，他们努力设计有着旋转变音符号和无数变体的阿拉伯语活动铅字。因为这一点和许多别的原因，他们经过几个世纪才采用印刷机，这使他们在知识传播方面处于极为不利的地位。科学事业的焦点向北转移到意大利、法国、德国和英国。伊斯兰世界开始消费而不是生产科学信息。

基于这些情况，再加上不断发展的宗教保守主义，穆斯林世界对知识的追求开始减弱，这可能并不令人惊讶。但伊斯兰科学的遗产在欧洲基本被遗忘，却不是很容易理解。鉴于他们引人注目的贡献，花拉子密和拉齐等学者的名字应该家喻户晓，就像列奥纳多·达·芬奇和牛顿一样，但甚至在今天，西方世界也很少有人听说过他们。怎么会发生这样的事呢？部分责任在于人文主义者，他们崇拜希腊科学，这导致他们忽视介于两个时期之间的许多科学家。中世纪翻译者也有过错，他们使翻译的著作拉丁化，没有归功于原来的穆斯林作者。而且，随着欧洲的财富和权力的增长，他们开始建立帝国，获得了文化优势。因此，在故事的叙述中，他们忽视了阿拉伯知识，将其推回到过去的时代。

发生在1527年的偶像攻击的戏剧化行为，体现了这一过程。激进的德国学者帕拉塞尔苏斯（Paracelsus）公开焚烧了他的阿维森纳的《医典》复本，这是他呼吁医学生远离“人的小书”而转向“自然的大书”的行为的一部分。[2]帕拉塞尔苏斯是一个更为广泛的运动中的极端主义者，这一运动旨在推广学习知识的新方法，包含对自然世界的实际观察，以“使人性从过去的权威的束缚和征服中解放出来”[3]。但是，当然，好的学者两者都需要，帕拉塞尔苏斯遗漏的观点是，一个人只能从内心重建知识理论。这是安德雷亚斯·维萨里在研究盖伦解剖学期间的体会。他经过很长时间才承认极其著名的医生也会犯错。比如盖伦多描述了一块椎骨，而这块椎骨只出现在猿身上而没有出现在人身上，维萨里在注意到这一点时，才最终顿悟。通过这件事，他意识到盖伦从未解剖过人体，只解剖过猪和猿的身体。而他自己的解剖学知识建立在对尸体的广泛考察的基础上，因而更具有优势。对自然世界的严格观察战胜了古代智慧。

维萨里于1543年在一本名为《人体构造》(*De humani corporis fabrica*)的书中发表了他的发现。这是解剖学研究的变革时刻。这本内容丰富的书在整个正文中穿插了详细的图解和插图，印刷书籍的木刻是他在威尼斯特别制作的，越过阿尔卑斯山小心地运到这本书

盖伦1565年版的《全集》的书名页上，有盖伦解剖猪的木刻插图

被印刷的地方——巴塞尔。这是科学印刷的里程碑，体现了维萨里清晰和精确沟通的愿望，他为这次印刷，花费了数年时间编辑和准备盖伦的著作。为了有用，科学知识必须准确，在医学方面尤其如此。拉伯雷（Rabelais）在1532年编辑希波克拉底的著作并印刷时，严肃地指出："一个字的错误可能会使几千人丧命。"[4]

在维萨里出版《人体构造》的同一年，乔治·约阿希姆·雷蒂库斯（Georg Joachim Rheticus），一位年轻的天文学教授，正在繁忙的德国小镇纽伦堡准备另一本开创性科学著作的印刷。《天体运行论》（*De revolutionibus orbium coelestium*）由他隐居的波兰导师尼古拉·哥白尼撰写，此书将产生同样深刻的影响，虽然时间尺度不同。维萨里的《人体构造》一举成功，十分畅销，使他成为医学世界的名人。这本书对行医者和艺术家有着极强的吸引力。作者年轻、热情而又善于自我宣传。哥白尼的情况非常不同。《天体运行论》永远不会成为畅销书。这本书"排版单调，高度技术化"，它的内容复杂而艰深，只有少数研究学术的天文学家会对它感兴趣。而它的中心原则——太阳是宇宙的中心——至少可以说是有争议的。[5]哥白尼不愿出版这本书，为它的接受程度感到紧张，这可以理解。他是个孤僻的人，在帕多瓦大学完成教育之后，大部分时间都一个人在波兰工作。《天体运行论》出版的时候，他已是一位老人，随即在同一年去世。

哥白尼花了几十年时间研究托勒密的天文学。他关心的主要问题是模型的预测和天体的实际运动之间的偏差。随着时间的推移，这一问题变得越来越明显，几个世纪来一直困扰着天文学家，但尽管人们做了许多尝试，却没有人能够解决。到春分的时候，这两者之间的差异尤其显著，准确预测这一点很重要，因为复活节的日期

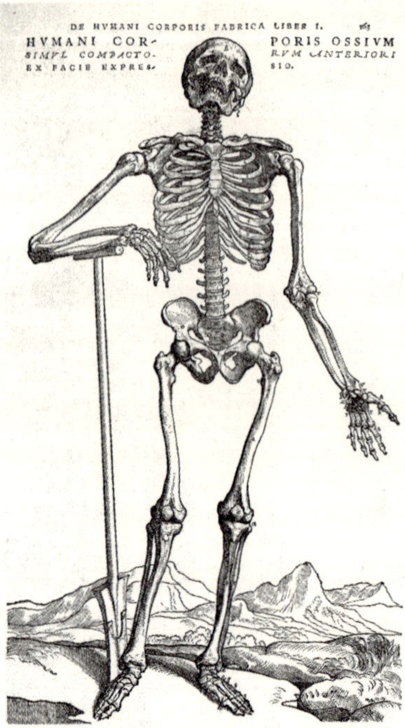

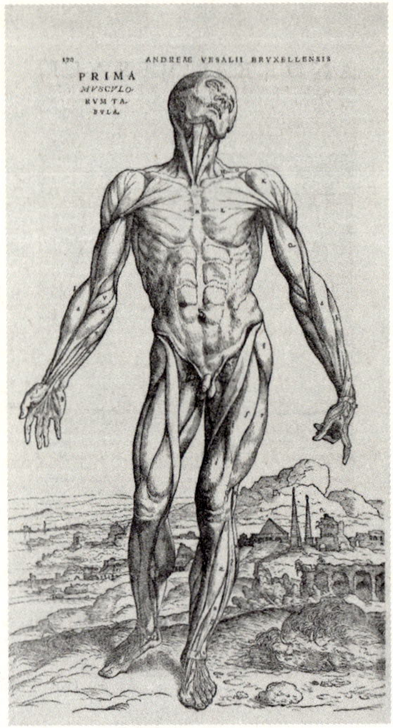

维萨里《人体构造》中关于“骨骼人”和“肌肉人”的木刻插图。作为解剖图解和艺术作品，它们教育和激励了整个欧洲的几代艺术家和医生

是在春分后的第一个满月后的星期日。哥白尼作为教会的教士，尤其关注这一问题。他的方法很彻底。他否定了托勒密的宇宙模型并完全重新设计，将太阳放在中心，让包括地球在内的行星围绕太阳旋转。哥白尼在他的宇宙新体系内保留了托勒密的几何方案，提供了重要的连续性，使当时其他的天文学家和之后的天文学家能够有效发展他的思想。他在著作扉页引用柏拉图学院门上的话表示了几何的重要性：“不懂几何者不得入内。”18个世纪以前，希腊天文学家阿里斯塔克斯最先提出日心说的思想，但时间的流逝并没有使人们更容易接受地球只是若干行星中的一个，而不是宇宙围绕其旋转的

特殊天体。更糟糕的是，它意味着接受这样一种思想，即看起来静止的地球实际上在围绕太阳旋转的时候在太空中疾驰。这一说法简直让人吃惊。

这个新的日心宇宙彻底改变了人类在宇宙中的位置。接受这一点需要从心理上和情感上做出努力，这样的事不可能在一夜之间发生。这种说法完全违背了宗教教义。马丁·路德听到哥白尼的理论时语无伦次地说："人们听到一位自命不凡的占星师的话，他努力表明地球在旋转，而不是天空、太阳和月亮在旋转……这个傻瓜希望改变整个天文学，但《圣经》告诉我们："约书亚命令太阳停下，而不是地球。"[6]（《约书亚记》第10章第13节）路德本人是激进派，因此，天主教会作为传统和规范的堡垒会更为惊骇，就不足为奇了。真正革命性的科学发现会引发范式转变，几乎总是会被立即拒绝（尤其是被宗教权威拒绝），只有经过长时期的逐渐检验和改进才会被接受。印度–阿拉伯数字显然也是这样，它用了几个世纪才被穆斯林帝国和基督教欧洲普遍接受。在这些地方，人们特别担心零具有危险的魔鬼属性。

日心说理论当然也是如此，其重要性直到下一个世纪才被充分认识。虽然《天体运行论》远非畅销书，但在问世之后的几十年里，它的复本通过欧洲的学者网络传播到天文学教授和学生的手中。和维萨里的解剖学著作不同，《天体运行论》没有包括多少新的观测数据，但是在接下来的世纪里，丹麦贵族第谷·布拉赫（Tycho Brahe）在丹麦和瑞典海岸之间的卡特加特海峡（Kattegat）的文岛（the island of Hven）上建立了天文台。他为其安装了精密的仪器，使它能够做出比以往更为准确的天文学观测。他将这些观测结果应用于哥白尼的新宇宙，抛却了托勒密的球体体系，开创了更为复杂而精确地体

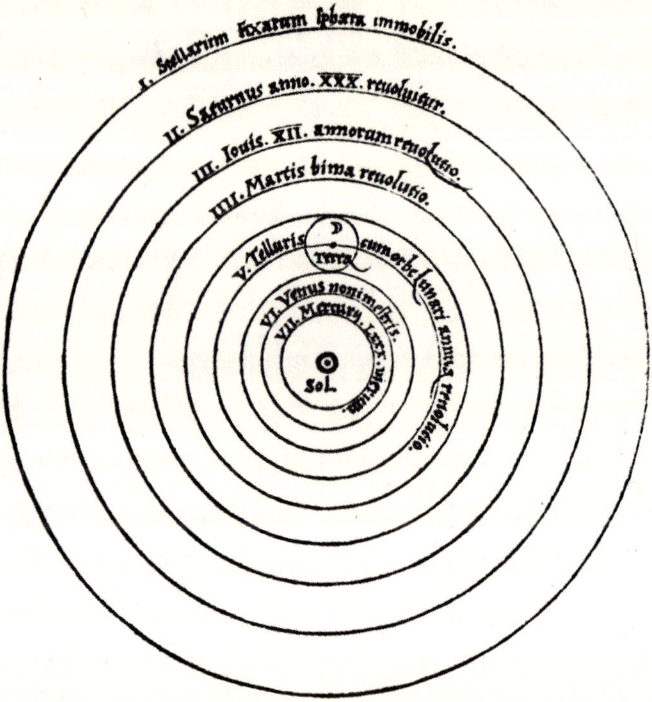

哥白尼的宇宙以太阳为中心，行星呈同心环状围绕太阳运转。地球，“terra”，在第三环，它的小月亮在其上方盘旋

现宇宙的可能性。约翰内斯·开普勒采取了下一步行动，他运用布拉赫的数据，很不情愿地否定了托勒密关于行星在圆形轨道上规则运动的观点，转而支持椭圆形运动的理论，这是我们理解太阳系的又一个巨大进步。

我们在本书中访问的每一座城市都有其独特的地形和特征，但它们都具有共同的条件，使学术研究可以蓬勃发展：政治稳定性，资金和图书的定期供应，富有才华和兴趣的人们，最重要的是，对不同民族和宗教的宽容和包容的氛围。这种合作是科学发展的最重要的因素之一。没有这种合作，就不会有翻译，也不会有跨越不同文化边界的知识传播，亦不会有机会将一种传统的观念与另一种传统的观念相融合。使这种合作成为可能的学者是这个故事中的明星，他们进入未知世界，毕生致力于查找、理解、保存和传播所有这些非凡的思想和理论。他们创造奇迹的能力，以及为创造导致的无尽混乱带来秩序和使之清晰的决心，促进了科学发现，使其在500年到1500年间的一千年保持活力。

在整个旅程中，我们力图窥见遥远的过去难以捉摸的智慧宫的内部景象，那里是知识活动的发生地。这并不容易。巴格达的智慧宫已不存在，萨勒诺的医学院也不复存在，尚存的只有其他城市尘土飞扬的废墟或阴沉的大教堂围地。甚至在时间上离今天最近的威尼斯，辨别阿杜思·曼尼修斯的出版社的唯一办法就是通过墙上的牌匾。除了考古证据之外，我们知道我们所追随的这些书籍肯定在许多不同的地方被放置和阅读：皇家图书馆、大教堂、教室、花园和天文台。到1500年，这些地方比以前任何时候都更多，更多样化，也更为明显。在接下来的一个世纪里，人们建设了解剖学教室和天文台，种植了植物园，在整个知识领域建立了讲堂和图书馆。在这些学术活动的新场所，学者们可以一起工作，充分利用日益精密的设备考察自然世界。大学在教育方面发挥了至关重要的作用，但它们通常不是前沿科学探询的地方。*大学的图书馆就像皇家图书馆

*帕多瓦大学是个例外。1595年，它成为第一个解剖学教室所在地，取代了维萨里在他的时代采用的木制建筑。牛津大学托马斯·博德利（Thomas Bodley）的图书馆在1605年开放几十年以后也对学者开放，欢迎来自整个欧洲的读者。

一样，通常无法进入，大学的学习方法也很保守。因为这个原因，学者们建立了自己的研究中心，这就是为什么16世纪和17世纪科学革命的许多重要进展发生在私人场所而非官方场所的原因。17世纪末，随着科学革命的日益发展，机构和社团纷纷建立以促进合作，它们成为发展科学的官方场所。

然而，在这样的地方几乎总会有藏书，有些藏书之处如此著名，以至于它们被当作非官方的研究机构。约翰·迪伊的房子就在莫特莱克（Mortlake）的泰晤士河边，是英国16世纪末令人印象最为深刻的科学书籍收藏地。一群学者和伊丽莎白时代的精英拜访过这里，其中包括伊丽莎白一世本人。吸引他们的不只是书籍，还有迪伊所拥有的大量地图、仪器和奇珍异品。当然，他们也被迪伊本人所吸引。他们来这里规划发现之旅，讨论哲学，研究历史记录，发现炼金术的奥秘，还试图和天使交流。

在16世纪和17世纪，盖伦医学和托勒密天文学的许多方面受到质疑和替代，但对欧几里得从未发生这样的事。《几何原本》仍然保持着作为基本数学书的地位，被翻译和印刷为欧洲所有的主要语言，在整个大陆的书店出售。1570年，这本书的第一本完整英语译著出版，这是一个出色的版本，有着弹出式图解，如我们在引言中所说的由约翰·迪伊编辑。在序言中，迪伊列出了数学可以得到有效应用的所有学科，强调了使尽可能多的人能够使用它的重要性。这是印刷的第一个时代的显著特征。数以千计的书被翻译为本国语言，以满足迅速发展的感兴趣的读者的需求。写作者越来越普遍地用他们自己的语言写作，这由早期的意大利人文主义者发起，逐渐扩展到欧洲其他地方。

使用本国语言的兴起并没有改变知识世界的通行语言仍是拉丁

语的事实。用希腊语印刷从未像阿杜思所希望的那样成功，没有足够的人懂得希腊语，以使之成为大多数印刷厂的可行性建议。“文人共和国”的居民通常彼此用拉丁语通信、交换书籍和信件并通过邮政系统日益发展的网络讨论问题和实现合作。随着书籍销售的基础设施的发展，得到书籍变得更加容易，这促进了思想的交流。（相对）持久的印刷纸页逐渐取代了脆弱的手稿，知识也变得更为标准和准确。而编辑和作者加入了字母索引、目录、图解、插图和词汇表——我们现在对这些文本工具已经视为理所当然，知识也变得更容易获得和参考。

1500年，欧洲处于科学革命的边缘，震动世界的发现创造了今天科学蓬勃发展的条件。如果没有之前几个世纪的思考、调查和写作，形成连续的知识脉络，那些发现就不可能形成。通过纸张的记载，科学思想在地中海世界传播，在历史的不同时代照亮了不同的地方。从我们的21世纪回顾，我们能够看到这些知识起起落落，有加速发展的时期，也有停滞的时期，那时思想被否定和遗忘，在后来的世纪又被重新发现而变得流行。这条路并不平坦，而是充满了曲折和拐点，循环发展，遇到死胡同的时候会消失，然后又重新回来，继续前行。

最近几个世纪，技术创新改变了科学知识。在1500年以后的时期，两个人脱颖而出，他们都改变了我们观察周围的奇迹的能力。在16世纪末，一位荷兰眼镜制造商和他的儿子将放大镜放置在圆形管中制成原始的显微镜。一百年后，另一位荷兰人安东尼·范·列文虎克（Antonie van Leeuwenhoek）吸收了他们的想法，建造了第一台用于工作的显微镜。他打磨和抛光了550个镜片，将它们放入管中，产生了270倍的放大倍数，使人们第一次可能看到酵母中大量出现的微生物和通过毛细血管的血细胞。从这一刻开始，微观细节无法想象的领域开始自行显现，显而易见地改变了知识面貌，使医学得以变革。在17世纪早期，天文学家伽利略·伽利雷（Galileo Galilei）采用了最新发明的望远镜，对其做了调整，将其转向夜空。在漫长的观星史中，人类第一次有可能超越人眼的限制，看到宇宙前所未有的更详细也更为奇妙的细节。从那时起，越来越强大的机器使我们越来越深入地看到宇宙寒冷的幽暗之处以及月球和行星的表面。人类的发明赋予我们越来越强大的观察力，但我们看到的越多，表现出来的就越多。我们的世界似乎具有无限的复杂性和奇观，通过科学向我们展现。

ACKNOWLEDGEMENTS
致谢

写作本书是一段漫长而愉快的旅途，它将我带回遥远的过去，让我在地中海世界周围漫游。在这段时间里，许多人帮助了我，我极为感谢他们的指导和支持。首先要感谢的是我的经纪人费利西蒂·布赖恩（Felicity Bryan），她在我刚产生这一想法的时候就给予认可，并鼓励我继续写下去。还要感谢乔治·莫利（George Morley），她以犀利之笔编辑了我的作品，指导我避免了很多错误。

本书讲的都是古代和中世纪世界的学者，但我之所以能够追踪他们的旅程和颂扬他们的成就，全靠众多现代学者，他们通过详细的研究和杰出的历史记载使我能够获取这些信息。我受到其中许多人的启发，也得到了一些人的亲自指导。查尔斯·伯内特教授极为慷慨地付出时间，提供了无与伦比的专业知识，他对草稿的评论非常宝贵，他在卓越的职业生涯中所写的大量书籍和文章都是如此。他使我感觉在瓦尔堡研究所受到欢迎，过去两年我都待在伦敦，它绝佳的图书馆成为我的基地。维维恩·努通（Vivian Nutton）教授非常友好地分享了他对盖伦的广博知识，并回答了我的问题。其他包括：戴维·胡斯特（David Juste）与托勒密阿拉伯语和拉丁语项目、格雷格·伍尔夫（Greg Woolf）、埃里克·瓦克尔（Eric Kwakkel）、尤金·罗根（Eugene Rogan）、15世纪的图书业项目的格里·黛拉·洛卡·德·坎达尔（Geri Della Rocca de Candal）和克里斯蒂娜·唐迪（Christina Dondi）；还要感谢纳西马·内加兹（Nassima Neggaz）

和保罗·萨谢（Paolo Sachet）的出色更正，圭多·吉廖尼（Guido Giglioni）令人难忘的拉丁语教导，萨布里纳·米努齐（Sabrina Minuzzi）引导我了解圣马可图书馆和15世纪的威尼斯，以及约翰·朱利叶斯·诺威奇（John Julius Norwich）读到我提及西西里岛的章节的善意。如果我在理解他们的建议时出现了纰漏，这完全是我自己的责任。参考书目不是很广泛。我列出的著作是我认为最重要和一般读者最感兴趣的书。

我在写作本书时拜访过许多图书馆和博物馆，我要感谢所有帮助我找到它们的人。他们包括托莱多翻译学院图书馆（Biblioteca de la Escuela de Traductores de Toledo）的玛丽亚·卢斯·科芒达多尔·佩雷斯（Maria Luz Comendador Perez）、向我展示牛津大学科学史博物馆（Museum of the History of Science in Oxford）的精美星盘藏品的李·麦克唐纳（Lee Macdonald）、圣马可图书馆的伊莉莎白塔·夏拉（Elisabetta Sciarra）、大英图书馆的卡伦·雷姆珀-赫茨（Karen Limper-Herz）博士、瓦尔堡图书馆（Warburg Library）乐于助人的馆员。但特别要感谢的还是博德利图书馆的每个人，尤其是布鲁斯·巴克-本菲尔德（Bruce Barker-Benfield）、科林·哈里斯（Colin Harris）、尼古拉·奥图尔（Nicola O'Toole）、欧内斯托·戈麦斯·洛扎诺（Ernesto Gomez Lozano）、艾伦·布朗（Alan Brown）、史蒂芬·希布伦（Stephen Hebron）和迈克尔·阿桑森（Michael Athanson）。

在我的项目初期，本书获得杰伍德基金会（Jerwood Foundation）和皇家文学学会（Royal Society for Literature）颁发的奖项，在心理和经济方面给我很大的鼓励。我十分感谢这两个组织，并感谢皇家文学学会会长莫利·罗恩堡（Molly Roenberg）提出的宝贵建议。

我非常感谢我的家人和朋友，他们为我提供了无尽的支持，能够有耐心年复一年地对这本书的进展表示了持续的兴趣。特别感谢萨夏（Sacha）和亚当（Adam）告诉我要继续下去，利维（Livi）和詹妮（Jenny）使我可能继续下去。感谢JGN，他是一位优秀的研究助理，有时还会帮我拿包，也感谢多蒂（Dottie）、凯瑟琳·尼克西（Catherine Nixey）、罗布（Rob）和夏洛特（Charlotte）、卡梅伦（Cameron）、亚历山德拉（Alexandra）、乔安娜·卡文纳（Joanna Kavenna）、托马斯·莫里斯（Thomas Morris）、露西（Lucy）、约翰尼（Johnnie）、吉纳维芙（Genevieve）和劳拉（Laura），他们在此期间都给予了我启迪和鼓励。感谢我的父母与我分享他们对历史的热爱。感谢我的女儿们忍受有时候不在家并经常心不在焉的母亲。

NOTES
引文

序言

1. Owen Gingerich, ‘Foreword’, in G. J. Toomer (trans.), Ptolemy, *Ptolemy' s Almagest* (Princeton: Princeton University Press, 1998), p.ix.

大消亡

1.Robert Graves (trans.), Suetonius, *The Twelve Caesars* (London: Penguin Books, 1957), Dom. 20.

2.Stephen Greenblatt, *The Swerve: How the Renaissance Began* (London: Bodley Head, 2011), p.106.

3.Choricius, *Laudatio Marciani Secunda 9*, quoted in Averil Cameron, Bryan Ward-Perkins & Michael Whitby (eds), *The Cambridge Ancient History, Volume XIV* (Cambridge: Cambridge University Press, 2001), p.867.

4.Horace Leonard Jones (trans.), Strabo, *Geography* (London: Heinemann, 1932 (Loeb Edition)), 13.1.54.

5.Helmut Koester, *Pergamon: Citadel of the Gods* (Harrisburg, Pennsylvania: Trinity Press International, 1998), p.346.

6.Baynard Dodge (ed.), *The Fihrist of al-Nadim: A Tenth-Century Survey of Muslim Culture* (New York: Columbia University Press, 1970), p.585.

亚历山大城

1.Horace Leonard Jones (trans.), Strabo, *Geography* (London: Heinemann, 1932 (Loeb Edition)), 17.793–4.

2.Timon of Phlius, quoted in Roy Macleod (ed.), *The Library of Alexandria: Centre of Learning in the Ancient World* (London: I. B. Tauris, 2000), p.62.

3.P. M. Fraser, *Ptolemaic Alexandria* (Oxford: Clarendon Press, 1972), p.133.

4.R. Netz, ‘Greek Mathematicians: A Group Picture’, in C. J. Tuplin & T. E. Rihll (eds), *Science and Mathematics in Ancient Greek Culture* (Oxford: Oxford University Press, 2002), p.204.

5.Ivor Bulmer-Thomas, ‘Euclid’, *Complete Dictionary of Scientific Biography* (Detroit: Charles Scribner’s Sons, 2008), p.415. Hereafter referred to as *DSB*.

6.Ibid.
7.The first two definitions in Book 1, Sir Thomas L. Heath (trans.), Euclid, *The Thirteen Books of The Elements* (New York: Dover Publications, 1956), p.153.
8.Reviel Netz, ‘The Exact Sciences’, in Barbara Graziosi, Vasunia Phiroze & G.R. Boys-Stones (eds), *The Oxford Handbook of Hellenic Studies* (Oxford: Oxford University Press, 2009), p.584.
9.Gerd Grasshoff, *The History of Ptolemy's Star Catalogue* (London: Springer Verlag, 1990), p.7.
10.G. J. Toomer (trans.), Ptolemy, *Ptolemy' s Almagest* (Princeton: Princeton University Press, 1998), p.37.
11.Vivian Nutton, ‘The Fortunes of Galen’, in R. J. Hankinson (ed.), *The Cambridge Companion to Galen* (Cambridge: Cambridge University Press, 2008), p.360.
12.Fridolf Kudlien, ‘Galen’, *DSB*, p.229.
13. ‘He constructed a systematic and coherent medical synthesis, unparal- leled in antiquity in its scope, learning, intellectual aspirations and codification.’ Christopher Gill, Tim Whitmarsh & John Wilkins, *Galen and the World of Knowledge* (Cambridge: Cambridge University Press, 2009), p.3.
14.Vivian Nutton, ‘Medicine’, in David C. Lindberg & Michael H. Shank (eds), *The Cambridge History of Science, Volume 2: Medieval Science* (Cambridge: Cambridge University Press, 2013), p.956.
15.Gill, Whitmarsh & Wilkins, *Galen and the World of Knowledge* (Cambridge: Cambridge University Press, 2009), p.4. 一位现代历史学家更是一针见血地指出：“罗马帝国对数学毫无兴趣，这么说并不过分。” A. George Molland, ‘Mathematics’, in David C. Lindberg & Michael H.Shank (eds), *The Cambridge History of Science, Volume 2: Medieval Science*, p.513.
16.Vivian Nutton, ‘The Fortunes of Galen’, in R. J. Hankinson (ed.), *The Cambridge Companion to Galen*, p.363.
17.Catherine Nixey, *The Darkening Age: The Christian Destruction of the Classical World* (London: Macmillan, 2017), p.88.
18.Martin Ryle (trans.), Luciano Canfora, *The Vanished Library: A Wonder of the Ancient World* (London: Vintage, 1991), p.192.

巴格达

1.Quoted in Jacob Lassner, *The Topography of Baghdad in the Early Middle Ages: Text and Studies* (Detroit: Wayne State University Press, 1970), pp.87–91.
2.Michael Cooperson, *Al-Ma' mun* (Oxford: Oneworld, 2006), pp.88–9.
3.Baynard Dodge (ed.), *The Fihrist of al-Nadim: A Tenth-Century Survey of Muslim Culture* (New York: Columbia University Press, 1970), pp.1–2.
4.David C. Lindberg, *The Beginnings of Western Science: The European Scientific Tradition in*

Philosophical, Religious, and Institutional Context, 600 B.C. to A.D. 1450 (Chicago: Chicago University Press, 1992), p.165.

5.John Alden Williams (trans.), al-Tabari, *The Early Abbasi Empire, Volume I* (Cambridge: Cambridge University Press, 1988), p.143.

6. Ibid., p.144.

7.Paul Lunde & Caroline Stone (trans. & eds), Mas' udi, *The Meadows of Gold: The Abbasids* (London: Kegan Paul International, 1989), p.33.

8.S. E. al-Djazairi, *The Golden Age and Decline of Islamic Civilization* (Bayt Al-Hikma Press, 2006), p.165.

9.O. Pinto, 'The Libraries of the Arabs during the time of the Abbasids' , in *Islamic Culture 3*, 1929, p.211.

10.Paul Lunde & Caroline Stone (trans. & eds), Mas' udi, *The Meadows of Gold*, p.67.

11.Baynard Dodge (ed.), *The Fihrist of al-Nadim*, p.584.

12.Robert Kaplan, on *In Our Time: Zero*, BBC Radio 4, 13 May 2004.

13.Al-Mas 'udi, *Murug ad-dahab*, quoted in Dimitri Gutas, *Greek Thought, Arabic Culture: The Graeco-Arabic Translation Movement in Baghdad and Early Abbasid Society (2nd–4th/8th–10th centuries)* (Oxford: Routledge, 1998), p.78.

14.Dimitri Gutas, *Greek Thought*, p.138.

15.Hugh Kennedy, *When Baghdad Ruled the Muslim World: The Rise and Fall of Islam's Greatest Dynasty* (Boston: Da Capo Press, 2005), p.255.

16.Baynard Dodge (ed.), *The Fihrist of al-Nadim*, p.693.

17.Dimitri Gutas, *Greek Thought*, p.138.

18.Introduction to Hunayn' s translation of Galen' s treatise *On Sects*, quoted in Franz Rosenthal, *The Classical Heritage in Islam* (London: Routledge, 1994), p.20.

19.G. C. Anawati, 'Hunayn ibn Ishaq' , *DSB*, p.230.

20.Jim al-Khalili, *The House of Wisdom: How Arabic Science Saved Ancient Knowledge and Gave Us the Renaissance* (London: Penguin, 2010), p.75.

21.Baynard Dodge (ed.), *The Fihrist of al-Nadim*, pp.701–2.

22.Colin Thubron, *The Shadow of the Silk Road* (London: Vintage, 2007), p.316.

科尔多瓦

1. Pascual de Gayangos (trans.), Ahmed ibn Mohammed al-Makkari, *The History of the Mohammedan Dynasties in Spain, Volume I* (London: Rout- ledgeCurzon, 2002), pp.17–18.

2. Ibid., p.210.

3.Ibid.

4.Pascual de Gayangos (trans.), Ahmed ibn Mohammed al-Makkari, *The History of the Mohammedan Dynasties in Spain, Volume II* (London: RoutledgeCurzon, 2002), p.81.

5.Pascual de Gayangos (trans.), Ahmed ibn Mohammed al-Makkari, *The History of the*

Mohammedan Dynasties in Spain, Volume I, p.121.

6. Ibid., p.140.

7.Jim al-Khalili, *The House of Wisdom: How Arabic Science Saved Ancient Knowledge and Gave Us the Renaissance* (London: Penguin, 2010), p.196.

8.Sema ‘an I. Salem & Alok Kumar (trans. & eds), Sa ‘id al-Andalusi, *Science in the Medieval World: 'Book of the Categories of Nations'* (Austin: University of Texas Press, 1996), p.64.

9.Leon Poliakov, *The History of Anti-Semitism, Volume 2: From Mohammed to the Marranos* (Philadelphia: University of Pennsylvania Press, 2003), p.92.

10.Sema ‘an I. Salem & Alok Kumar (trans. & eds), Sa ‘id al-Andalusi, *Science in the Medieval World*, p.72.

11.M. S. Spink & G. L. Lewis (trans. & commentary), Albucasis, *On Surgery and Instruments: A Definitive Edition of the Arabic Text with English Translation and Commentary* (London: Wellcome Institute of the History of Medicine, 1973), p.2.

12.Sami Hamarneh, ‘al-Zahrawi’, *Complete Dictionary of Scientific Biography* (Detroit: Charles Scribner's Sons, 2008), p.585.

13.Sema ‘an I. Salem & Alok Kumar (trans. & eds), Sa ‘id al-Andalusi, *Science in the Medieval World*, p.61.

14.Ibid.

15.Pascual de Gayangos (trans.), Ahmed ibn Mohammed al-Makkari, *The History of the Mohammedan Dynasties in Spain, Volume I*, p.42.

16.Quoted in ibid., pp.139–40.

17.Sema ‘an I. Salem & Alok Kumar (trans. & eds), Sa ‘id al-Andalusi, *Science in the Medieval World*, p.61.

18. Ibid., p.62.

19.Stephan Roman, *The Development of Islamic Library Collections in Western Europe and North America* (London: Mansell, 1990), p.192.

20.Ibid.

托莱多

1. The preface to Gerard's translation of Galen's *Tegni*, written by his students, translated and quoted in Charles Burnett, ‘The Coherence of the Arabic– Latin Translation Program in Toledo in the Twelfth Century’, in *Science in Context 14 (1/2)* (Cambridge: Cambridge University Press, 2001), pp.249–88.

2. Ibid., p.255.

3.Footnote to Letter 15, Harriet Pratt Lattin (trans. & intro.), *The Letters of Gerbert: With His Papal Privileges as Sylvester II* (New York: Columbia University Press, 1961), p.54.

4.Ibid.

5.Ibid., Letter 138, p.168.

6.The preface to Gerard's translation of Galen's *Tegni*, pp.249–88.

7.Salma Khadra Jayyusi, *The Legacy of Muslim Spain, Volume 2* (Leiden: Brill,1992), p.1042.

8.The preface to Gerard's translation of Galen's *Tegni*, pp.249–88 and pp.255–6.

9.Charles Homer Haskins, *The Renaissance of the Twelfth Century* (Cambridge, Massachusetts: Harvard University Press, 1927), p.279.

10.Sema 'an I. Salem & Alok Kumar (trans. & eds), Sa 'id al-Andalusi, *Science in the Medieval World: 'Book of the Categories of Nations'* (Austin: University of Texas Press, 1996), p.76.

11.Charles Burnett, 'The Institutional Context of Arabic–Latin Translations of the Middle Ages: A Reassessment of the School of Toledo', in Olga Weijers (ed.), *Vocabulary of Teaching and Research Between Middle Ages and Renaissance: Proceedings of the Colloquium, London, Warburg Institute, 11–12 March 1994* (Turnhout: Brepols, 1995), p.226.

12.Vivian Nutton, 'The Fortunes of Galen', in R. J. Hankinson (ed.), *The Cambridge Companion to Galen* (Cambridge: Cambridge University Press, 2008), p.364.

13.Angus Mackay, *Spain in the Middle Ages: From Frontier to Empire*, 1000–1500 (London: Macmillan, 1977), p.88.

14.Charles Homer Haskins, *The Renaissance of the Twelfth Century*, p.287.

15.Taken from an alternative translation of the preface to Gerard's translation of Galen's *Tegni*, in Edward Grant, *A Source Book in Medieval Science* (Cambridge, Massachusetts: Harvard University Press, 1974), p.255.

16.The preface to Gerard's translation of Galen's *Tegni*, pp.249–88.

17.Peter Dronke, *The History of Twelfth-Century Western Philosophy* (Cambridge: Cambridge University Press, 1988), p.159.

18.Charles Burnett, 'The Institutional Context of Arabic–Latin Translations of the Middle Ages', p.225.

19.Charles Burnett, 'The Coherence of the Arabic–Latin Translation Program in Toledo in the Twelfth Century', pp.249–88.

20.Richard Southern, *The Making of the Middle Ages* (London: Hutchinson,1959), p.39.

21.Peter Dronke (ed.), *The History of Twelfth-Century Western Philosophy*, p.113.

22.Charles Burnett, Hermann of Carinthia, *De Essentiis* (Leiden: Brill, 1982), p.6.

23.David Juste, 'MS Madrid, Biblioteca Nacional, 10113 (olim Toledo 98–15)' (update: 01.03.2017), *Ptolemaeus Arabus et Latinus. Manuscripts*, http:// ptolemaeus.badw.de/ms/70.

24.Charles Burnett, *The Panizzi Lectures 1996: The Introduction of Arabic Learning into England* (London: The British Library, 1997), p.62.

25.Ibid.

26.Ibid.

27.Charles Burnett, 'The Twelfth-Century Renaissance', in David C. Lindberg & Michael H. Shank (eds), *The Cambridge History of Science, Volume 2: Medieval Science* (Cambridge: Cambridge University Press, 2013), p.380.

萨勒诺

1.Edward Grant, *Physical Science in the Middle Ages* (New York: John Wiley & Sons, 1971), p.4.

2.Cassiodorus, *Institutiones, Book II*, in Leslie Webber Jones (trans. & ed.), Cassiodorus, Senator, ca. 487–ca. 580, *An Introduction to Divine and Human Readings* (New York: W. W. Norton, 1969), p.136.

3.Michael Frampton, *Embodiments of Will: Anatomical and Physiological Theories of Voluntary Animal Motion from Greek Antiquity to the Latin Middle Ages, 400 B.C.–1300 A.D.* (Saarbrücken: VDM Verlag Dr Müller, 2008), p.277.

4. Ibid., p.304.

5.Ibid.

6.Marcus Nathan Adler (trans.), *The Itinerary of Benjamin of Tudela* (New York: Philipp Feldheim, 1907), p.6.

7.Al-Idrisi, *The Book of Roger*, quoted in Graham Loud, *Roger II and the Creation of the Kingdom of Sicily* (Manchester: Manchester University Press, 2012), p.363.

8.Lynn Thorndike, *History of Magic and Experimental Science, Volume I* (New York: Macmillan, 1923), p.751.

9.E. R. A. Sewter (trans.), Peter Frankopan(rev.), Anna Comnena, *The Alexiad* (London: Penguin Books, 2009), p.31.

10.Doctor Pietro Capparoni, *'Magistri Salernitani Nondum Cogniti': A Contribution to the History of the Medical School of Salerno* (London: John Bale, 1923), p.51.

11.Plinio Prioreschi, *A History of Medicine, Volume 5: Medieval Medicine* (Omaha, Nebraska: Horatius Press, 2005), p.232.

12.Faith Wallis, *Medieval Medicine: A Reader* (Toronto: University of Toronto Press, 2010), pp.176–7.

巴勒莫

1.Charles Homer Haskins, *Studies in the History of Mediaeval Science* (Cambridge, Massachusetts: Harvard University Press, 1924), p.159, p.191.

2.Prescott N. Dunbar & G. A. Loud (trans.), Amato di Montecassino, *The History of the Normans* (Rochester, New York: Boydell Press, 2004), p.46.

3.Cicero, *In Verrem*, II.2.5., quoted in Dirk Booms & Peter Higgs, *Sicily: Culture and Conquest* (London: The British Museum Press, 2016), p.134.

4.Hugo Falcandus, quoted in Hubert Houben, *Roger II of Sicily: A Ruler between East and West* (Cambridge: Cambridge University Press, 2002), p.75.

5.St Clement of Casauria, *Chronicon Casauriense*, 889, quoted in ibid., p.75.

6.Hugo Falcandus, quoted in ibid., p.75.

7.Al-Idrisi, *The Book of Roger*, quoted in Graham A. Loud, *Roger II and the Creation of the Kingdom of Sicily* (Manchester: Manchester University Press, 2012), p.348.

8.Hubert Houben, *Roger II of Sicily*, p.121.
9.As described by an anonymous writer in around 1190, quoted in ibid., p.128.
10.Alexander of Telese, *History of King Roger*, quoted in Graham A. Loud, *Roger II and the Creation of the Kingdom of Sicily*, p.79.
11.Jerry Brotton, *A History of the World in Twelve Maps* (London: Allen Lane,2012), p.73.
12.Al-Idrisi, *The Book of Roger*, quoted in Graham A. Loud, *Roger II and the Creation of the Kingdom of Sicily*, p.357.
13.Hubert Houben, *Roger II of Sicily*, p.98.
14.*Quaestiones Naturales*, quoted in Charles Burnett, *Adelard of Bath: An English Scientist and Arabist of the Early Twelfth Century* (London: Warburg Institute, 1987), p.10.
15.*Quaestiones Naturales*, quoted in Louise Cochrane, *Adelard of Bath: The First English Scientist* (London: British Museum Press, 1994), p.29.
16.Charles Burnett, *Adelard of Bath*, p.12.
17.Louise Cochrane, *Adelard of Bath*, p.33.
18.Jaqueline Hamesse & Marta Fattori, *Rencontres des Cultures dans la Philosophie Médiévale* (Louvain-la-Neuve: Cassino, 1990), p.94.
19.Charles Burnett, *Arabic into Latin in the Middle Ages: The Translators and their Intellectual and Social Context* (Farnham: Ashgate, 2009), p.3.
20.R. J. C. Broadhurst, *Travels of Ibn Jubayr* (London: Jonathan Cape, 1952), pp.339–42.
21.Norbert Ohler, *The Medieval Traveller* (Martlesham, Suffolk: Boydell Press,1989), p.224.
22. Ibid., p.225.

威尼斯

1.Joanne M. Ferraro, *Venice: History of the Floating City* (Cambridge: Cambridge University Press, 2012), p.19.
2. ‘Poggius Bracciolini to Nicolaus de Niccolis, Letter III’ , in Phyllis Gordon & Walter Goodhart (trans.), *Two Renaissance Book Hunters: The Letters of Poggius Bracciolini to Nicolaus de Niccolis* (New York: Columbia University Press, 1974), p.26.
3.Stephen Greenblatt, *The Swerve: How the Renaissance Began* (London: Bodley Head, 2011), pp.185–200.
4.*Romeo and Juliet*, 1:4.
5.Konstantinos Sp. Staikos, *The History of the Library in Western Civilization, Volume V* (New Castle, Delaware: Oak Knoll Press, 2012), p.83.
6.C. Doris Hellman & Noel M. Swerdlow, “Peurbach (or Peuerbach)” , in *Complete Dictionary of Scientific Biography* (Detroit: Charles Scribner’s Sons, 2008), p.477.
7.Paul Lawrence Rose, *The Italian Renaissance of Mathematics: Studies on Humanists and Mathematicians from Petrarch to Galileo* (Geneva: Librairie Droz, 1975), p.48.
8.Bessarion’s letter to Doge Cristoforo Moro, quoted in Deno John Geanakoplos, *Greek*

Scholars in Venice: Studies in the Dissemination of Greek Learning from Byzantium to Western Europe (Cambridge, Massachusetts: Harvard University Press, 1962), p.35.

9.Lottie Labowsky, *Bessarion's Library and the Biblioteca Marciana* (Rome: Edizioni di Storia e Letteratura, 1979), p.27.

10. Ibid., p.32.

11. Peter Ackroyd, *Venice: Pure City* (London: Vintage, 2010), p.130.

12. Ibid., p.268.

13.Martin Lowry, *The World of Aldus Manutius: Business and Scholarship in Renaissance Venice* (Ithaca, New York: Cornell University Press, 1979), p.191.

14.Ibid.

15. Ibid., p.165.

16.David S. Zeidberg (ed.), *Aldus Manutius and Renaissance Culture: Essays in Memory of Franklin D. Murphy* (Florence: Leo S. Olschki, 1994), p.32.

17.Vivian Nutton, 'The Fortunes of Galen', in R. J. Hankinson (ed.), *The Cambridge Companion to Galen* (Cambridge: Cambridge University Press, 2008), pp.367–8.

18. Ibid., p.370.

19. William Eamon, 'Science and Medicine in Early Modern Venice', in Eric Dursteler (ed.), *A Companion to Venetian History 1400–1797* (Leiden: Brill, 2013), p.701.

1500年及以后

1.Neil Rhodes & Jonathan Sawday, *The Renaissance Computer: Knowledge Technology in the First Age of Print* (London: Routledge, 2000), p.1.

2.George Sarton, *Six Wings: Men of Science in the Renaissance* (London: Bodley Head, 1958), p.6.

3.Anthony Grafton, 'Libraries and Lecture Halls', in Katherine Park & Lorraine Daston (eds), *The Cambridge History of Science, Volume 3: Early Modern Science* (Cambridge: Cambridge University Press, 2016), p.240.

4.Elizabeth L. Eisenstein, *The Printing Press as an Agent of Change: Communications and Cultural Transformations in Early Modern Europe* (Cambridge: Cambridge University Press, 1979), pp.567–8.

5.Owen Gingerich, 'Copernicus' *De revolutionibus*: An Example of Scientific Renaissance Printing', in Gerald P. Tyson & Sylivia S. Wagonheim (eds), *Print and Culture in the Renaissance: Essays on the Advent of Printing in Europe* (Newark: University of Delaware Press, 1986), p.55.

6.Thomas Khun, *The Copernican Revolution* (Cambridge, Massachusetts: Harvard University Press, 1957), p.191.

SELECT BIBLIOGRAPHY

参考书目

原始来源

Marcus Nathan Adler (trans.), *The Itinerary of Benjamin of Tudela* (New York: Philipp Feldheim, 1907)

R. J. C. Broadhurst (trans.), *Travels of Ibn Jubayr* (London: Jonathan Cape, 1952)

Charles Burnett (trans. & commentary), Hermann of Carinthia, *De Essentiis* (Leiden: Brill, 1982)

H. L. L. Busard, *The first Latin translation of Euclid's 'Elements' commonly ascribed to Adelard of Bath :* Books I– VIII and Books X. 36– XV.2 (Toronto: Pontifical Institute of Mediaeval Studies, 1983 [Studies and texts])

——, *Campanus of Novara and Euclid's 'Elements'* (Stuttgart: Franz Steiner, 2005 Boethius [Series])

——, *The Latin translation of the Arabic version of Euclid's 'Elements' commonly ascribed to Gerard of Cremona* (Leiden: Brill, 1984 [Asfār])

——, *The translation of the 'Elements' of Euclid from the Arabic into Latin by Hermann of Carinthia* (?), Books VII– XII (Amsterdam: Mathematisch Centrum, 1977 [Mathematical Centre tracts])

Baynard Dodge (ed.), *The Fihrist of al- Nadim: A Tenth- Century Survey of Muslim Culture* (New York: Columbia University Press, 1970)

Prescott N. Dunbar & G. A. Loud (trans. & eds), Amato di Montecassino, *The History of the Normans* (New York: Boydell Press, 2004)

Pascual de Gayangos (trans.), Ahmed ibn Mohammed al- Makkari, *The History of the Mohammedan Dynasties in Spain, Volume I* (London: RoutledgeCurzon, 2002)

Phyllis Gordon & Walter Goodhart (trans.), *Two Renaissance Book Hunters: The Letters of Poggius Bracciolini to Nicolaus de Niccolis* (New York: Columbia University Press, 1974)

Edward Grant, *A Source Book in Medieval Science* (Cambridge, Massachusetts: Harvard University Press, 1974)

Mark Grant (ed.), *Galen on Food and Diet* (London: Routledge, 2000)

Robert Graves (trans.), Suetonius, *The Twelve Caesars* (London: Penguin Books, 1957)

Sir Thomas L. Heath (trans.), *The Thirteen Books of Euclid's 'Elements'* (2nd ed.: New York: Dover Publications, 1956)

Ian Johnston, *Galen On Diseases and Symptoms* (Cambridge: Cambridge University Press, 2000)

Horace Leonard Jones (trans.), *The Geography of Strabo* (London: Heinemann, 1932 [Loeb Edition])

Leslie Webber Jones (trans. & ed.), Cassiodorus, Senator, ca. 487– ca. 580, *An Introduction to*

Divine and Human Readings (New York: W. W. Norton, 1969)

Graham Loud (trans.), *Roger II and the Creation of the Kingdom of Sicily* (Manchester: Manchester University Press, 2012)

Paul Lunde & Caroline Stone (trans. & eds), Mas ʻudi, *The Meadows of Gold: The Abbasids* (London: Kegan Paul International, 1989)

O. Neugebauer (trans.), *The astronomical tables of al- Khwārizmi: translation with commentaries of the Latin version edited by H. Suter* (København: I kommission hos Munksgaard, 1962)

Vivian Nutton (ed., trans. & comm.), *Galen: On my own opinions* (Berlin: Akademie Verlag, 1999)

——, *Galen: On prognosis* (Berlin: Akademie Verlag, 1979)

Harriet Pratt Lattin (trans. & intro.), *The Letters of Gerbert: With His Papal Privileges as Sylvester II* (New York: Columbia University Press, 1961)

Sema ʻan I. Salem & Alok Kumar (trans. & eds), Sa ʻid al- Andalusi, *Science in the Medieval World*: ʻ*Book of the Categories of Nations*ʼ (Austin: University of Texas Press, 1996)

E. R. A. Sewter (trans.), Peter Frankopan(rev.), Anna Comnena, *The Alexiad* (London: Penguin Books, 1969)

M. S. Spink & G. L. Lewis (trans. & comm.), *Albucasis on Surgery and Instruments: A Definitive Edition of the Arabic Text with English Translation and Commentary* (London: Wellcome Institute of the History of Medicine, 1973)

G. J. Toomer (trans.), *Ptolemy's Almagest* (Princeton: Princeton University Press, 1998)

John Alden Williams (trans.), al-Tabari, *The Early Abbasi Empire, Volume I* (Cambridge: Cambridge University Press, 1988)

次级来源

David Abulafia (ed.), *Italy in the Central Middle Ages 1000– 1300* (Oxford: Oxford University Press, 2004)

Peter Ackroyd, *Venice: Pure City* (London: Vintage, 2010)

ʻAḥmad Azīz, *A History of Islamic Sicily* (Edinburgh: Edinburgh University Press, 1975)

Herbert Bloch, *Monte Cassino in the Middle Ages, Volume I* (Rome: Edizioni di Storia e Letteratura, 1986)

Dirk Booms & Peter Higgs, *Sicily: Culture and Conquest* (London: The British Museum Press, 2016)

S. Brentjes & J. Ren (eds), *Globalization of Knowledge in the Post- Antique Mediterranean,* 700– 1500 (London: Routledge, 2016)

Jerry Brotton, *A History of the World in Twelve Maps* (London: Allen Lane, 2012)

P. Brown, *Late Antiquity* (Cambridge, Massachusetts: Belknap Press of Harvard University Press, 1998)

Charles Burnett, ʻThe Coherence of the Arabic– Latin Translation Program in Toledo in the

Twelfth Century', *Science in Context 14 (1/2)* (Cambridge: Cambridge University Press, 2001)

——, *The Introduction of Arabic Learning into England, The Panizzi Lectures 1996* (London: The British Library, 1997)

——, *Adelard of Bath: An English Scientist and Arabist of the Early Twelfth Century* (London: Warburg Institute, 1987)

Charles Burnett & D. Jacquart, *Constantine the African and 'Alī ibn al- 'Abbās al-Maǧūsī: The Pantegni and Related Texts* (Leiden: Brill, 1994)

Averil Cameron, Bryan Ward- Perkins & Michael Whitby (eds), *The Cambridge Ancient History, Volume XIV* (Cambridge: Cambridge University Press, 2000)

Luciano Canfora, *The Vanished Library: A Wonder of the Ancient World* (London: Vintage, 1991)

Pietro Capparoni, '*Magistri Salernitani Nondum Cogniti*' : *A Contribution to the History of the Medical School of Salerno* (London: John Bale, 1923)

Louise Cochrane, *Adelard of Bath: The First English Scientist* (London: British Museum Press, 1994)

Roger Collins, *Early Medieval Spain, Unity in Diversity 400– 1000* (London: Macmillan, 1983)

Roger Collins & Anthony Goodman (eds), *Medieval Spain: Culture, Conflict, and Coexistence: Studies in Honour of Angus MacKay* (Basingstoke: Palgrave Macmillan, 2002)

O. R. Constable, *Housing the Stranger in the Mediterranean World: Lodging, Trade, and Travel in Late Antiquity and the Middle Ages* (Cambridge: Cambridge University Press, 2003)

——, *Medieval Iberia: Readings from Christian, Muslim, and Jewish Sources* (Philadelphia: University of Pennsylvania Press, 1997)

M. Cook (ed.), *The New Cambridge History of Islam* (Cambridge: Cambridge University Press, 2010)

Michael Cooperson, *Al- Ma' mun* (Oxford: Oneworld, 2006)

Serafina Cuomo, *Ancient Mathematics* (London: Routledge, 2001)

Sarah Davis-Secord, *Where Three Worlds Met: Sicily in the Early Medieval Mediterranean* (Ithaca: Cornell University Press, 2017)

S. E. al- Djazairi, *The Golden Age and Decline of Islamic Civilization* (Manchester: Bayt Al-Hikma Press, 2006)

Reinhart Dozy, *Spanish Islam: A History of the Moslems in Spain* (London: Chatto & Windus, 1913)

Peter Dronke, *The History of Twelfth-Century Western Philosophy* (Cambridge: Cambridge University Press, 1988)

Eric Dursteler (ed.), *A Companion to Venetian History 1400– 1797* (Leiden: Brill, 2013)

Elizabeth L. Eisenstein, *The Printing Press as an Agent of Change: Communications and Cultural Transformations in Early Modern Europe* (Cambridge: Cambridge University Press, 1979)

Joanne M. Ferraro, *Venice: History of the Floating City* (Cambridge: Cambridge University Press, 2012)

Richard Fletcher, *Moorish Spain* (Berkeley: University of California Press, 2006)

Menso Folkerts, *The Development of Mathematics in Medieval Europe: The Arabs, Euclid, Regiomontanus* (Aldershot: Ashgate Variorum, 2006)
——, *Essays on Early Medieval Mathematics: The Latin Tradition* (Aldershot: Ashgate Variorum, 2003)
Michael Frampton, *Embodiments of Will: Anatomical and Physiological Theories of Voluntary Animal Motion from Greek Antiquity to the Latin Middle Ages, 400 B.C.– A.D. 1300* (Saarbrücken: VDM Verlag Dr Müller, 2008)
P. M. Fraser, *Ptolemaic Alexandria* (Oxford: Clarendon Press, 1972)
L. García Ballester, *Practical Medicine from Salerno to the Black Death* (Cambridge: Cambridge University Press, 1993)
——, *Galen and Galenism: Theory and Medical Practice from Antiquity to the European Renaissance* (Aldershot: Ashgate, 2002)
A. L. Gascoigne, L. V. Hicks & M. O'Doherty (eds), *Journeying Along Medieval Routes in Europe and the Middle East* (Belgium: Brepols, 2016)
Deno John Geanakoplos, *Greek Scholars in Venice: Studies in the Dissemination of Greek Learning from Byzantium to Western Europe* (Cambridge, Massachusetts: Harvard University Press, 1962)
E. Michael Gerli (ed.), *Medieval Iberia: An Encyclopedia* (London: Routledge, 2003)
Leonardas Vytautas Gerulaitis, *Printing and Publishing in Fifteenth Century Venice* (Chicago: American Library Association, 1976)
Christopher Gill, Tim Whitmarsh & John Wilkins, *Galen and the World of Knowledge* (Cambridge: Cambridge University Press, 2009)
Charles Coulston Gillispie, Frederic Lawrence Holmes & Noretta Koertge (eds), *Complete Dictionary of Scientific Biography* (Detroit: Charles Scribner's Sons, 2008)
Anthony Grafton (ed.), *Rome Reborn, The Vatican Library and Renaissance Culture* (London: Yale University Press, 1993)
Edward Grant, *Physical Science in the Middle Ages* (New York: John Wiley & Sons, 1971)
Gerd Grasshoff, *The History of Ptolemy's Star Catalogue* (London: Springer Verlag, 1990)
Barbara Graziosi, Vasunia Phiroze & G. R. Boys- Stones (eds), *The Oxford Handbook of Hellenic Studies* (Oxford: Oxford University Press, 2009)
Stephen Greenblatt, *The Swerve: How the Renaissance Began* (London: Bodley Head, 2011)
Dimitri Gutas, *Greek Thought, Arabic Culture: The Graeco- Arabic Translation Movement in Baghdad and Early Abbasid Society (2nd– 4th/ 8th– 10th centuries)* (Oxford: Routledge, 1998)
Jaqueline Hamesse & Marta Fattori, *Rencontres des Cultures dans la Philosophie Médiévale* (Louvain- la- Neuve: Cassino, 1990)
R. J. Hankinson (ed.), *The Cambridge Companion to Galen* (Cambridge: Cambridge University Press, 2008)
Charles Homer Haskins, *The Renaissance of the Twelfth Century* (Cambridge, Massachusetts: Harvard University Press, 1927)
——, *Studies in the History of Mediaeval Science* (Cambridge, Massachusetts: Harvard

University Press, 1924)
Lotte Hellinga, *Texts in Transit: Manuscript to Proof and Print in the Fifteenth Century* (Leiden: Brill, 2014)
Hubert Houben, *Roger II of Sicily: A Ruler Between East and West* (Cambridge: Cambridge University Press, 2002)
G. L. Irby-Massie (ed.), *A Companion to Science, Technology, and Medicine in Ancient Greece and Rome* (Chichester: Wiley Blackwell, 2016)
Salma Khadra Jayyusi, *The Legacy of Muslim Spain, Volumes 1 & 2* (Leiden: Brill, 1992)
S. K. Jayyusi, R. Holod, A. Petruccioli & A. Raymond, *The City in the Islamic World* (Leiden: Brill, 2008)
Hugh Kennedy, *Muslim Spain and Portugal: A Political History of Al-Andalus* (London: Longman, 1996)
——, *When Baghdad Ruled the Muslim World: The Rise and Fall of Islam's Greatest Dynasty* (Boston: Da Capo Press, 2005)
Jim al-Khalili, *The House of Wisdom: How Arabic Science Saved Ancient Knowledge and Gave Us the Renaissance* (London: Penguin, 2010)
Thomas Khun, *The Copernican Revolution* (Cambridge, Massachusetts: Harvard University Press, 1957)
Helmut Koester, *Pergamon: Citadel of the Gods* (Harrisburg, Pennsylvania: Trinity Press International, 1998)
Jason König, Katerina Oikonomopoulou & Greg Woolf (eds), *Ancient Libraries* (Cambridge: Cambridge University Press, 2013)
Paul Oskar Kristeller, 'The School of Salerno: its development and its contribution to the history of learning', *Bulletin of the History of Medicine*, Vol. 17 (1945) Feb., No. 2
Paul Kunitzsch, *The Arabs and the Stars: Texts and Traditions on the Fixed Stars, and their Influence in Medieval Europe* (Northampton: Variorum Reprints, 1989)
Lottie Labowsky, *Bessarion's Library and the Biblioteca Marciana* (Rome: Edizioni di Storia e Letteratura, 1979)
Jacob Lassner, *The Topography of Baghdad in the Early Middle Ages: Text and Studies* (Detroit: Wayne State University Press, 1970)
Brian Lawn, *Salernitan Questions* (Oxford: Oxford University Press, 1963)
A. C. Leighton, *Transport and Communication in Early Medieval Europe, AD 500–1100* (Newton Abbot: David & Charles, 1972)
David C. Lindberg, *The Beginnings of Western Science: The European Scientific Tradition in Philosophical, Religious, and Institutional Context, 600 B.C. to A.D. 1450* (Chicago: Chicago University Press, 1992)
David C. Lindberg & Michael H. Shank (eds), *The Cambridge History of Science, Volume 2: Medieval Science* (Cambridge: Cambridge University Press, 2013)
Martin Lowry, *The World of Aldus Manutius: Business and Scholarship in Renaissance Venice* (Ithaca,

New York: Cornell University Press, 1979)
Angus MacKay, *Spain in the Middle Ages: From Frontier to Empire, 1000– 1500* (London: Macmillan, 1977)
Roy Macleod (ed.), *The Library of Alexandria: Centre of Learning in the Ancient World* (London: I. B. Tauris, 2000)
M. R. McVaugh & V. Pasche, *Sciences at the Court of Frederick II* (Belgium: Brepols, 1994)
Justin Marozzi, *Baghdad: City of Peace, City of Blood* (London: Allen Lane, 2014)
John Jeffries Martin, *Venice Reconsidered: The History and Civilisation of an Italian City State, 1297– 1797* (Baltimore, Maryland: Johns Hopkins University Press, 2000)
María Rosa Menocal, *Ornament of the World: How Muslims, Jews and Christians Created a Culture of Tolerance in Medieval Spain* (London: Little, Brown, 2002)
Elizabeth Nash, *Sevilla, Córdoba and Granada: A Cultural and Literary History* (Oxford: Signal Books, 2005)
Catherine Nixey, *The Darkening Age: The Christian Destruction of the Classical World* (London: Macmillan, 2017)
John Julius Norwich, *A History of Venice* (London: Penguin, 2012)
Vivian Nutton, *The Unknown Galen* (London: Institute of Classical Studies, 2002)
——, *Ancient Medicine* (London: Taylor & Francis, 2004)
Norbert Ohler, *The Medieval Traveller* (Martlesham, Suffolk: Boydell Press, 1989)
Katherine Park & Lorraine Daston (eds), *The Cambridge History of Science, Volume 3: Early Modern Science* (Cambridge: Cambridge University Press, 2016)
O. Pedersen & A. Jones, *A Survey of the Almagest* (New York: Springer, 2011)
H. L. Pinner, *The World of Books in Classical Antiquity* (Leiden: A. W. Sijthoff, 1948)
O. Pinto, 'The Libraries of the Arabs during the time of the Abbasids' , *Islamic Culture 3*, 1929)
Leon Poliakov, *The History of Anti- Semitism, Volume 2: From Mohammed to the Marranos* (Philadelphia: University of Pennsylvania Press, 2003)
Peter Pormann & Emilie Savage-Smith, *Medieval Islamic Medicine* (Edinburgh: Edinburgh University Press, 2007)
Plinio Prioreschi, *A History of Medicine, Volume 5: Medieval Medicine* (Omaha, Nebraska: Horatius Press, 2005)
R. Rashed & R. Morelon (eds), *Encyclopedia of the History of Arabic Science* (London: Routledge, 1995)
G. R. Redgrave & E. Ratdolt, *Erhard Ratdolt and his Work at Venice* (London: Bibliographical Society, 1894)
Neil Rhodes & Jonathan Sawday, *The Renaissance Computer: Knowledge Technology in the First Age of Print* (London: Routledge, 2000)
R. T. Risk, *Erhard Ratdolt, Master Printer* (Francestown, New Hampshire: Typographeum, 1982)
E. Robson & J. A. Stedall, *The Oxford Handbook of the History of Mathematics* (Oxford: Oxford

University Press, 2009)

Stephan Roman, *The Development of Islamic Library Collections in Western Europe and North America* (London: Mansell, 1990)

Paul Lawrence Rose, *The Italian Renaissance of Mathematics: Studies on Humanists and Mathematicians from Petrarch to Galileo* (Geneva: Librairie Droz, 1975)

Franz Rosenthal, *The Classical Heritage in Islam* (London: Routledge, 1994)

D. F. Ruggles, *Islamic Gardens and Landscapes* (Philadelphia: University of Pennsylvania Press, 2008)

George Sarton, *Six Wings: Men of Science in the Renaissance* (London: Bodley Head, 1958)

——, *Introduction to the History of Science* (Baltimore: Williams & Wilkins, 1927)

George Saliba, *Islamic Science and the Making of the European Renaissance* (Cambridge, Massachusetts: The MIT Press, 2007)

P. Skinner, *Health and Medicine in Early Medieval Southern Italy* (Leiden: Brill, 1997)

Richard Southern, *The Making of the Middle Ages* (London: Pimlico, 1993)

Konstantinos Sp. Staikos, *The History of the Library in Western Civilization (six volumes)* (New Castle, Delaware: Oak Knoll Press, 2004– 13)

Lynn Thorndike, *History of Magic and Experimental Science* (New York: Macmillan, 1923)

Colin Thubron, *The Shadow of the Silk Road* (London: Vintage, 2007)

J. V. Tolan, *Petrus Alfonsi and his Medieval Readers* (Gainesville: University Press of Florida, 1993)

S. Torallas Tovar & J. P. Monferrer Sala, *Cultures in Contact: Transfer of Knowledge in the Mediterranean Context: Selected Papers* (Spain: CNERU, 2013)

H. Touati & L. G. Cochrane, *Islam & Travel in the Middle Ages* (Chicago: University of Chicago Press, 2010)

C. J. Tuplin & T. E. Rihll (eds), *Science and Mathematics in Ancient Greek Culture* (Oxford: Oxford University Press, 2002)

Gerald P. Tyson & Sylvia S. Wagonheim (eds), *Print and Culture in the Renaissance: Essays on the Advent of Printing in Europe* (Newark: University of Delaware Press, 1986)

Faith Wallis, *Medieval Medicine: A Reader* (Toronto: University of Toronto Press, 2010)

W. M. Watt, *The Influence of Islam on Medieval Europe* (Edinburgh: Edinburgh University Press, 1994)

Olga Weijers (ed.), *Vocabulary of Teaching and Research Between Middle Ages and Renaissance: Proceedings of the Colloquium, London, Warburg Institute, 11– 12 March 1994* (Turnhout: Brepols, 1995)

G. Wiet & S. Feiler, *Baghdad: Metropolis of the Abbasid caliphate* (Oklahoma: University of Oklahoma Press, 1971)

M. Wilks, *The World of John of Salisbury* (London: Blackwell, 1994)

N. G. Wilson, *Scholars of Byzantium* (London: Duckworth, 1983)

——, *From Byzantium to Italy: Greek Studies in the Italian Renaissance* (London: Duckworth,

1992)
——, (ed. & trans.), *Aldus Manutius: The Greek Classics* (Harvard: Harvard University Press, 2016)
David S. Zeidberg (ed.), *Aldus Manutius and Renaissance Culture: Essays in Memory of Franklin D. Murphy* (Florence: Leo S. Olschki, 1994)

互联网资源

1500年前出版的书籍综合指南： http://15booktrade.ox.ac.uk/

致力于研究托勒密的天文学和占星学文献的阿拉伯语和拉丁语版本的国际项目：http://ptolemaeus.badw.de/

罗马世界的地理空间网络模型：http://orbis.standford.edu/

博德利图书馆手稿和图片数据库：https://digital.bodleian.ox.ac.uk/

卫尔康收藏馆（Wellcome Collection）数字图片库：https://wellcomecollection.org/works

火种

产品经理：黄迪音　　封面设计：向典雄
技术编辑：顾逸飞　　特约印制：刘　淼
监　　制：贺彦军　　策 划 人：吴　畏

版权合同登记号：图字：11—2020—507

图书在版编目（CIP）数据

火种 /（英）维奥莱特·莫勒著；郝静萍译. -- 杭州：浙江文艺出版社，2021.1

书名原文：The Map of Knowledge：How Classical Ideas were Lost and Found: A History in Seven Cities

ISBN 978-7-5339-6368-2

Ⅰ. ①火… Ⅱ. ①维… ②郝… Ⅲ. ①科学史—世界 Ⅳ. ① G3

中国版本图书馆 CIP 数据核字（2021）第 000893 号

火种
［英］维奥莱特·莫勒 著　郝静萍 译

责任编辑　陈　园
装帧设计　向典雄

出版发行　浙江文艺出版社
地　　址　杭州市体育场路 347 号　邮编 310006
网　　址　www.zjwycbs.cn
经　　销　浙江省新华书店集团有限公司
　　　　　果麦文化传媒股份有限公司
印　　刷　天津丰富彩艺印刷有限公司
开　　本　890 毫米 ×1280 毫米　1/32
字　　数　209 千字
印　　张　9
插　　页　2
印　　数　1—6, 500
版　　次　2021 年 1 月第 1 版
印　　次　2021 年 1 月第 1 次印刷
书　　号　ISBN 978-7-5339-6368-2
定　　价　49.80 元